Reinhard Gieselmann **WOHNBAU**

Reinhard Gieselmann

WOHNBAU

V

Friedr. Vieweg & Sohn
Braunschweig / Wiesbaden

Prof. Dr. Reinhard Gieselmann ist Ordinarius für Wohnbau an der
Technischen Universität Wien

CIP-Kurztitelaufnahme der Deutschen Bibliothek

Gieselmann, Reinhard:
Wohnbau / Reinhard Gieselmann. – Braunschweig,
Wiesbaden: Vieweg, 1979.
ISBN-13: 978-3-528-08037-2 e-ISBN-13: 978-3-322-84317-3
DOI: 10.1007/978-3-322-84317-3

Softcover reprint of the hardcover 1st edition 1979

Satz: Vieweg, Wiesbaden

ISBN-13: 978-3-528-08037-2

Inhalt

C Die Wohnung, das Wohnhaus

Teil 2 Sonderformen

Heime

Vorwort

Dem Wunsch meiner Hörer entsprechend lege ich meine gesammelten Vorlesungen an der Technischen Universität Wien gedruckt vor.
Es sind Vorlesungen eines Architekten, der seine Hauptaufgabe in der baulichen Realisierung erkennt. Die voraufgegangenen Reflexionen wie die gewonnenen Erfahrungen nach der Vollendung des Gebäudes sind Hauptbestandteile meiner den Hörern mitgeteilten Erkenntnisse. Also: Architektur als Basis.
Einen ebenso wesentlichen Bestandteil bilden die Erkenntnisse von Zeit- und Berufsgenossen, die ich meinen Hörern – wenn auch kritisch – übermittelt habe. Es war nicht meine Absicht, eine Gieselmann-Schule zu schaffen, sondern meinen Hörern zu ihrer eigenen Vorstellungswelt, zu ihrer Selbstidentifikation zu verhelfen. Folgerichtig haben daher meine leninistischen Hörer vor Jahren ein Anti-Wohnbauscriptum verfaßt, und ebenso folgerichtig habe ich die daraus gewonnenen Anregungen verarbeitet.
Mein Dank gilt daher zunächst den Architekturschriftstellern, deren Quellen ich zitiert habe. Danach Dank und Bitte um Verzeihung an die, deren Quellen ich zu zitieren vergaß. Schließlich danke ich meinen Mitarbeitern: vor allem meiner Frau, die unermüdlich und immer wieder anregend Korrekturen gelesen hat, meinen Assistenten Dipl.-Ing. Günter Lautner, Dipl.-Ing. Peter Scheiffinger, Dipl.-Ing. Rudolf Szedenik und Dipl.-Ing. Jan Turnowsky für die Suche nach den Beispielen.

Wien, im Juli 1978 *Reinhard Gieselmann*

Teil 1 Familiäres Wohnen

A Grundlagen

Wohnen ist ein Existenzfaktor des Lebens. Jeder Mensch wohnt.
Wir können Wohnen nicht von der Umwelt trennen. Wohnbau ist daher *relative* Architektur.[1] Relationen des Wohnbaues zur Kommunikationszone der Straße, zur Nachbarbebauung, zur Natur und zur Sonne sind unabdingbar und lebenswichtig. Sie werden heute infolge der üblichen Ämter-Funktionstrennungen (Hochbau, Tiefbau, Planung etc.) häufig mißachtet. Die ganze Umwelt aber sollte ganzheitliches Erlebnis sein. Der Wohnbauarchitekt kann daher mit seiner Planung nicht an der Eingangsstufe aufhören, sondern muß mindestens die nächste Nachbarschaft miteinbeziehen. Seine Arbeit umfaßt, von der Überlegung des Wohnungsgemenges (d. i. die Mischung verschiedener Wohnungstypen) bis zur Auswahl der Türbeschläge, von der Anordnung der Schlafzimmer bis zur Verkehrs-Verbindung, von der Unterbringung der Autos bis zum Kinderspielplatz, von der Kücheninstallation bis zur Müllbox ein vielseitiges und komplexes Planungsprogramm. Wenn irgendwo vom „Totalanspruch" des Architekten geredet wird, dann wird er im Wohnungsbau nicht nur gerechtfertigt, sondern auch verpflichtend, und Relationen des Wohnbaues zu Medizin, Soziologie, Physiologie bestehen ebenso wie zu Wirtschaft, Technik und Politik.
Van Eyck[2] sagt daher mit Recht, daß man ein Haus wie eine Stadt und eine Stadt wie ein Haus bauen müßte.

1. Das Vokabular

Wohnen

Wohnen heißt etymologisch Zufriedensein. „Das Wohnhaus ist ein Ersatz für den Mutterleib" – damit deutet Freud[3] Wohnen als einen der atavistischen Versuche des Menschen, die Geborgenheit im Mutterleib wieder herzustellen.
Nur ganz selten sind heute Bewohner wirklich zufrieden, nur wenige Wohnbauarchitekten werden gelobt. Die Technik, die alles möglich macht, aber auch dauernd der Versuchung erliegt, die Natur auf den Kopf zu stellen, und der aus ihr resultierte Wohlstand haben einen gehobenen Bewußtseinsstand erzeugt. Doch ist das Mehrwissen, aus dem der Drang zum Mitbestimmen resultiert, offenbar nicht unbedingt mit einem Zufriedenheitsgefühl verbunden. Dies scheint ebensowenig durch Wohlstand erreichbar zu sein, wenn man ihn im Sinne der Anhäufung von Konsumgütern versteht. Das trifft auch auf die Wohnung zu, die als Konsumgut angeboten und gekauft wird. Wohnen als Wurzel des Zufriedenseins will anders, komplexer und existenzieller, als ein Ur-Gefühl gedeutet und erworben sein.
Voraussetzungen ganz allgemeiner Art für das Wohnen im Sinne der etymologischen Deutung sind diese:

1. Aus der Verhaltensforschung übernehmen wir für den Wohnbau die wichtige Erkenntnis, daß Verhaltens*weisen* nicht von Verhaltens*bereichen* zu trennen sind. Ohne räumliche Stimulanz kann sich keine soziale Resultante ergeben. Ein Einzelhäftling im Strafvollzug wird kaum Kommunikationsfreudigkeit entwickeln. Und es bedarf eines gemeinsamen Raumes, um die Mitglieder eines Haushaltes zu einer Wohngemeinschaft zu machen.

2. In engem Zusammenhang damit steht, daß die Primärbedingung des Wohnens die Kollektivität, die sekundäre Bedingung die Individualität ist. Ohne Gemeinschaft kann sich kein Leben ergeben. Andererseits bilden Individuen die Gemeinschaft, und so müssen wir Kollektivitätszüge des Wohnens in polare Beziehung setzen zu den Individualitätskomponenten. Das bezieht sich sowohl auf den privaten als auch auf den öffentlichen Raum.

Wohnung: Definitionen

Die Definitionen können nicht generalisiert werden. Zu verschieden sind die Wohngewohnheiten in den einzelnen Ländern. Als allgemeingültig können diese Sätze bezeichnet werden:
Die Wohnung ist die architektonische Antwort auf die Frage des Bewohners nach Abtrennung von der Natur, und von anderen Menschen und nach Geborgenheit. Sie ist der Bezugsort des individuellen Lebens wie auch der Wohngemeinschaft. Sie ist ein Ort für private Tätigkeit und eine Stätte der Muße.
Die meisten Definitionen beziehen sich auf die Komponente Abtrennung. Sie sind typisch für eine spätfunktionalistische Epoche.
Brockhaus setzt Abtrennung in Beziehung zu Gesundheit: „Eine gesunde Wohnung soll eine abgeschlossene Einheit bilden."[4]
H. P. Bahrdt schreibt: „Eine vollständige Wohneinheit ist eine Kombination von miteinander verbundenen

Räumen, die gemäß den in unserer Gesellschaft allgemein anerkannten Vorstellungen die ungestörte geordnete Führung eines Haushalts, einer Gruppe oder einer Einzelperson gestattet." Und: „Sie ist die eingefriedete Lokalität für die behagliche Freiheit privaten Lebens, insofern dies baulicher Vorkehrungen bedarf."[5]

DIN 283 stellt vor allem die sanitären Räume in den Vordergrund: „Wohnung ist die Summe der Räume, die die Führung eines Haushaltes ermöglichen, darunter stets eine Küche. Zu einer Wohnung gehören außerdem Wasserversorgung, Ausguß, Abort, dazu eigener Eingang vom Treppenhaus oder Vorraum."

Wir wissen, daß ein beachtlicher Prozentsatz der Wohnungen unserer Städte diesen Ansprüchen noch nicht genügt. Viele Bewohner finden sich mit dem Zustand ab, daß sie Wasserbecken und WC außerhalb der Wohnung haben und mit Nachbarn teilen müssen.

H.-P. Bahrdt betont in seinen Definitionen zum „Humanen Wohnungsbau", daß die Wohnung so weit abtrennbar sein muß, daß ein Durchqueren fremder Räume vermieden wird. „Sie muß Platz für Kochen, Schlafen und längeren Aufenthalt in wachem Zustand bieten. Gewisse sanitäre Einrichtungen dürfen nicht fehlen."[5]

Öffentlichkeit und Privatheit sind für die Kommunikation wichtigste Voraussetzung.

Sowenig, wie das Individuum für sich leben kann, sowenig kann eine Wohngemeinschaft ohne Bezug zur Öffentlichkeit existieren. Insofern muß die Wohnung Polarität zur Öffentlichkeit sein. Öffentlichkeit ist in ihren Inhalten vieldeutig, sie erzeugt unterschiedliche Verhaltensweisen, weil ihre Bereiche wechseln (Kino, Marktplatz, Opernball, Park, Gasthaus). Die Wohnung muß hierzu das Gegengewicht bilden, sie muß eindeutig und vertraut sein und in gewissem Sinne stereotype Verhaltensweisen (Ge-wohnheiten) implizieren. Öffentlichkeit kann Verhaltensunsicherheiten erzeugen — wie alle „unklaren Verhältnisse"; die Privatheit der Wohnung muß Verhaltens-Sicherheit hervorrufen.

Wohnung: Dimensionen

Für die Größenordnung der Wohnung kann man die öffentlichen Förderungsbestimmungen kaum zugrunde legen, denn trotz ihrer magischen qm-Zahlen nehmen die Bedürfnisse an Flächenausdehnung der Wohnung ständig zu. Selten sind Bewohner von Neubauwohnungen mit ihren Wohnflächen zufrieden. Doch sollten wir versuchen, den Flächenbedarf zu objektivieren, um nicht konjunkturellen Tendenzen nachzulaufen.

Die Wohnverhältnisse werden häufig von unseren Richtern für das spätere soziale Verhalten von Angeklagten mitverantwortlich gemacht. Zu kleine Wohnungen haben auf Kinder die Wirkungen eines Käfigs: Die Beschränkung auf eine (zu) kleine Verhaltensfläche bewirkt eine Reduktion ihrer Verhaltensweisen. Der Bewegungsdrang des Kindes wird ständig eingeschränkt, und noch so antiautoritär eingestellte Eltern werden sich in einer Art Selbsterhaltungstrieb dagegen wehren; nur zu leicht greifen sie zu repressiven Maßnahmen.

Eine Wohnung für eine Familie müßte den Kindern den notwendigen — eines Tages von den Verhaltensforschern feststellbaren — Verhaltensspielraum ermöglichen. Das Kind muß in der Wohnung zum Erwachsenen werden können. Die Wohnung hat ihren Anteil an der Sozialisation des Kindes. Daher geht heute die Tendenz dahin, die Kinderzimmer möglichst groß zu machen.

Doch hier soll zunächst über die Gesamtgrößen der Wohnung gesprochen werden.

Jahrzehntelang herrschte bei Stadtplanern die Meinung vor, daß Durchschnittswohnungen 3 Zimmer umfassen müßten. Wenn gleichzeitig die Statistik die durchschnittliche Kopfzahl der Familie ungefähr mit 2 Kindern angibt, muß man sich darüber klar sein, daß diese Wohnungen mehr Menschen beherbergen soll als Zimmer vorhanden sind. *Jeder Mensch aber müßte sein eigenes Zimmer haben, jede Wohngemeinschaft — zusätzlich — einen Gemeinschaftsraum.*

Wenn wir diese Forderung verfolgen, brauchen wir vor allem 4-Zimmer-Wohnungen, falls die Durchschnittsfamilie gleich groß bleibt. Untersuchungen der Stadt Wien aus dem Jahr 1975 haben — trotz leicht rückgängiger Bevölkerungsentwicklung — einen Fehlbedarf von Wohnungen mit der Durchschnittsgröße von 4,2 Räumen ergeben.[6]

Moderne Wohnbauforscher[7] verlangen heute 100 qm Wohnfläche für 2 Erwachsene mit 1–2 Kindern, pro weitere Person 12 qm mehr. Die Wohnung soll 3 Aufenthaltsräume haben, davon sollen zwei 25 qm, einer 20 qm groß sein (ein 25 qm-Raum soll unterteilbar sein).

Wohnflächen korrespondieren mit dem Einkommen. Man kann heute allgemein damit rechnen, daß der Bewohner 20 bis 30 % seines Einkommens für Wohnen auszugeben bereit (oder gezwungen) ist. Je nach sozialistischem oder kapitalistischem Trend des jeweiligen Landes wird der Bewohner mehr oder weniger oder keine Subventionierung seiner Wohnbedürfnisse erwarten.

Die derzeit (1977) vom Magistrat der Stadt Wien angesetzten sozialen Wohnungsgrößen sind: 32 qm (Ein-Zimmer-Wohnung), 48 qm (Zwei-Zimmer-Wohnung), 71 qm (Drei-Zimmer-Wohnung) und 86 qm (Vier-Zimmer-Wohnung). Als Durchschnittsgröße werden 70 qm angestrebt.

Wenig Ansprüche stellt der heutige Bewohner an die dritte Dimension: Die Höhen der Wohnräume bewegen sich zwischen 2,40 m und 2,60 m. Das ist, verglichen mit vor 1914 üblichen Raumhöhen, fast einen Meter niedriger und wiederum Symptom für eine auf menschlichen Maßstab einerseits und Rationalität andererseits bedachte Epoche.

2. Semantik des Wohnens

Wie bei jeder Architektur sollte das Äußere die Darstellung sein, das Innere das Darzustellende.[8] Auch für den Wohnbau muß der Satz gelten: „Kein Inhalt ohne Form." Wenn hier gefordert wird, die Wohnung als Wohnung erkennbar zu machen, so ist das nicht so selbstverständlich wie es sich anhört: (zu) viele Systeme werden heute auf den Wohnbau projiziert und als sein einzig wahrer Ausdruck bezeichnet. Wie erreichen wir Allgemeingültigkeit der Aussageform?
Ist der Informationsgrad der Bewohner so weit anzuheben, daß mittels Befragung, Polaritätsprofil usw. eine „objektive" Form herausgefunden werden kann? Oder bleibt diese Sparte des Wohnbaus, die Gestaltung des Äußeren, der Entscheidung des Architekten oder der Bauindustrie vorbehalten?
Phänomenologisch können wir feststellen, daß das Äußere der Wohnbauten überwiegend durch die Maßnahmen der hochindustriellen Produktion gekennzeichnet ist. Wenn überhaupt Ausdruck angestrebt wird, dann bis zum Konformismus gesteigerte Ordnung. Ablesbar sind ferner: Wohnbau als Prestige-, Wohnung als Konsum-Artikel. Nicht ablesbar sind meistens die Wohnfunktionen, und gewöhnlich werden keine Maßnahmen zur Identifikation der Bewohner getroffen. Architektonische Steigerungen sind sehr selten, Kunst am Bau, Fassadenbemalungen werden nur ungern gewählt. Allenfalls greift man zum billigsten Verschönerungsmittel, der Farbe. Heute diktieren vor allem Überlegungen über die Zweckmäßigkeit die Gestaltung des Wohnbaues.
In erregendem Kontrast zum Äußeren steht das Innere eines Wohnbaues. Sichtlich im Widerspruch zum Konformismus der Fassaden besteht die Inneneinrichtung heute meistens aus einem stillosen oder stilreichen Gemisch industrieller und handwerklicher Gegenstände. Kritiker begründen das Vordringen des Kitsches damit, daß so die Frustrationen des Stadtbewohners aufgefangen werden könnten.
Keine Rede ist davon, daß Inneres und Äußeres in einem sinnvollen Verhältnis zueinander stehen. Dennoch bleibt dies unser erstrebenswertes Architekturziel.
Zwei Denksysteme werden heute auf den Wohnbau übertragen. Das erste wollen wir das *mechanistische* System nennen, weil es das Denken in Produktionsvorgängen auf den Wohnbau überträgt. Das zweite soll das *idealistische* System heißen, weil es von idealistisch-ästhetischen Grundlagen ausgeht.

Das mechanistische System

Die Verkehrsfläche wird zum schmalen Flur reduziert. Sie erschließt möglichst rationell die verschiedenen Räume. Ihre Anlage erinnert an das Fließband oder an die Autobahn mit ihren Zubringern.
Zahllose Wohnungsgrundrisse sind nach diesem System konzipiert: Der mittlere oder einseitige Flur verbindet und trennt die auf diese Weise gleichgeschalteten Zimmer. Er macht sie zu unabhängigen Bereichen. Vielfach ist der Flur Ausgangspunkt der Grundrißkonzeption, er nimmt Einfluß auf die Festlegung der Konstruktion. Funktionalisten und Konstruktivisten haben daher dieses mechanistische System sehr geschätzt: Konstruktion und Form schienen sich so zur Deckung bringen zu lassen, und damit ließen sich außerdem die Wünsche der Bewohner kombinieren, die jeden Raum vom anderen getrennt sehen wollten.

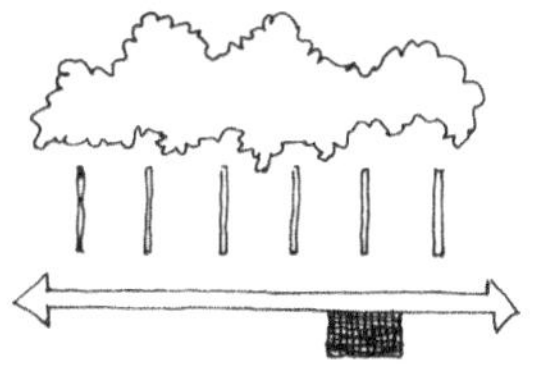

DAS MECHANISTISCHE SYSTEM

Das System ist dazu additiv erweiterbar, was wiederum den Wachstumstendenzen entgegenkam. Die sich ergebenden Räume sind ähnlich, so daß sie variable Nutzung zu implizieren scheinen.

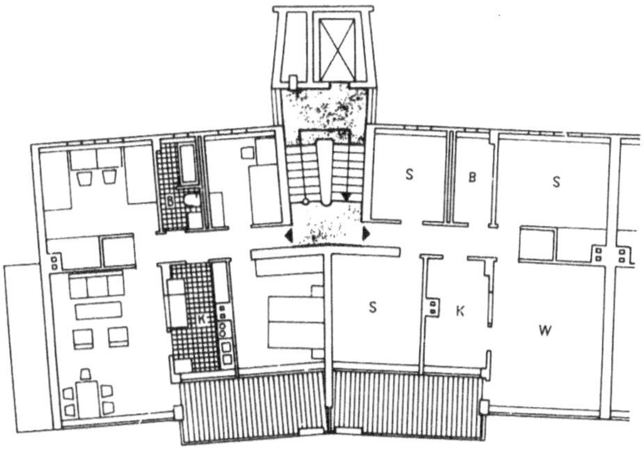

Wohnhaus Hansaviertel Berlin
Arch. Walter Gropius und Wils Ebert, 1957
Sektionsgrundriß
aus: Zumpe, Wohnhochhäuser, Scheibenhäuser, Bd. 2, VEB Berlin 1967

Und doch stimmt dieses System letzten Endes nicht. Verkehrsfläche könnte mehr sein als ein Flur von beispielsweise 1,26 X 5,00 m, der nur zum Durchgehen geeignet ist. Zimmer sollten weder gleich noch gleichgeschaltet sein, denn sie haben verschiedenen Inhalt. Eine Wohnung sollte nicht aus unabhängigen, sondern aus abhängigen Bereichen bestehen – weil die Bewohner ebenfalls nicht voneinander unabhängig sind. Der Flur sollte – als funktionshierarchisch ziemlich weit unten rangierender Raum – nicht den Ausgangspunkt für die Konstruktion und für den Grundriß darstellen. Die Bewohner irren, wenn sie die absolute Trennung aller Räume fordern. Die Erweiterbarkeit – in Zeiten verstärkten Wachstums vorteilhaft – wird selten praktiziert.

Der Hinweis, ähnliche bzw. neutrale Räume dienten der Variabilität der Nutzung, rührt an eine Kernfrage der Architektur: neutraler Raum oder definierter und akzentuierter Raum. Schließlich kann sich ergeben, daß der neutrale Raum sich für alle Nutzungen halbwegs, aber für keine optimal eignet. Ebenfalls ist nicht bewiesen, daß sich ein für eine Nutzung akzentuierter Raum nicht auch für eine andere Nutzung eignete.
Unsere Überlegungen über die Semantik des Wohnens werden kaum Beachtung finden. Man hilft sich mit Fassadengrafik, Rastereinteilung und motiviert den gleichen Schotten-Abstand mit der Gleichheit der Bewohner — als einer oberflächlichen Philosophie.

Das idealistische System

Im Sinne Ludwig Mies van der Rohes handelt es sich hier ursprünglich um eine Veredelung des mechanistischen Systems, wenn es auch zu einer autonomen, abstrakten Formvorstellung entwickelt wurde. Eine total verglaste, einfache und schön proportionierte Form — Kubus oder Quader — enthält einen neutralen Raum. Dieser ist — bis auf die fixierte Naßzelle — entfunktionalisiert. Die mobilen Dinge darin, die Möbel und schließlich auch die Trennwände, werden nach grafisch-plastischen Gesichtspunkten geordnet.
Dieses System bleibt folgerichtig nicht nur auf den Wohnbau beschränkt, sondern dient als Hülle für viele Aufgaben.
Die semantische Total-Reduktion wird ausgeglichen durch die schöne Proportion und die Totalität des (fast) unbegrenzten Raumes. Der Glaube an den moralischen Wert schöner Proportionen wird hier unter Hinweis auf den heiligen Augustinus ("Debita Proportio")[9] als Funktionsersatz angeboten, der Großraum als der Freiheitsgrad, der dem modernen Menschen zustehe.
Wenn wir dieses System nüchtern betrachten, entsteht ein extrovertiertes Gebilde, das alle Ansprüche an Privatheit negiert. Der Großraum erzeugt horror vacui u.a. Neurosen. Er ist aber gleichzeitig unser Prototyp für Flexibilität, oder besser: Multifunktionalität.

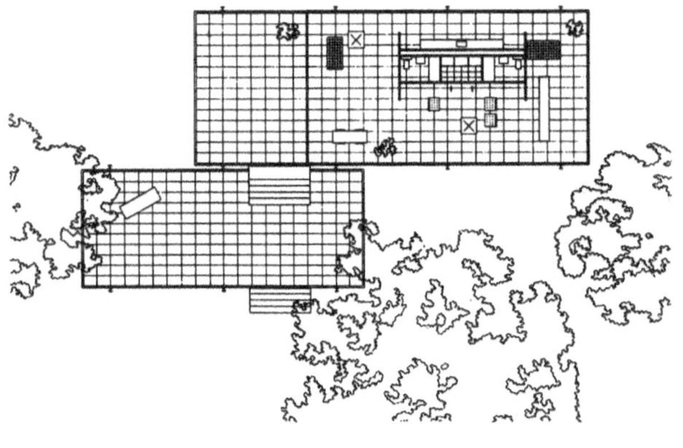

Wohnhaus Farnsworth/Illinois (USA), 1950
Arch. Mies van der Rohe
aus: Philip Johnson, New York 1947

Beide Systeme — das mechanistische wie das idealistische — werden dem Vorgang des Wohnens nicht gerecht, denn *Wohnen ist ein Beziehungsgeflecht von Wohnverhaltensweisen im Raum.*
Diesen dynamischen Vorgang berücksichtigen beide Denkmodelle nicht genügend bzw. machen ihn nicht zum Ausgangspunkt ihrer Konzeptionen.

Das strukturelle Ordnungsprinzip

Wir müssen noch etwas über die Ursachen dieser beiden Systeme sagen. Die Aufspaltung in und die Abtrennung von Funktionen war die Leitidee des Funktionalismus. Entsprechend wurden Bauten, Bauteile und Materialien voneinander abgesetzt und abgetrennt. Ein analytisches Prinzip war geboren, das allerdings den wichtigen Schluß aus der Analyse vergaß: die Synthese.

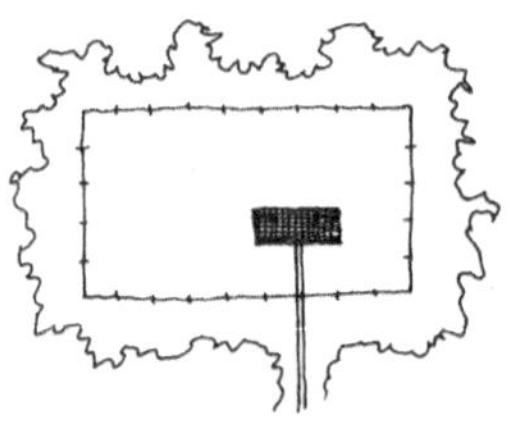

DAS IDEALISTISCH-AESTHETISCHE SYSTEM

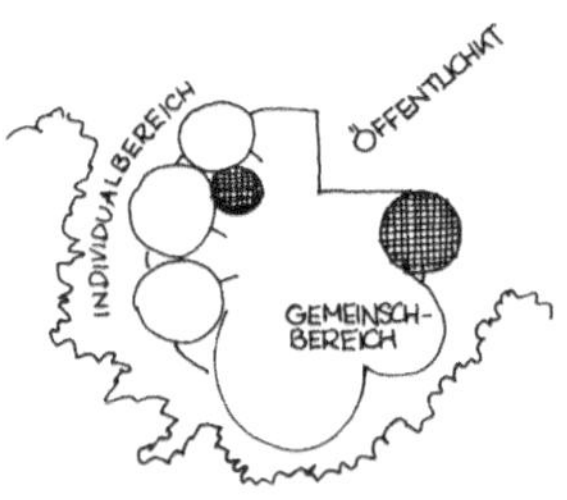

DAS STRUKTURELLE PRINZIP

Die „aristotelische" Grundeinstellung mag zu „sauberen" Konstruktionen führen, sie ist aber nicht in der Lage, das Beziehungsnetz des Wohnens aufzunehmen. (Ja, sie ist nicht einmal in der Lage, einen modernen Fabrikationsbetrieb mit Gruppenarbeit räumlich zu befriedigen!).
Wenn wir von den Verhaltensweisen zum Verhaltensbereich vordringen wollen, brauchen wir ein strukturelles Prinzip, wir brauchen — in Anlehnung an Lévi-Strauss — eine strukturalistische Architektur. In ihr übernimmt die Funktion eine implikatorische Position, ohne Selbstzweck oder gar Endprodukt zu sein.
Wir lernen von den Strukturalisten,[10] daß die Struktur Ganzheit, Transformation und Selbstregelung umfaßt und sehen uns aufgefordert, dies direkt auf unsere Raumaggregate anzuwenden. Das Ganze ist nicht einfach die Summe der addierten Elemente, wie es uns das mechanistische System weismacht, sondern eine Vereinigung der Elemente, ja mehr noch, die Resultante der Beziehungen des Raumes wie der Bewohner. Die Transformation umfaßt alle individuellen Variationen. Sie erhalten die Struktur lebendig. Die Selbstregelung sorgt für das Gleichgewicht innerhalb der Struktur und impliziert neue Strukturen.
Für die Konzeption der strukturellen Wohnung bedeutet das:
Die Bewohnergruppe wird zur Mitte des Systems, auf sie sind alle Wohnvorgänge wie Räume bezogen.
Die Wohnungsstruktur muß ein offenes System sein, das Konstanten und Variablen ohne repressive Wirkung in Beziehung setzt.

Wohnhaus im Hansaviertel Berlin, Grundriß Regelgeschoß
Arch. Alvar Aalto, 1957
Beispiel für strukturell geordneten Grundriß:
Wohnraum als Gemeinschafts- und Wohnungs-Zentrum
aus: Neue Deutsche Architektur 2, Stuttgart 1962

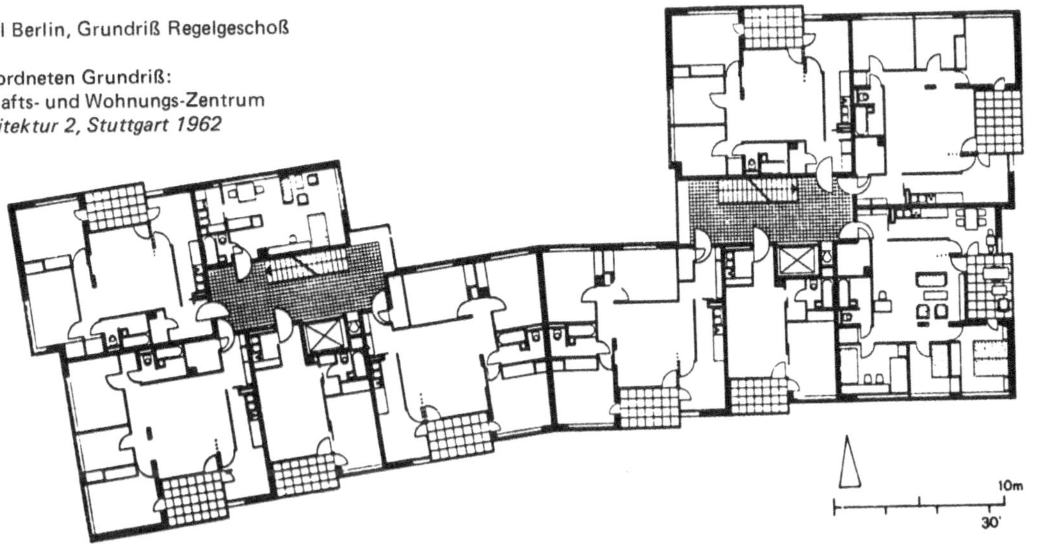

Die Wohnungsstruktur muß ein wachstumsmächtiges Ganzes sein. *Die Wohnung muß in voneinander abhängige Bereiche gegliedert sein,* die Wohnverhaltensweisen ermöglichen, stimulieren und aktivieren. In der Wohnung müssen Räume für die Gemeinschaft und für das Individuum in polare Beziehung gesetzt sein.
Die sechs Tätigkeiten in der Wohnung sind:

Freizeittätigkeit	Schlafen
Nahrungsaufnahme	Körperpflege
Hausarbeit	Kinderbetreuung,

die außer Hausarbeit und Kinderbetreuung in einzelnen Räumen ausgeübt werden.
Strukturelle Ordnung will eine „soziologische" Wohnung. Ihre Form soll nicht *festgelegt,* sondern *entstanden* sein — das ist mit „offenem System" gemeint. Damit ist auch gemeint, daß die Räume nach Verhaltensweisen differenziert werden. Manche Nutzungen bedürfen unverrückbarer Fixierung und sind die „Konstanten", manche sollten offener gelassen sein und sind die „variablen" Elemente.
Atmosphäre und Gefühlsmomente dürfen nicht vernachlässigt werden, sie sind für das Gleichgewicht der Wohngruppe ebensowichtig wie die Erfüllung der praktischen Wohnbedürfnisse. Ebenso bedeutsam ist die — im idealistischen System so sehr vernachlässigte — Polarität von Extroversion und Introversion, die sowohl Öffentlichkeit als auch Privatheit ermöglichen.

3. Die Bewohner

Kaum jemals lesen wir in der Architekturkritik etwas über die Bewohner; zu sehr stehen architekturtheoretische Aussagen im Vordergrund. Als ob Architekturtheorie ohne Menschen auskommen könnte! Der Wohnbauarchitekt, der sich über seine anonymen Klienten informieren soll, bevor er für sie baut, muß auf seine eigenen empirischen Erkenntnisse zurückgreifen oder auf sozialwissenschaftliche Literatur. Besonders in Zeiten gesellschaftlicher Wandlungen ist es wichtig, daß sich der Architekt — aber auch der Architekturtheoretiker — über die gesellschaftlichen Voraussetzungen informiert.

Wir wollen versuchen, uns die wichtigen gesellschaftlichen Veränderungen der letzten 15 Jahre vor Augen zu führen, die den Wohnbau verunsichern, beeinflussen und formen.
Schon vor diesem Zeitraum setzte die Entwicklung von der Großfamilie (Dreigenerationenfamilie) zur Kleinfamilie (Zweigenerationenfamilie) ein.[11] Die heute noch in ländlichen Siedlungsformen heimische Großfamilie war bis vor 50 Jahren die Basis der Gesellschaft. In den westlichen Industriestaaten sind heute nur noch 20—50 % aller Wohngruppen Großfamilien. Die Minimierungstendenz des technischen Zeitalters hat auch hier Einfluß genommen und als Typ der städtischen Wohngruppe die Kleinfamilie hervorgebracht. Die aus Zeiten blühenden Funktionalismus' stammenden Stadterweiterungen bieten fast ausschließlich der Kleinfamilie entsprechende Wohnungsgrößen, so daß auch beim besten Willen die drei Generationen nicht mehr zusammen leben können.
Die Kleinfamilie wird als „Lebensgemeinschaft des verheirateten Ehepaares mit seinen nicht erwachsenen Kindern" definiert[12]. Aber alle Kriterien, die dazu angegeben werden — wie Wohn-, Versorgungs- und Betriebsgemeinschaft — sind fragwürdig geworden. Wohngemeinschaft — das trifft auf den wochentags außerhalb des Wohnortes Tätigen schon nicht mehr zu. Versorgungsgemeinschaft ist die Familie wohl nur noch abends, da die berufstätigen Mitglieder mittags nicht zuhause essen. Betriebsgemeinschaft — wenn wir das Wort richtig deuten — wird ebenfalls dann fragwürdig, wenn Industrie und Gewerbe die marktwirtschaftlich zu organisierenden Aufgaben übernehmen (z.B. Reinigung von Wäsche, Herstellung von Kleidern, Einlagern von Lebensmitteln — welcher Haushalt kellert heute noch Kartoffeln ein?)
Viel wichtiger ist das Kriterium Erwerbsgemeinschaft. Heute arbeiten — und verdienen — schon mehr als 40 % aller Frauen in der BRD. So läßt sich auch das Ziel der Familie ableiten, das meistens eindeutig materiell ausgerichtet ist.
Die Erwerbstätigkeit der Frau ist in ihrer umwälzenden Bedeutung wohl noch nicht klar erkannt. Es ist möglich,

daß gerade hierdurch nicht nur der Funktionsverlust der Familie beschleunigt wird, sondern auch andere Komplikationen entstehen: Der vermehrte Verzicht auf Kinder könnte ebenso damit zusammenhängen wie das veränderte Heiratsverhalten. Aber auch der immer frühere Auszug der Kinder aus dem Elternhaus kann damit erklärt werden, daß die Familie nicht mehr der Focus des gesellschaftlichen Lebens ist.

Die Familienmitglieder suchen sich andere Bezugspunkte, die gefühlsmäßigen Bindungen werden weniger trainiert. Ein neues gesellschaftliches Phänomen ist die Folge: die Isolation. Isoliert und weniger kontaktfreudig als in Altbauvierteln leben die Bewohner der Stadterweiterungen, isoliert fühlen sich die im Heim wohnenden alten Leute, isoliert ist der Käufer im Supermarkt im Vergleich zum Kunden im „Kolonialwarenladen". Isoliert fühlen sich schließlich auch die von Mitscherlich als „grüne Witwen" apostrophierten Frauen in Neubaugebieten. In Zeiten fortgeschrittener Emanzipation wird sich die nicht gleichberechtigt mit dem Manne einen Beruf ausübende Frau immer zurückgesetzt fühlen.

Noch ist die westliche Welt vom Mann geprägt, dem das Leben alle Annehmlichkeiten bietet. Aber es sieht so aus, als ob sich das ändern könnte und die bisher „unterprivilegierte"[13] Frau sich ihren gleichberechtigten Platz in der männlichen Gesellschaft erobern könnte.

Diese Entwicklungen können nicht spurlos am Wohnbau vorübergehen. Sie müssen ihren Niederschlag im Grundriß-Zuschnitt und im Wohnungsgemenge finden.

Von dieser Entwicklung wird auch das Kind berührt. Man kann sich nicht vorstellen, daß derselbe „Typ Kind" aus einer Ehe mit berufstätigen Eltern hervorgeht wie aus einer Ehe mit einer Hausfrauenmutter.

Kinder – und das ist heute so wie früher – brauchen etwa bis zum 13. Lebensjahr Zuneigung und Wärme. Initialzustand ist das kollektive Wohnen[14] – auch beim Kind. Deshalb braucht es in den ersten Wochen der ersten Lebensphase sein Bett, das sein kleines Zimmer ist, im Elternzimmer, danach – eventuell mit anderen Kindern zusammen – in der Nähe des Elternzimmers. Mit Beginn der Schulzeit braucht es möglichst ein eigenes Zimmer. Das Distanzbedürfnis erwacht. Das Kind muß das Lernen erlernen, es muß die Möglichkeit der Konzentration haben. Sein Zimmer kann in der Nähe des Elternschlafzimmers liegen.[15]

Mit der Adoleszenz beginnt die zweite Lebensphase. Die Pubertät bedeutet einen großen Einschnitt in die Entwicklung des Kindes. Die Zeit zwischen dem 13. und dem 25. Lebensjahr ist gekennzeichnet durch Generationskonflikt, Partnersuche und Nonkonformismus mit den elterlichen Ansichten. Nestwärme wird immer weniger benötigt, das Verlassen der elterlichen Familie wird vorbereitet. Das Zimmer des Heranwachsenden liegt, um ihm das Selbständigwerden zu ermöglichen, möglichst nicht mehr im Verband der Wohnräume, sondern am Eingang.

In der dritten Lebensphase tut der Jugendliche dann den Schritt in die Gesellschaft der Erwachsenen. Oft gründet er eine eigene Familie, hat eigene Kinder. Der

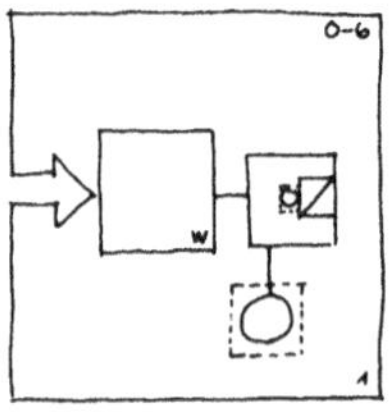

DAS VORSCHULKIND BRAUCHT NESTVERBUNDENHEIT

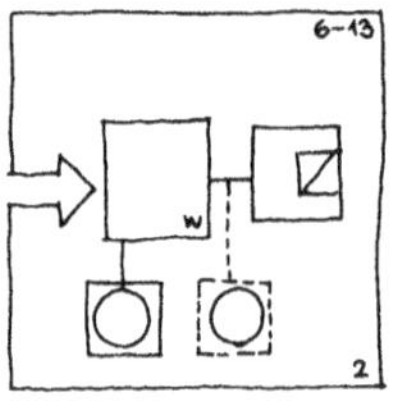

BEIM SCHULKIND ERWACHT DAS DISTANZBEDÜRFNIS

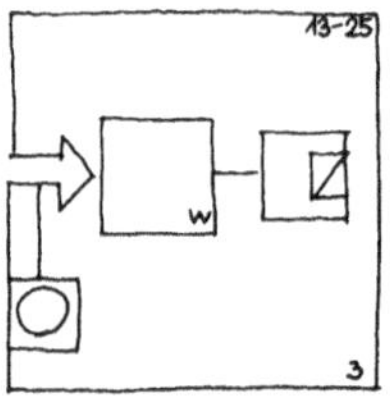

DER ADOLESZENTE VERLÄSST DAS NEST

IDEALE LAGE DES KINDERZIMMERS IN VERSCH. LEBENSALTERN IN DER FAMILIENWOHNUNG

Kreislauf wiederholt sich: mit spätestens 25 Jahren verlassen seine Kinder wiederum das Haus. Die Sorge um die Kinder ist vorüber und eine Zeit vermehrter Aktivität beginnt. Im Alter ist der Mensch reduziert und meisten pflegebedürftig.

Bis zum Alter von 3 Jahren kann das Kind in allen Wohnformen die erforderliche Nestverbundenheit finden. Die ideale Wohnform für 3–13-Jährige ist die elterliche Wohnung mit Garten. Ein Milieuwechsel ist ungünstig. In der zweiten Lebensphase dagegen ist ein Milieuwechsel für die Entwicklung des Heranwachsenden günstig für den Reifeprozeß. Von der dritten Lebensphase an sollte sich die Wohnform wieder nach den Kindern richten.

Für alte Menschen ist ein Milieuwechsel ungünstig. Alte Menschen sind konservativ, auch wenn sie in jungen Jahren progressiv gewesen sind. „Einen alten Baum verpflanzt man nicht" sagt ein Sprichwort.

4. Flexibilität

Wollte man alle Forderungen an diese Wohnideale erfüllen, würde die Familie immer wieder ihre Wohnung umbauen müssen, um das Kinderzimmer am altersgemäßen Platz zu haben. Die Familie würde mehrfach umziehen müssen, um ihren Kindern die altersentsprechende Umgebung zu bieten.

Dazu kommt, daß sich die Größe der Familie während ihres Alterungsprozesses ändert. Sozialer Auf- und Abstieg können weitere Veränderungen bewirken. Und schließlich haben wir gesehen, wie und warum sich die Wohngewohnheiten in den letzten 15 Jahren geändert haben und können uns vorstellen, daß auch die kommenden 15 Jahre Änderungen bringen werden. Die (Wiener)

Statistik zeigt uns beispielsweise, daß die Altersgruppe der bis Dreijährigen im Abnehmen begriffen ist, die Gruppe der über 60 Jahre alten Menschen sich stark erhöht hat.

Manche anderen Gründe sprechen für die veränderbare Wohnung — einer der wichtigsten ist wohl die wachsende Selbständigkeit und der ansteigende Wunsch nach Selbst-Identifikation der Bewohner. Wenn sie schon nicht ihren Traum vom eigenen Haus realisieren können, so möchten sie wenigstens die Wohnung nach ihren Bedürfnissen gestalten oder in der Größe festlegen.

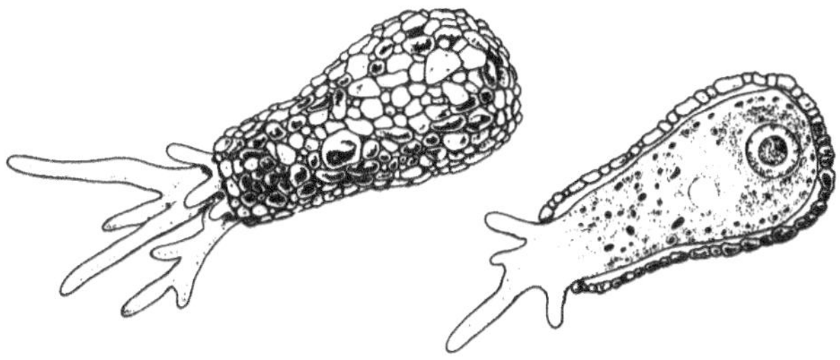

Selber bauen, sich selbst bauend verwirklichen scheint eine Ureigenschaft der Lebewesen zu sein.
Difflugia Pyriformis baut sich aus Sandkörnchen und Speichel ihr Haus.

Veränderbare Wohnung — das wäre ein gutes Mittel, um die Bewohner, aber auch die Bauträger, von der Einstellung wegzubringen, die Wohnung wie jedes andere Konsumgut zu betrachten. Die Wohnung sollte möglichst viele Vorteile des Einfamilien-Hauses mitbekommen — das sollte Ziel unserer Wohnbauentwürfe sein. Unter diesem Gesichtspunkt wären auch Flexibilität und Variabilität einzusetzen.

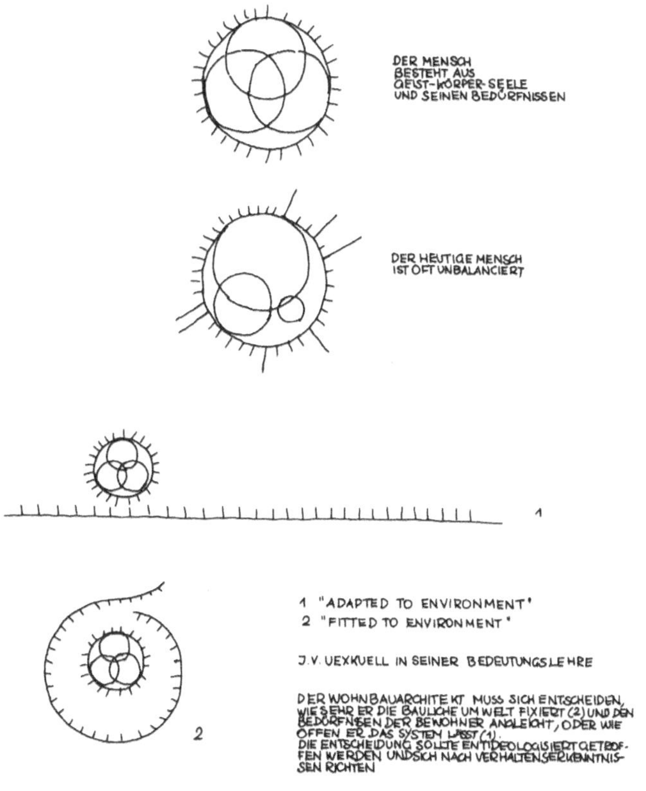

Mit beiden Begriffen unterstützen wir den Versuch, die Dynamik der Verhaltensweisen auf die Verhaltensbereiche zu übertragen.

Flexibilität ist ein Begriff[16], mit dem die größenmäßige Veränderung der „Binnenstruktur" angesprochen wird. Dazu stellen wir uns die Wohnfläche als konstante Größe vor, auch die Umfassung als fixiert. Innen können die Bewohner durch Nutzungs- oder Zustandsänderungen (Durchbrechen einer Tür, Einziehen einer Wand etc.) die Wohnung verändern.

Für den Wohnbau-Planer bedeutet das, daß die konstanten Elemente möglichst reduziert werden. Konstruktive Bauteile müssen möglichst klein dimensioniert, die Installationsanschlüsse an optimalen Punkten angeordnet werden. Das erfordert Planungs-Zeit und -Kosten.

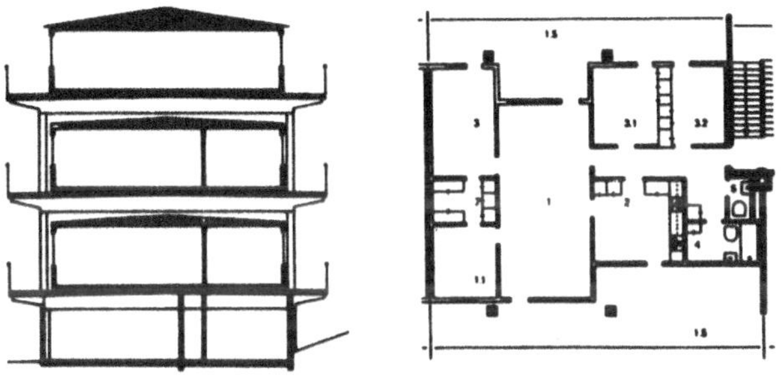

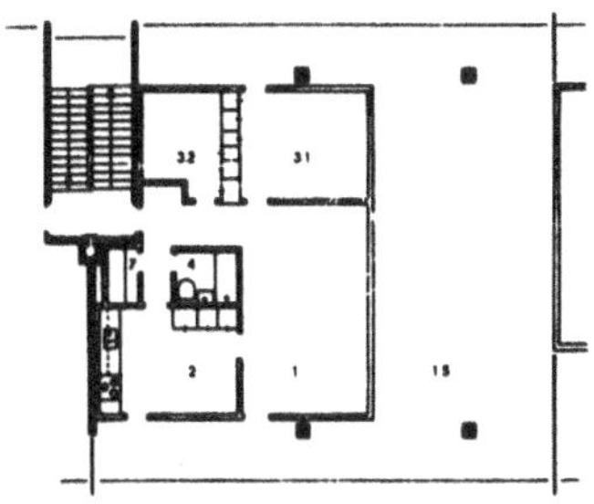

Göteborg-Kallebäck
Arch. Eric Friberger
Erwerbbare „Grundstücks"-Etagen, zum eigenen Ausbau der Bewohner, Variabilität
aus: K. W. Schmitt, Mehrgeschossiger Wohnbau, Stuttgart 1966

Variabilität ist ein Begriff, mit dem die Expansions- und Reduzierungs-Möglichkeiten einer Wohnung gemeint sind. Vom jungen Ehepaar bis zur Familie mit drei Kindern und Großmutter soll die variable Wohnung alle Anforderungen an den verschiedenen Flächenbedarf aufnehmen können. Das setzt vor allem Gemeinsinn voraus, denn den Raum, den die junge Familie bei der Ankunft von Kindern zusätzlich braucht, müßte der Nachbar abtreten.

Variabilität ist schwieriger zu realisieren als Flexibilität — sowohl konstruktiv als auch soziologisch. Beide bedürfen einer Planung des Unvorhersehbaren; vor allem Variabilität bedarf der Reservefläche. Die variable Nutzung desselben Raumes erfordert angeblich bis 40 % mehr Fläche — das kann man sich schon vorstellen, wenn man z.B. einen Schreibtisch in das Schlafzimmer stellt.

Als in den 20er Jahren Mies van der Rohe und Hugo Häring in Berlin zusammen arbeiteten, soll Mies in einem Gespräch über dieses Thema gesagt haben: „Mach doch die Räume groß, Hugo, kannst Du alles drin machen!" (vgl. Abb. S. 14)

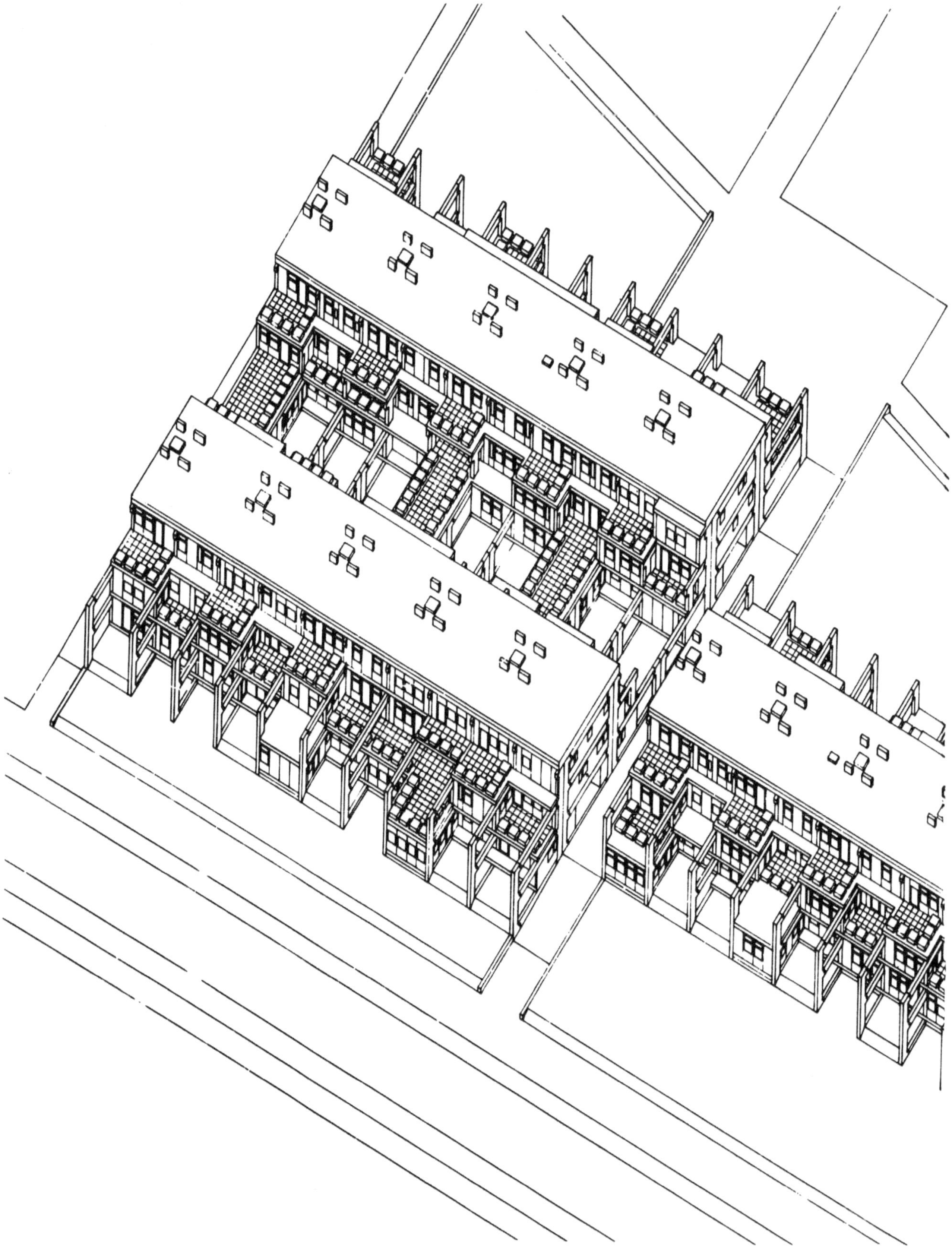

„Wohnen morgen", Wohnanlage Hollabrunn N.Ö.
Arch. O. Uhl, J. Weber
Flexible Wohnungen in einem Bausystem aus Schwerbeton,
aus: Wohnbau, Wien 8/1977

BAUTEIL SÜD

Im Ausführungsplan für einen der drei Bauteile kommt die Nutzung der Flexibilität durch die heutigen Bewohner deutlich zum Ausdruck. Der Grundriß des ersten Stockwerkes beweist: keine Wohnung gleicht einer anderen.

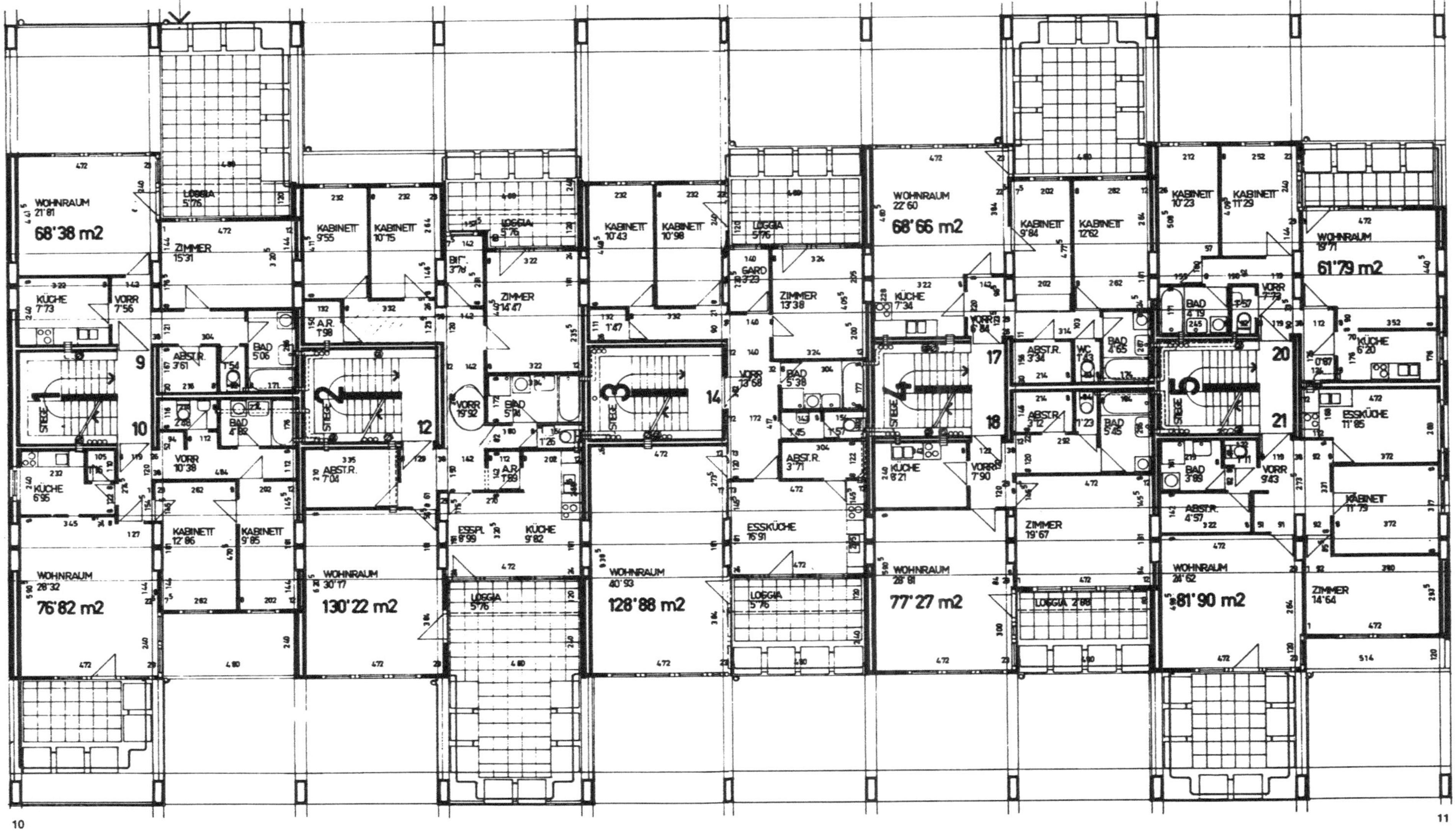

„Wohnen morgen", Wohnanlage Hollabrunn N.Ö.
Arch. O. Uhl, J. Weber
Grundrisse
aus: Wohnbau, Wien 8/1977

Y1

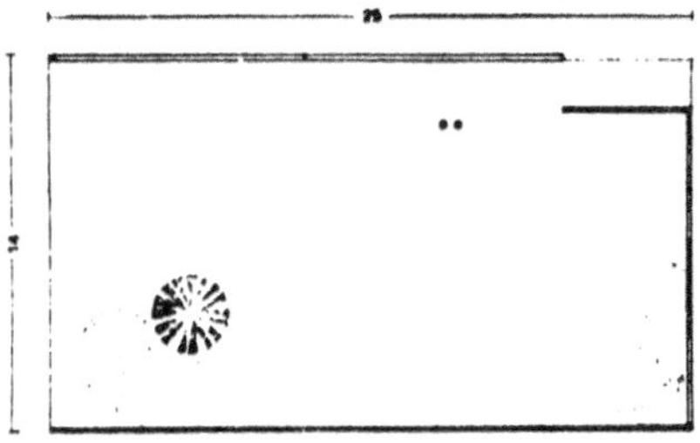

1

1 Es wird ein Grundstück mit Leitungsanschluß erworben

2

2 Im Festpunkt liegen die Küche, ein Hauswirtschaftsraum, WC und Bad und der Keller;
dazu kommt eine Betonplatte, um die Fertigteile darauf stellen zu können

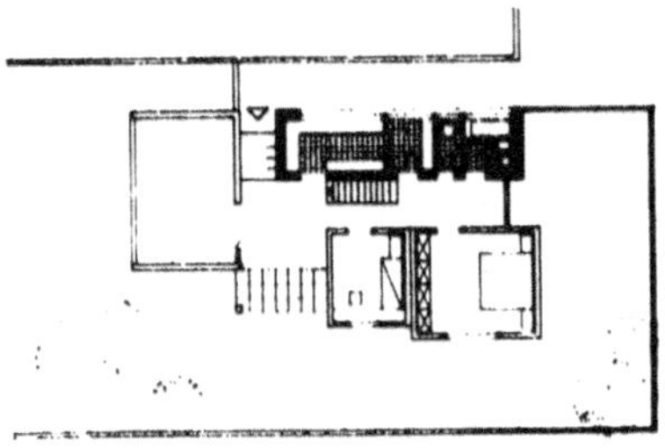

3

3 Das Haus für eine kleine Familie

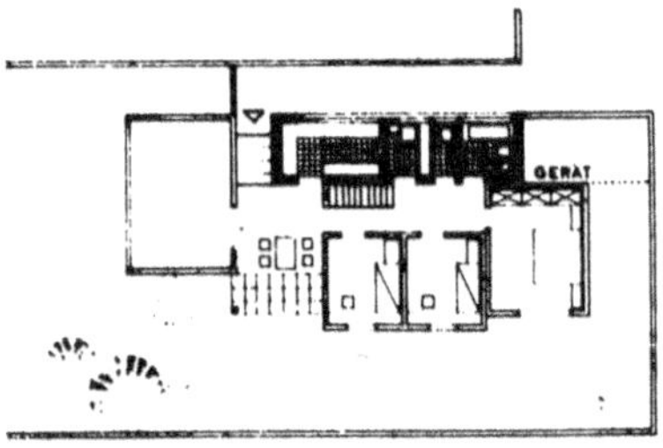

4

4 Das Haus für eine Familie mit zwei Kindern

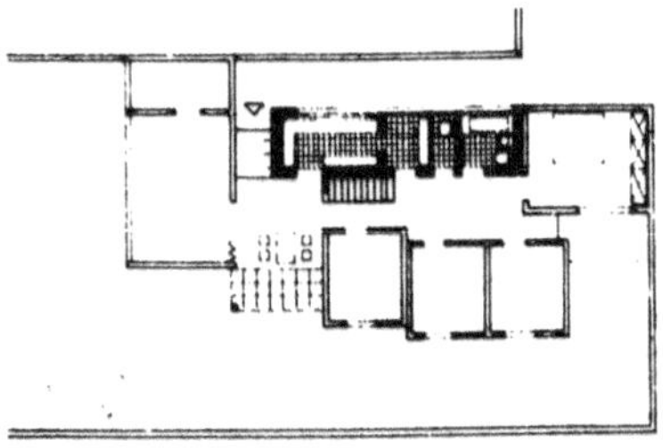

5

5 Drei Kinder brauchen einen Spielflur.
Weitab erhält der Vater ein ruhiges Arbeitszimmer.
Vor dem Elternzimmer liegt eine Terrasse

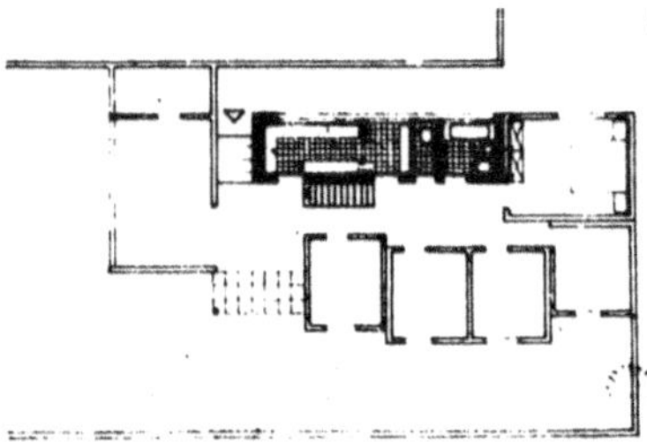

6

6 Auch ein viertes Kind bekommt sein eigenes Zimmer

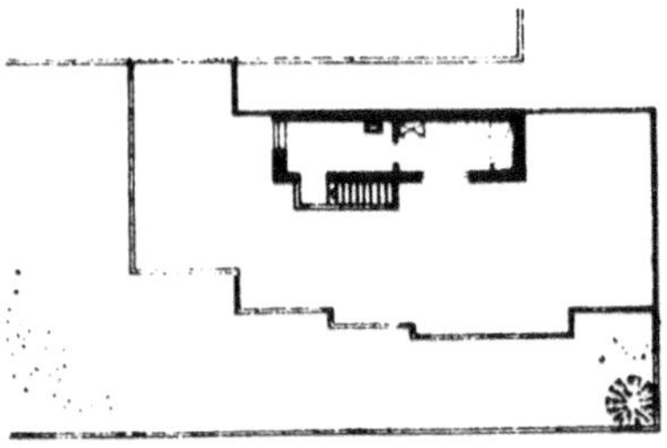

7

7 Für ein Hausmädchen und für Abstellraum ist Platz auf dem Dach

Veränderbares Haus (wachsend und schwindend), Planung für Berlin-Frohnau
Arch. Reinhard Gieselmann, 1964
aus: Bauwelt, Dez. 1966

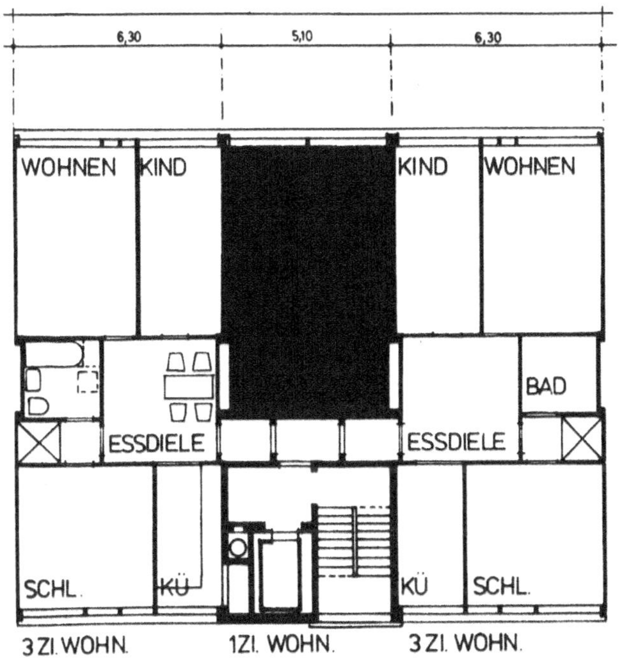

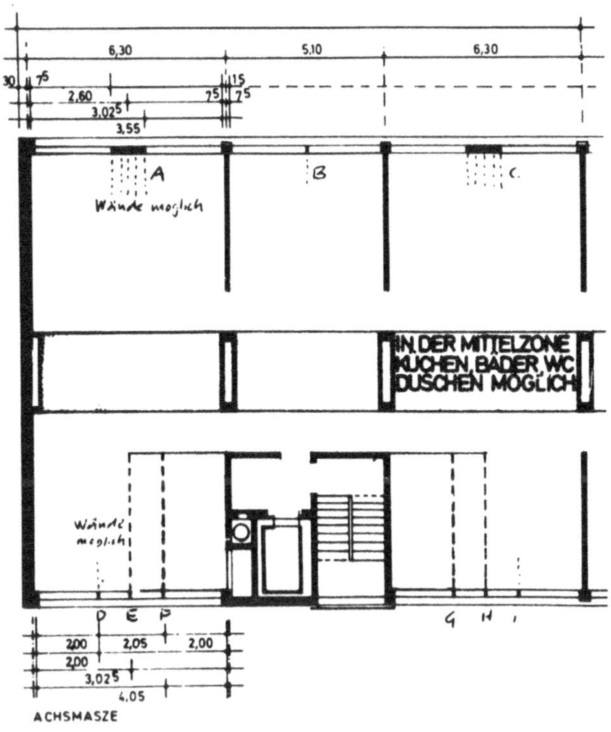

Hamburg-Steilshoop, Mitbestimmungs-Grundrisse
Arch. R. Spille
rechts: dem Mieter angebotene Fläche
oben: Pilotgrundriß des Architekten
aus: Rolf Spille, Mieter planen mit, Hamburg 1975

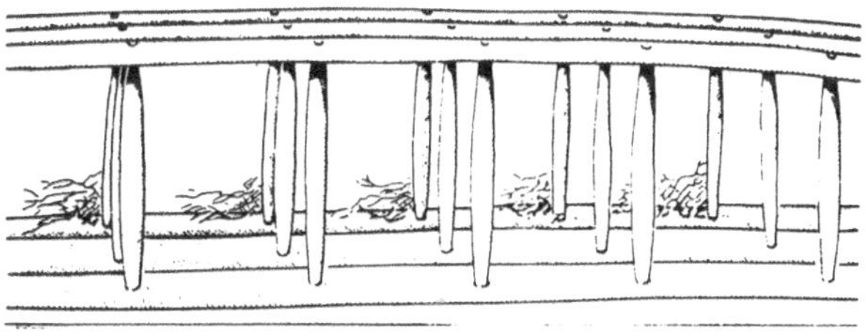

Konfuser Nestbau
Verwechselbare Situationen verleiten die Amsel zu unproduktiver Tätigkeit, sie findet keine Ortsidentifikation und kann ihr Nest nicht vollenden.
aus: Karl von Frisch, Tiere als Baumeister, Berlin 1974

Über Flexibilität wird mehr geredet als realisiert werden kann. Die Grenzen werden vom Bewußtsein des Bewohners gesteckt und erweitert. Der mündige Bürger wird hierzu gebraucht. Gibt es ihn schon? Ist der angebotene Freiheitsgrad wirklich oder fiktiv? Setzt sich die gewohnte Umwelt danach wieder durch? Und – im Hinblick auf die vielen Rasterbauten unserer Bürohäuser – ist die Nostalgie eine Reaktion auf die Flexibilität?

B Die Bereiche der Wohnung

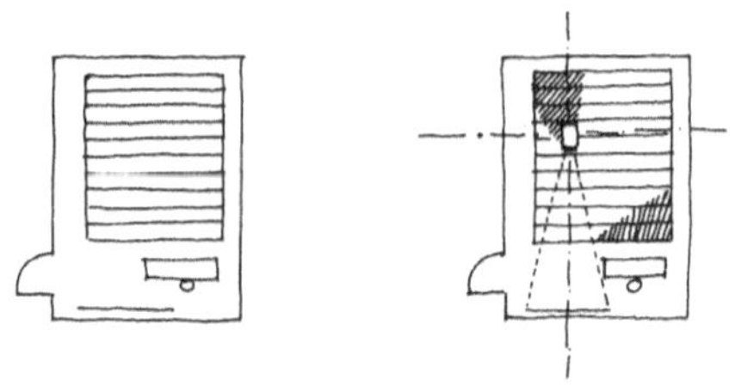

ORTGEBUNG IM(VORLESUNGS)-RAUM

1. Der Wohnraum

Der Raum

Bevor wir über einzelne Räume reden, sollten wir wissen, was Raum ist. Bewußt fassen wir den Begriff Raum ganz allgemein. Die heutigen Definitionen des Raumes weichen sehr von denen früherer Epochen ab. Der alte Raumbegriff war abstrakter, im Laufe der Zeit wird er mehr und mehr auf den Menschen bezogen. Während für Philosophen vor dem 17. Jahrhundert Raum ein Terminus der Geometrie war („der leere Raum"), wird er nach dieser Zeit zu einem physikalischen Begriff. „Raum ist wohlbegründete Erscheinung", sagt Leibnitz. Kant bezieht den Raum erstmals auf den Menschen. Er spricht von der gleichzeitig empirischen Realität und transzendentalen Idealität des Raumes. Gauß geht einen Schritt weiter, wenn er die Existenz des Raumes außerhalb unseres Denkens abstreitet. Die Relativitätstheorie bringt Raum und Zeit in Abhängigkeit. Max Planck spricht von Raum und Zeit als einem „vierdimensionalen Kontinuum". Heutige Psychologen wie W. Metzger sagen, daß der Raum ein leeres und totes Nichts ist, und daß er erst entsteht, wenn Orte in ihm festgelegt würden und Bezugssysteme ihn ausfüllten. Ähnlich definieren heutige Physiker seine Existenz als dasjenige, das durch Bezugs-„Felder" impliziert wurde. Und ein Sozialwissenschaftler wie Tenbruck setzt Raum in direkte Beziehung zur Gesellschaft, wenn er schreibt: „Räumliche Ordnung ist von vornherein eine Seite der gesellschaftlichen Ordnung, in der schon nichträumliche Faktoren drinstecken, wie eben umgekehrt dieses gesellschaftliche System durch räumliche Faktoren bedingt ist."[17]

Unsere räumliche Vorstellung ist überwiegend rechtwinkelig-euklidisch. Das Bewußtsein des heutigen Menschen scheint die Prägnanz des rechten Winkels zu brauchen, um das psycho-physische Gleichgewicht zu erhalten. Das euklidische System verhilft uns zu einer Stabilisierung unserer Wahrnehmung. Wir wissen, daß manche Gehirnerkrankungen, die den Spannungszustand der Muskulatur schwächen, Schwankungen des Umraumerlebnisses aufkommen lassen. Dem Erkrankten erscheint beispielsweise die senkrechte Wand schief zu stehen, der (waagerechte) Boden anzusteigen.

Eine Wahrnehmung des leeren Raumes gibt es nicht. Wir brauchen Orte im Raum, mittels derer wir zu abschätzbaren Dimensionen kommen, aus denen sich unsere Raumvorstellung bildet.

Unser architektonischer Raum müßte der Wahrnehmung soviel Orte bieten, daß deren Information unserer Gesamtmuskulatur eine psycho-physische Harmonie bereitet[18]. Er müßte also z.B. unseren natürlichen Lebensrhythmus – Wachen und Schlafen – stimulieren, er müßte unsere Erregungen beruhigen und unsere ökologischen Forderungen erfüllen.

Architektonischer Raum verdrängt soviel Leere, bis räumliches Wohlbefinden erzeugt wird.

Die Grenzen des (euklidischen) Raumes – Boden, Wände und Decke – werden durch Länge, Breite und Höhe bestimmt. Wenn wir gesagt haben, daß der Initialzustand des Wohnens das Kollektiv ist, so bedeutet das für den Raum, daß die Horizontale gleichzusetzen ist mit der Gemeinschaft. Erst deren vertikale Teilung ergibt die Räume des Individuums. Diese Teilung entspricht nach Fred Fischer dem menschlichen Distanzbedürfnis.[20]

E. T. Hall[19] unterscheidet noch differenzierter die kritischen Distanzen (proxemics) zwischen Menschen im Raum (public, social, personal und intimate space). Wenn eine Menge Menschen ohne Ab-teilung in einem einzigen großen Raum zusammenleben, treten unabwendbar Interessenkollisionen auf, die entweder ideologisch besänftigt werden oder einer kollektiv-hierarchischen Lösung – nach dem Prinzip: der Stärkste siegt – zustreben.

Fred Fischer[20] beschreibt als ältestes Beispiel für die Abteilung eines gemeinsamen Raumes das Tsangli-Haus, das etwa 4000 v. Chr. in Kleinasien gebaut wurde. In einem dem Kubus angenäherten Bau wurden schon in dieser Frühzeit mit Wandpfeilern Raumecken als Rückzugsmöglichkeit des einzelnen Sippenmitgliedes abgeteilt. Der Stammesvorsitzende erhielt einen mittleren, etwas erhöhten Platz.

Hier müssen wir an den Rundraum denken, der in jenen Urzeiten der Menschheit – vor dem Megaron-Typ um 2500 v. Chr. – stark verbreitet war. Der Sardinienreisende findet noch heute die Reste der aus Vorzeiten stammenden Nuragen, und der Besucher Apuliens ähnliche, Trulli genannte Hausformen. Hier, in der Mitte des Mittelmeerraumes, wo viele Völker Spuren ihrer Kultur hinterlassen haben, sind Hausformen zu finden, die mit nah- und fernöstlichen verwandt zu sein scheinen. Womöglich hat die Bauweise (Kragkuppel u.a.) die Rundform beeinflußt. Wir „Euklidiker" empfinden den Rundraum als die Ausnahme-Umwelt, die nur bestimmten, kurzbemessenen Situationen vorbehalten bleiben sollte. Im Rundraum können wir nicht das Koordinatensystem an Orte und Ecken anlegen, um ihn zu erfassen. Unser Rundraum bedarf der Akzentuierung der Wandschale, damit unser Auge nicht abgleitet, sondern Halt und Maß findet.

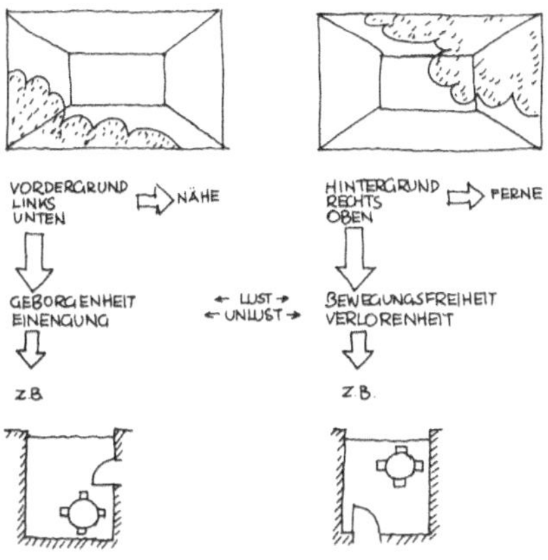

DIE LUST- UND UNLUSTWERTE DES RAUMES NACH DR. FRED FISCHER

Das ist bei Kindern anders: Sie mögen den Rundraum. Vielleicht hängt das mit dem noch nicht geprägten Ich-Bewußtsein zusammen, und mit der unterbewußten Erinnerung an die Geborgenheit des Mutterleibes.

Der – euklidische – Raum ist einteilbar in Vorder-, Mittel- und Hintergrund, in rechte und linke Seite, in oben und unten und in die Raumecken. J. D. Salinger[21] läßt in einer seiner „Neun Erzählungen" einen kleinen, exaltierten Jungen die Bemerkung machen: „Was hat die Wand zur anderen Wand gesagt? – Ich treff dich an der Ecke." – Die Ecke ist wichtig für das Raum-Ende. Nimmt man die Ecke weg, entsteht eine Dynamisierung. Es ist der erste Schritt zum „fließenden Raum", der Beitrag der Moderne zu den Raumkonzeptionen der Baugeschichte.

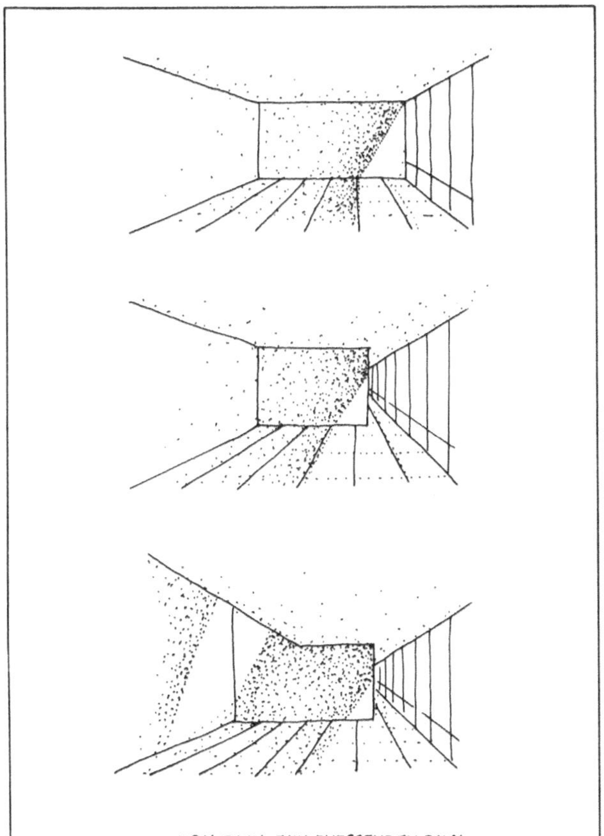

VOM RAUM ZUM FLIESSENDEN RAUM

Jeder Ort im Raum hat seine spezifische Bedeutung. Mit den Orten im Raum erzeugen wir Harmonie und Disharmonie. Wenn man einen Epidiaskop-Projektor mitten in einem sonst ortsarmen Vorlesungssaal aufbaut, entsteht an dieser Raumstelle Disharmonie. Der Raumzusammenhang ist für die dahinter Sitzenden nicht mehr erfaßbar. Es entstehen gute und schlechte Plätze im Raum. Der Raum wird durch das neue Attribut akzentuiert, auch besser meßbar.

Nach Fred Fischer erzeugt jeder Raum Lustwerte: Geborgenheit und Bewegungsfreiheit oder/und Unlustwerte: Einengung und Verlorenheit. Aber auch die Partien des Raumes haben ihre eigenen psychologischen Implikationen: Vordergrund, linke Seite und unten erzeugen Geborgenheit und Einengung, Hintergrund, rechte Seite und oben vermitteln Bewegungsfreiheit und Verlorenheit.

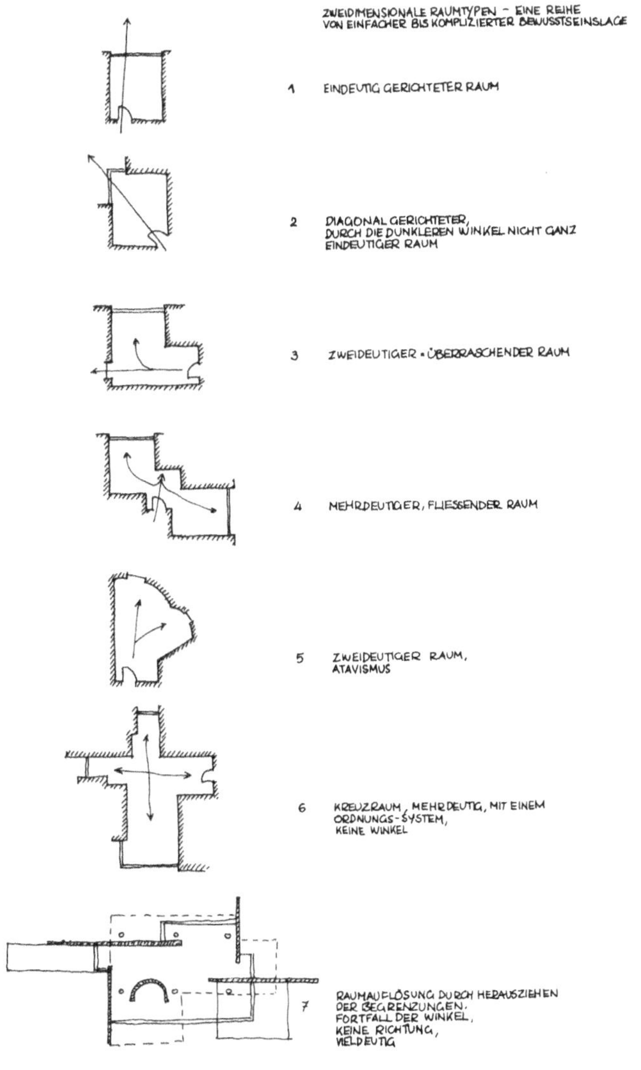

Der Wohnraum

Die Entwicklung des Wohnraumes wie auch der Wohnung ist von dem alle Bereiche beinhaltenden Einraum zur immer mehr differenzierten Mehrraumwohnung geprägt. Kochen, Essen, Arbeiten, Kinderbetreuung und Schlafen waren die Tätigkeiten, für die in alten Zeiten ein Platz in einem einzigen Raum genügte. Diesen Tätigkeiten sind heute funktionsbetonte Räume mit oftmals typisiertem Zuschnitt zugeordnet.

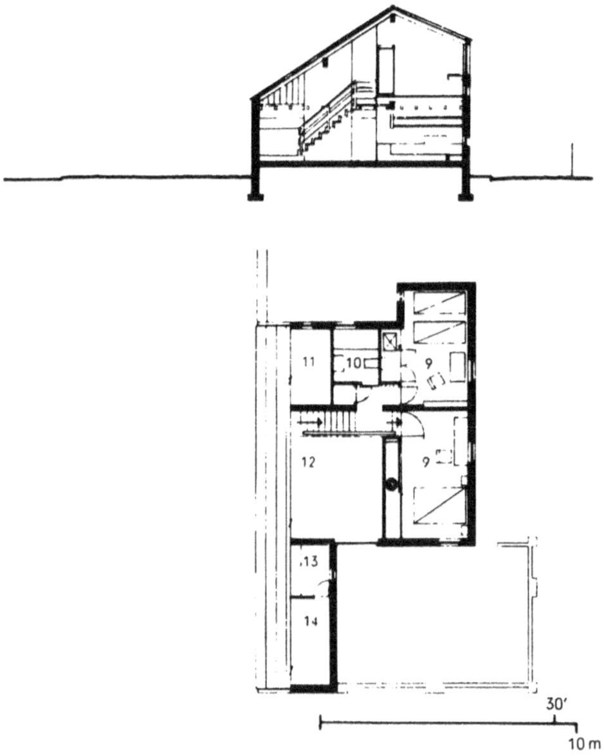

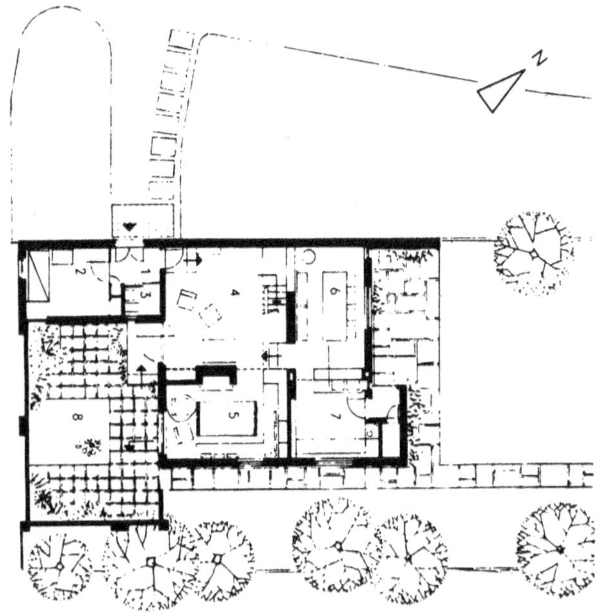

Haus White in Askett/GB
Arch. P. Aldington
Zentraler differenzierter Wohnbereich (4, 5, 6), Halle (4) verklammert beide Geschosse
aus: Weidert, Einfamilienhäuser – international, Stuttgart 1967

Die Geschichte des Wohnbaues ist u.a. eine Geschichte der Raumdifferenzierung, aber auch der stets zunehmenden Bequemlichkeit und – bis heute – der Trennung von Funktionen. War z.B. der Freizeit-Bereich vor 2000 Jahren durch einen Sitzplatz abgedeckt, so brauchen wir in unserer Zeit hierfür einen eigenen Raum. Vor allem den Wohnraum stellen wir uns als Bereich der Freizeit vor; gleichzeitig soll er Stätte der Kommunikation sein. Freizeit ist eng mit Begegnung und Kontakt verbunden, die dazu nötigen Mittel (Möbel, Raumatmosphäre) sind die gleichen. An weiteren Wohnverhaltensweisen ordnen wir dem Wohnraum Essen, Hausarbeit, Kinderbetreuung (Basteln, Spielen) und Betätigen der Kommunikationsmedien zu. Mit so vielen Funktionen angereichert, wird der Wohnraum vor allem im bürgerlichen Milieu zur Kulminationsstätte und zum Kollektor der Wohnverhaltensweisen. Er ist innerhalb der Wohnung der öffentlichste Raum, und insofern ist er an den öffentlichen Raum – direkt z.B. in Nordamerika, indirekt in Europa – angeschlossen. Die Individualräume sind als ergänzende Verhaltensbereiche auf den Wohnraum zu beziehen. Man sollte meinen, daß die Vielfältigkeit der Aktivitäten und Passivitäten im Wohnraum Vielgestaltigkeit erzeugen sollte. Vor allem aus wirtschaftlichen Gründen ist der Wohnraum im Programm des durchschnittlichen Miethauses meistens zu einem rechtwinkligen Zimmer von ca. 20 qm Größe geworden, dem allenfalls noch ein Balkon zugeordnet wird. Aus Bewohnerbefragungen, als deren Ergebnis inzwischen immer eine Flächenvergrößerung erwartet werden darf, ergibt sich die gewünschte optimale Größe mit ca. 25 qm. Die Maße sollten mit dem ergänzenden Eßplatz korrelieren. Im übrigen sind sie abhängig von den Möbeln

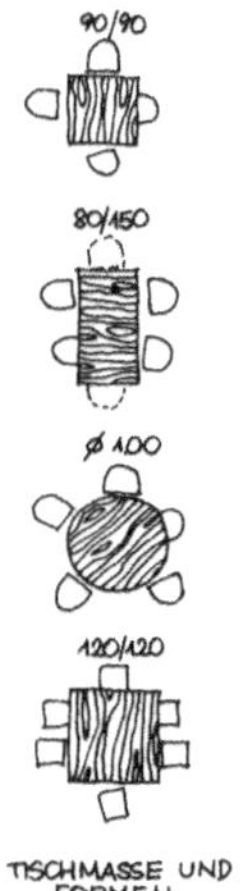

TISCHMASSE UND -FORMEN

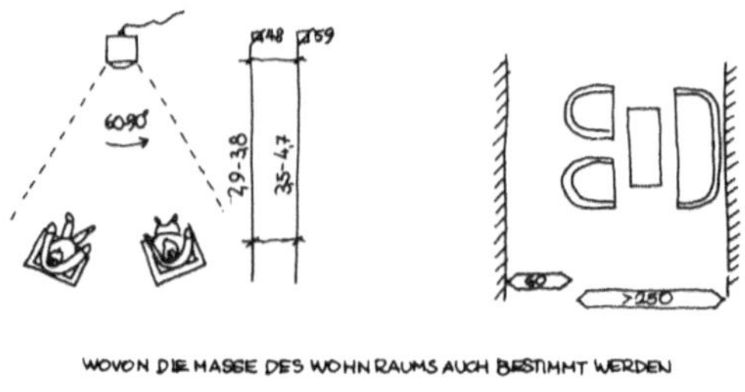

WOVON DIE MASSE DES WOHNRAUMS AUCH BESTIMMT WERDEN

für die verschiedenen Tätigkeiten. Um den Lustwert der Bewegungsfreiheit zu erzeugen, sollte kein Wohnraum weniger als 3,50 m breit sein.[22]

Die Nahrungsaufnahme als besonders kommunikationsstimulierende Tätigkeit impliziert die wichtigste Differenzierung des Wohnraumes. Hier findet der moderne Wohnbereich seinen Übergang zum Kochen, zum Vorplatz, aber auch zu den Individualräumen. Der Eßplatz als bevorzugter Ort der Wohngemeinschaft wird manchmal noch zum eigenen Zimmer ausgebildet – das damit wieder einen Teil seiner zentripetalen Wirkung verlieren kann – andererseits aber, skandinavischen Anregungen folgend, zum Allrum (Schweden) oder family room (USA) wird. Von der kleinen Eßnische bis zum Familienraum ist der Eßplatz zu einem sehr unterschiedlich konzipierten Raum der Wohnung geworden und damit zu einem Moment der Verschiedenheit der Wohnungen. Wichtigstes Element ist der Tisch mit 4–6 Stühlen, dazu gehört die Unterbringung von Eßgeschirr, -besteck und Tischwäsche und der Durchgang oder die Durchreiche zur Küche. Im Familienraum können außerdem Flächen notwendig werden, die für Gegenstände vom Klavier bis zur Hobelbank oder Nähmaschine ausreichen und gemeinschaftliche Aktivitäten gestatten.

BEZIEHUNG VON ESS- UND WOHNRAUM IN WOHNBAUTEN DES VERFASSERS

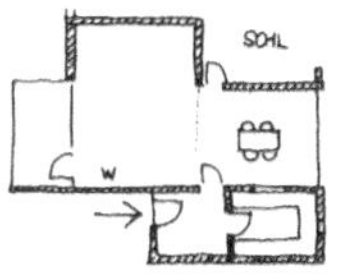

1
ESSPLATZ AM WOHNRAUM
DURCHGANG ZUM SCHLAFTEIL TANGENTIAL ZU BEIDEN RAUMTEILEN

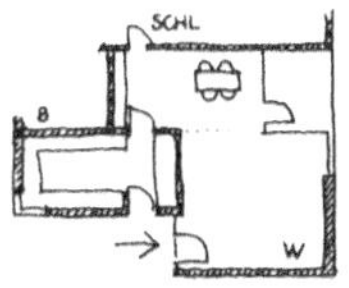

2
WOHNRAUM VOM ESSPLATZ SEPARIERBAR DURCH ZUGANG VON DER KÜCHE

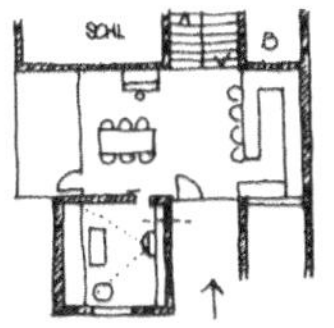

3
FAMILIENRAUM MIT OFFENER KÜCHE ALS ZENTRALER BEREICH. INTIMER, KLEINER, VARIABEL NUTZBARER WOHNRAUM

Der Wohnraum kann als „indirekter" Durchgangsraum – jedoch nicht von der Erschließungsfläche aus – oder als separierter Raum angelegt werden. Die Entscheidung darüber sollte von der Lage des Eßplatzes abhängig gemacht werden. Ein Durchgangsraum hat den Vorteil der Aktivierung, jedoch den Nachteil der Störung. Bewohner pflegen die „direkte" Zugänglichkeit aller Räume zu fordern; Unkenntnis des Gebrauchs anderer räumlicher Variations-Möglichkeiten mag dabei ausschlaggebend sein.

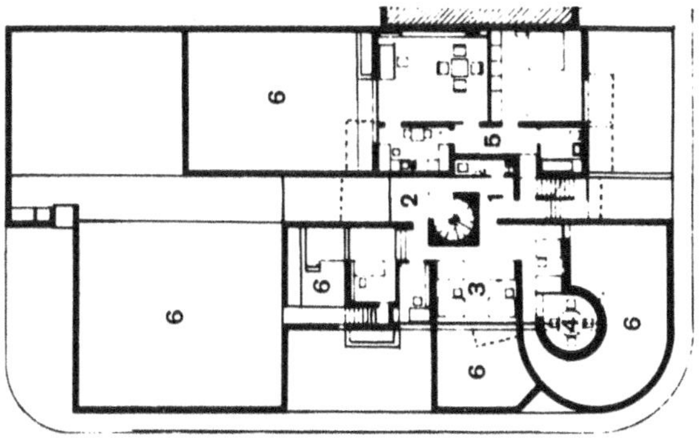

Grundriß Erdgeschoß
1 Büroeingang
2 Eingang zur Wohnung
3 Büroräume
4 Besprechungsraum
5 Einliegerwohnung
6 Gartenhöfe

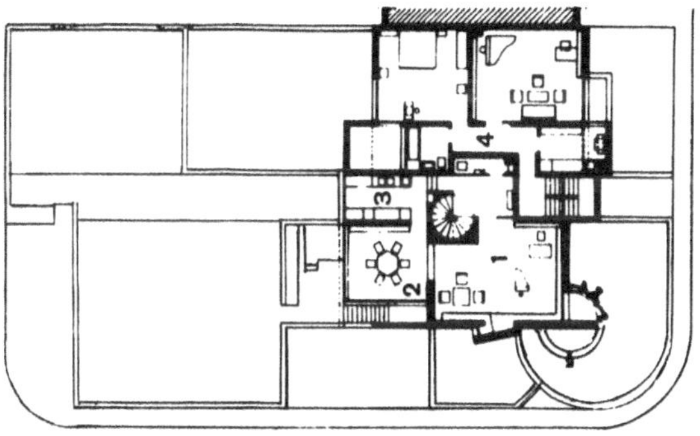

Grundriß 1. Obergeschoß
1 Wohnraum
2 Eßplatz
3 Küche
4 Einliegerwohnung

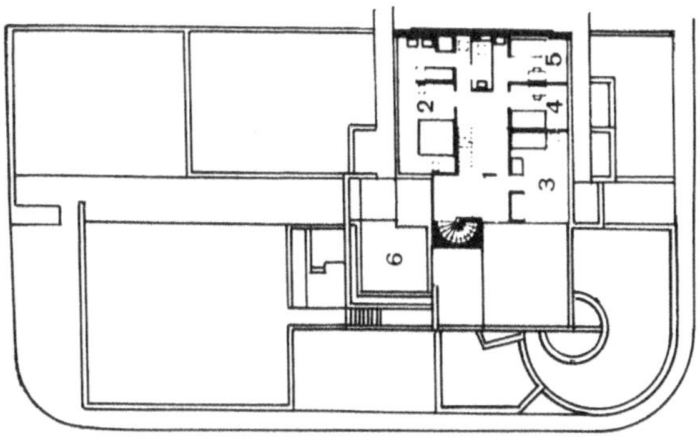

Grundriß 2. Obergeschoß
1 Flur
2 Eltern
3 Kind
4 Gast
5 Mädchen (Personal)
6 Dachterrassen

Wohnhaus des Architekten O.M. Ungers in Köln-Müngersdorf
Arch. O.M. Ungers, 1959
Gliederung des Wohnbereichs im 1. OG mit zwei Stufen
aus: Neue Deutsche Architektur 2, Stuttgart 1962

Die drei dargestellten Varianten des Eßplatzes als Durchgangs-Raum wurden vom Verfasser geplant und von den Bewohnern akzeptiert. Bei der Anlage des Durchgangsraumes empfiehlt es sich allerdings, einen Raum aus dem Individualbereich herauszunehmen und dem Wohnraum vorzuschalten, um den Heranwachsenden oder den Gast von der Wohnraum„zentrale" unabhängig zu machen.

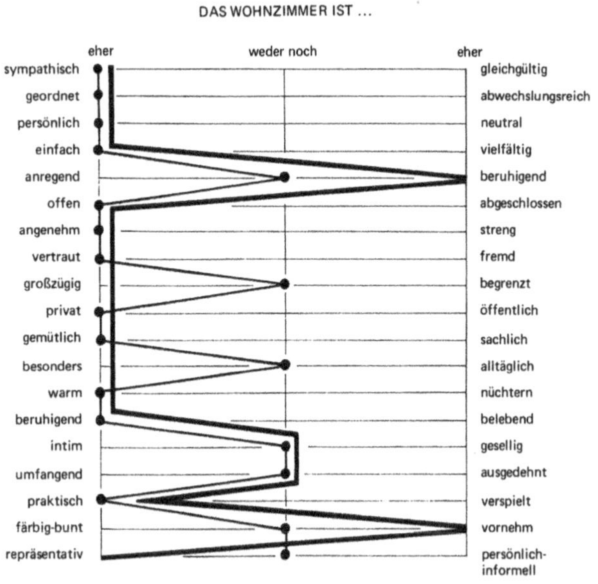

IST-Profil: Wie wird das Wohnzimmer empfunden.
SOLL-Profil: Wie soll das ideale Wohnzimmer aussehen.
150 Befragte beurteilen Wunsch und Realität meist unterschiedlich.

Polaritätsprofil
aus: Kriterien der Wohnungsgestaltung von Rudolf Weichinger, Wolfgang Schulz, Gernot Graefe, Wien 1973 (Forschungsarbeit für das Ministerium für Bauten und Technik, Wien)

2. Der Individualbereich

Die Kriterien der Wohnung, die in einer Forschungsarbeit[23] mit Identität, Stimulierung und Sicherheit – und mit den Kontrakriterien Anonymität, Langeweile und Angst – umrissen wurden, sind wesentlich von der Gestaltung des Individual-Bereiches abhängig. Vor

Wilhelm Busch: „Meine Kammer in Wiedensahl", Zeichnung 1882.

Wilhelm Busch: Meine Kammer (1882)
Beispiel für Individualbereich im 19. Jahrhundert, die Stätten der Wohnung sind noch nicht getrennt
aus: Meier-Obrist, Kulturgeschichte des Wohnens, Hamburg 1956

allem der Individualbereich muß zum Nachbarn hin schallgedämmt sein; Geräusche hören, ohne sie durch Sehen nachzuvollziehen, das kann Angst erzeugen. Aber auch intern muß der Individualbereich alle Voraussetzungen bieten, die der Rückzug von der Gemeinschaft, das Alleinsein, das buon retiro, die Konzentration und Meditation, der Schlaf und die Ruhe erfordern. Der Kreidekreis, mit dem Matthias Claudius (1740–1815) seinen Arbeitsplatz gegen den Familientrubel begrenzte, mag bei den guten Nerven unserer Vorfahren und der Bravheit ihrer Kinder als Abtrennung gewirkt und befriedigt haben – in unserer Zeit erzeugt zu geringe Abtrennung psychopathologische Symptome. Wir brauchen das Kontrast-Verhalten der Abgeschiedenheit gegen die Gemeinschaft, um wieder Kraft zur Auseinandersetzung mit ihr zu sammeln.

Heute werden *Kinderzimmer* als „geschützter Bereich, Schutz vor Eingriff durch Erwachsene"[24] aufgefaßt – und man muß schon wieder aufpassen, daß hier nicht eine Segregation gefördert wird, die den Forderungen nach einem strukturellen Aufbau der Wohnung (und der Familie) widerspricht. Die Generation meiner Studenten vertritt durchweg die Ansicht, daß man Kinderzimmer nicht groß genug machen kann, und sie dimensionieren sie mit 14–16 qm, die Elternzimmer dagegen mit 12 qm. Neben dem gewöhnlichen Oppositionsgeist mag das eine Reaktion auf die bisher üblichen (zu) kleinen Kinderzimmer sein, (in denen sie vielleicht selbst aufgewachsen sind).

Im Wiener Gemeindewohnbau werden Kinderzimmer mit 13,5 qm, Elternzimmer mit 14,5 qm dimensioniert.

Nur eine ausgewogene Berücksichtigung der Bedürfnisse aller Familienmitglieder einer Wohnung kann Wohnzufriedenheit ergeben. So wird z.B. viel zu wenig an einen Privatbereich der Hausfrau gedacht, der meistens aus der Bettkante des Ehebettes besteht. Als Bewohner mit der dauerndsten und intensivsten Beziehung zur Wohnung braucht auch sie ihren Individualbereich. Daß dieser fast immer fehlt – verlegenheitshalber ordnet man ihr daher gern die Küche als „ihren" Raum zu –, kann, ja muß als Mißachtung der nicht berufstätigen Frau gewertet werden.

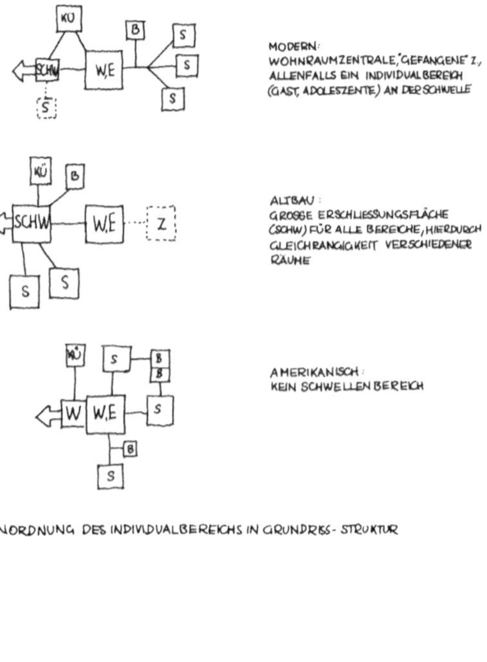

EINORDNUNG DES INDIVIDUALBEREICHS IN GRUNDRISS-STRUKTUR

Die Maße des Kinderzimmers sind von den Verhaltensweisen der Kinder und von den entsprechenden Möbeln abhängig. Eine andere Tatsache darf nicht außer acht gelassen werden: Kleine Kinder mögen kleine Räume, größere Kinder dagegen eher größere Zimmer – das ist allerdings schwer zu verwirklichen. Lernen, Spielen, Besuch haben, Musik ausüben und hören brauchen Platz. Die Größen der Kinderzimmer sind idealerweise für jedes Alter anders festzulegen. Wenn Sie kleiner als 10 qm sind, sollte ein (gemeinsamer) Spielraum als Ergänzung geplant werden. Wenn schon die Größen nicht den verschiedenen Altersstufen angepaßt werden können, dann

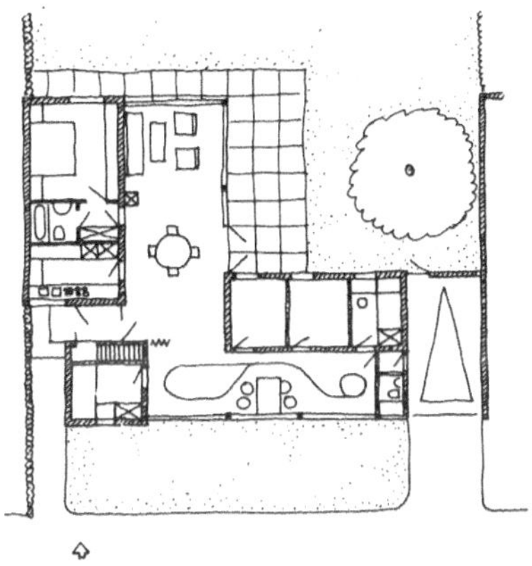

EINORDNUNG DER INDIVIDUALBEREICHE IN EINEN WINKELREIHENHAUS
HAUS DR. LESSER, KARLSRUHE-WALDSTADT, ARCHITEKT: VERFASSER 1966

sollte wenigstens die Möblierung den sich ändernden Körpermaßen angepaßt werden (höhenverstellbare Tische und Stühle). Auch der Schrank sollte Kleiderstangen auf verschiedenen Höhen haben.

Besonders wichtig für die Entwicklung des Kindes ist die Selbstverwirklichung. Was als Einrichtung vorgegeben wird, sollte genau überlegt sein, um dem Kind Gestaltungsfreiheit zu gestatten.

Als Möblierung werden ein Bett, ein Schrank 1,00–1,20 m breit, ein Bücherregal, ein Tisch oder eine Arbeitsplatte am Fenster, Platz für Spielzeug und ein bis zwei Stühle benötigt. Der Fußboden ist die meistbenutzte Spielfläche und sollte entsprechend ausgelegt sein.

Kaum ein Mensch denkt heute an ein irrationales Moment im Kinderzimmer – dabei wäre das in keinem Alter wichtiger als im frühen Kindesalter: eine Nische, ein Erker, ein Fenster auf kindlicher Augenhöhe. Es wird empfohlen, darüber nachzudenken, wie man die Kreativität des Kindes räumlich anregen kann.

Auch das *Elternschlafzimmer* hat heute vielfach nicht mehr monofunktionale Bedeutung. Vom Passivitätsraum, der nur dem Schlaf und der Liebe dient – und deshalb zu einer Tabuzone wurde – entwickelt sich das Elternschlafzimmer zu einem Raum, in dem der Hausfrau ein Schreibplatz eingerichtet wird, in dem der Fernsehapparat steht oder ein Fitness-Gerät. Doch das kann nicht darüber hinwegtäuschen, daß die wichtigste Funktion des Schlafzimmers die Restitution durch Schlaf[25] ist – 6 bis 8 Stunden schall- und lichtgedämmte Ruhe –, dazu die Regeneration der von zwei erwachsenen Personen verbrauchten Luft durch Zufuhr von Sauerstoff und Entlüftung. Den Raumbedarf leiten wir außerdem von den Möbeln ab: Das größte Möbel ist das Ehebett mit seinem Richtmaß 2,00 X 2,00 m. Es sollte frei stehen und am Fußende Platz für ein Kleinkinderbett haben. Vor allem junge Eheleute verwenden statt des platzraubenden Ehebettes das französische Bett (grand lit), das mindestens 1,40 X 1,90 m groß ist.

Wenn man durchschnittlich pro Bewohner 1 Meter Schrankraum rechnet, so werden hiervon mindestens 2,50–3,00 m im Elternschlafzimmer aufzustellen sein. In diesem Schrank auch die Haushaltswäsche unterzubringen, ist üblich geworden, wenn auch nicht sehr praktisch; besser würde hierfür ein Schrank im Flur- oder Dielenbereich dienen. Weiter werden an Möbeln noch Nachtkästchen und Frisiertoilette geschätzt. Bei der Planung des Fußbodens sollte man an die morgendliche Gymnastik denken.

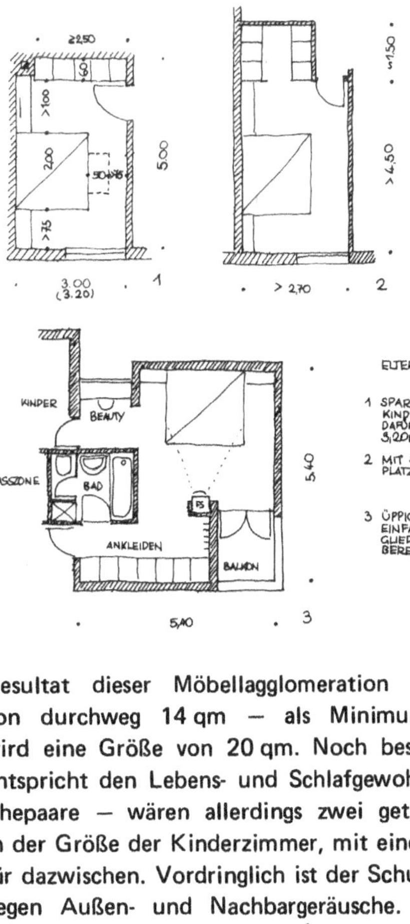

ELTERNZIMMER

1 SPARSAME ANORDNUNG
KINDERBETT HAT KEINEN PLATZ,
DAFÜR MÜSSTE DER RAUM MIND.
3,20m BREIT SEIN

2 MIT SCHRANKRAUM, DOCH OHNE
PLATZ FÜR SCHRANK

3 ÜPPIGE ANORDNUNG AUS EINEM
EINFAMILIENHAUS
GLIEDERUNG DES RAUMES IN
BEREICHE

Resultat dieser Möbellagglomeration ist ein Raum von durchweg 14 qm – als Minimum. Empfohlen wird eine Größe von 20 qm. Noch besser – und das entspricht den Lebens- und Schlafgewohnheiten älterer Ehepaare – wären allerdings zwei getrennte Zimmer in der Größe der Kinderzimmer, mit einer Verbindungstür dazwischen. Vordringlich ist der Schutz des Raumes gegen Außen- und Nachbargeräusche. Wenn wir bei einem Geräuschpegel von 10^{-1} Mikrobar tagsüber noch ohne weiteres geistige Arbeit tun können, so bedeutet die gleiche Geräuschfrequenz bei Nacht bereits eine spürbare Störung des Schlafes.

Zuwenig Überlegungen werden für die Außenlicht-Dämpfung bei gleichzeitiger Lüftung angestellt. Es empfiehlt sich, Elternschlafzimmer außer durch das Fenster noch durch einen Lüftungskamin zu entlüften, vor allem dann, wenn das Zimmer an einer verkehrsreichen Straße liegt. Besonders kleine Zimmer gewinnen durch die Möglichkeit der Querlüftung.

Die Lage des Elternschlafzimmers in der Wohnung richtet sich nach dem Bedürfnis nach Ruhe. Es kann als indirekt zugänglicher Raum an den Wohnraum angeschlossen werden. Jedenfalls sollte der Eingang zum Elternschlafzimmer im inneren Bereich der Wohnung liegen, also weit weg vom Wohnungseingang. Ein Zwischenflur übernimmt vor allem die Funktion der Geruch- und Geräusch-Schleuse vor dem Bad und wird als interne Verbindung zwischen den Schlafzimmern untereinander und dem Bad wirksam.

Die Entwicklung der Einstellung vom Schlafzimmer als Tabuzone der Eltern zum mehrfach genutzten Raum unter Räumen ist an drei Beispielen abzulesen: Marcel Breuer gliedert 1947 sein Robinson-House in zwei Baukörper: den des Tages mit Wohnräumen und Küche, den der Nacht mit den Schlafzimmern. Das ist reiner

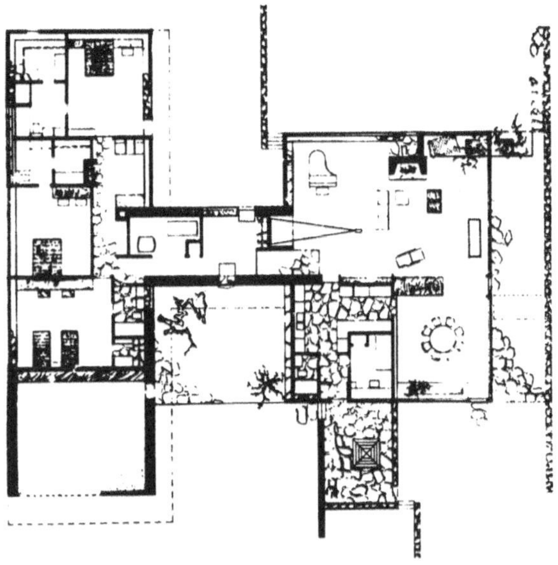

Wohnhaus Robinson
Arch. Marcel Breuer
Trennung von Schlafteil und Wohnteil
aus: Marcel Breuer 1921–62, Stuttgart 1962

Funktionalismus und schon heute weit entfernt von unserer Auffassung von einem strukturellen Grundriß. O. M. Ungers integriert 1968 in seinem Bau im Märkischen Viertel (vgl. Seite 92) die Schlafzimmer, indem er sie zu einem Block zusammenfaßt und vom Eßplatz

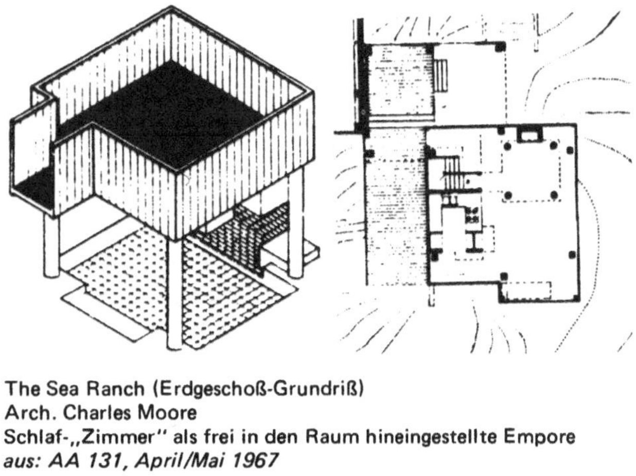

The Sea Ranch (Erdgeschoß-Grundriß)
Arch. Charles Moore
Schlaf-„Zimmer" als frei in den Raum hineingestellte Empore
aus: AA 131, April/Mai 1967

aus zugänglich macht. Charles Moore stellt 1972 in seiner Sea Ranch den Schlafraum als ein zweigeschossiges Podest mitten ins Haus und dokumentiert dadurch die lebendige Abhängigkeit der Verhaltensbereiche.

Ob sich aus dieser Reihe eine Entwicklung des Individualbereiches der Wohnung von der Ent-Tabuisierung bis zur Auflösung ablesen läßt, bleibe dahingestellt. Zweifellos ist heute ein größerer Hang zur Kollektivierung auch in den westlichen Gesellschaften festzustellen als vor 20 Jahren. Es ist möglich, daß die Wohngemeinschafts-Tendenzen der jungen Generation hierzu beitragen. Die funktionalistische Epoche, in der der Wohnungsgrundriß einen Vorplatz bot, von dem ein Wohnteil und ein Schlafteil erschlossen wurde, ist jedenfalls beendet. In jedem Fall wollen wir nicht auf Individualbereiche verzichten, sondern sie an den Gemeinschaftsbereich angeschlossen wissen.

3. Die Naßräume

Historisch-Technisches

"Mechanisation takes Command" – diesen Titel gab Siegfried Giedion seinem 1948 erschienenen, berühmt gewordenen Buch.[26] Hier dokumentiert der unkonventionelle Kritiker und Paladin der Funktionalisten die Faszination, die die Technik auf die Architekten der Avantgarde der Moderne ausgeübt hat. Diese Generation erlebte, wie jeder Raum elektrisch beleuchtet wurde, wie die meisten Wohnungen eine Zentral-Heizung erhielten, wie Bäder und Küchen funktionell organisiert und eingerichtet wurden.

Die Entwicklung ist von der Tendenz bestimmt, Wohnen durch Hygiene und Bequemlichkeit zu verbessern. Wege und Tätigkeiten wurden ersetzt durch Bedienung von Knöpfen und Tasten. Vor 200 Jahren waren das Heranschaffen des Wassers vom Brunnen, das Waschen der Wäsche im Fluß, das Wegschaffen des Brauchwassers, das Heizen mit seinen vorbereitenden und unterhaltenden Tätigkeiten, aber auch nur das Beleuchten eines Raumes mit Aufwand an Kraft und Zeit verbunden. Heute nimmt uns ein einfacher Knopfdruck diese Arbeit ab. Mit Staunen betrachtet der Chinabesucher den dort noch erhaltenen way of life ohne unseren Anspruch auf Mechanisierung und Automatisierung. Der Mensch hat sich schnell den neuen physiologischen Bedingungen angepaßt, er wird bequemer, körperlich weniger trainiert und daher empfindlicher. Er muß sich neue körperliche Ausgleiche suchen, die ihm das notwendige Training seiner Muskeln – auf bequemere Weise – ermöglichen. Eine allgemeine Gewöhnung des Menschen an die mechanisierte Umwelt ist eingetreten, und der Ausfall dieser Systeme käme heute Naturkatastrophen nahe (Stromausfall in New York 1977).

Die Entwicklung der mechanisierten automatisierten Wohnung zeigt deutlich zweierlei: Die freie Verfügbarkeit über einen weniger funktionell als eher graphisch-symbolisch angelegten Grundriß ändert sich im Laufe der Zeit in die determinierte Verfügbarkeit der funktionsbestimmten Räume. Ein Haus des späten Barock ließ mehr oder weniger beliebige Nutzung der Räume zu – vielleicht war die Küche fixiert, vielleicht gab es eine „Toilette" in der Funktion eines Ankleideraumes. Die Funktionen des Bades wurden im Schlafzimmer erfüllt, eine Wasch-Schüssel mit Kanne übernahm diese noch bis in das erste Drittel unseres Jahrhunderts. Im Musée Carnevalet in Paris hängt das Bild "Lever Voltaires in Ferney" von G. Huber (1760)[27]. Hier ist u.a. das Gefäß im Nachttisch zu sehen, das noch das funktionellste ist, was die damalige Zeit an sanitären Anlagen zu bieten hatte. Damit war andererseits die räumliche Flexibilität gesichert. Von einer Funktionalisierung des Grundrisses kann man eigentlich erst dann sprechen, wenn Flure eingeführt werden – Flure, die nicht als Durchgang zum Garten dienen (wie bei den Weinbauerhäusern in Ostösterreich), sondern die differenzierte Räume voneinander trennen. Seit 1830 gibt es Water Closets in den englischen Landhäusern, und Installationsgeräte werden zum Privileg höherer Stände.

Diese Entwicklung bekam einen Schub aus einer unerwarteten Richtung in der Mitte des 19. Jahrhunderts: Eine Verbesserung des installativen Ausbaues der Wohnungen wurde aus hygienischen Gründen notwendig, nachdem das Industrieproletariat in völlig unzureichenden Wohnungen untergebracht war. Philanthropen, wie der berühmte Arzt Robert Koch, setzten sich dafür ein, daß auch diese Wohnungen installiert werden müßten, um die Ausbreitung von Seuchen zu verhindern.

Die Mechanisierung der Wohnung wird seither durch die sozialen Ziele des 19. und 20. Jahrhunderts bestimmt: durch die medizinischen Erkenntnisse, durch die Berufstätigkeit der Frau, durch die Verteuerung der Dienstleistungen, und natürlich auch durch den wachsenden Wohlstand.

In der Mitte des 19. Jahrhunderts wurde Installation als ingeniöses Spiel gespielt. Es war ein Jahrhundert der technischen Erfindungen. Ganz gleich, in welchem Material oder für welchen Zweck, die Geräte der Inneneinrichtung wurden formal angepaßt. Die Rohre wurden auf der Wand geführt. Von weiter reichender Konsequenz als manche dieser Erfindungen war die der nahtlosen Rohre für den Ferntransport von Wasser und Gas, die die Gebrüder Mannesmann 1881 machten.

Mit Beginn der 20er Jahre unseres Jahrhunderts wird das mechanistische Bewußtsein wach. Das Dekor fällt weg und die Installationsgegenstände erhalten einfache, von der Maschine bestimmte Formen. Le Corbusier[28] prägt den Ausdruck "Epoque Machiniste" – das Maschinenzeitalter (Gropius entwirft in dieser Zeit ein Auto). Selbstverständlich liegen die Rohre in Le Corbusiers Häusern offen auf der Wand. Nicht immer wird ganz klar, ob dies Ausdruck einer technisch-ästhetischen Ambition ist, oder ob die Architekten dieser Generation hochentwickeltes Ingenieurwissen vermissen mußten.

In den 50er Jahren verschwinden die Rohre in Schlitzen. Der glatte Kasten ist Thema nicht nur des Raumes, sondern auch des Installations-Gegenstandes. In weiß emaillierten, kaum unterscheidbaren kubischen Behältern sind Kühlschrank, Waschmaschine, Spülmaschine, Trockner etc. untergebracht. Die 60er Jahre sind ein reiches Jahrzehnt. Die Installation spricht eine architektonische Sprache. Die europäischen Brutalisten[29] und die japanischen Metabolisten[30] glauben, durch Sichtbarmachen der Konstruktions- und Installations-Elemente die „Ethik" der Architektur zu erreichen. Mit der Betonung der Aufzüge und Rolltreppen, Lüftungsanlagen und -rohre wird auch die Abhängigkeit der Wohnungen von der Installation dokumentiert.

Ein Promotor dieser Entwicklung war in den 60er Jahren die englische Archigram-Gruppe,[31] die im Sinne einer Utopie Installation als Lebenselixier der Wohnung plante. Die Wohnung wird zum Betätigungsfeld von Operatoren. "Operation board", "control", "robot" spielen dabei eine wichtige Rolle. Die Lust am Erfinden ist so stark wie im 19. Jahrhundert: Der zum Bett aufblasbare Plastikfußboden, der Hovercar als

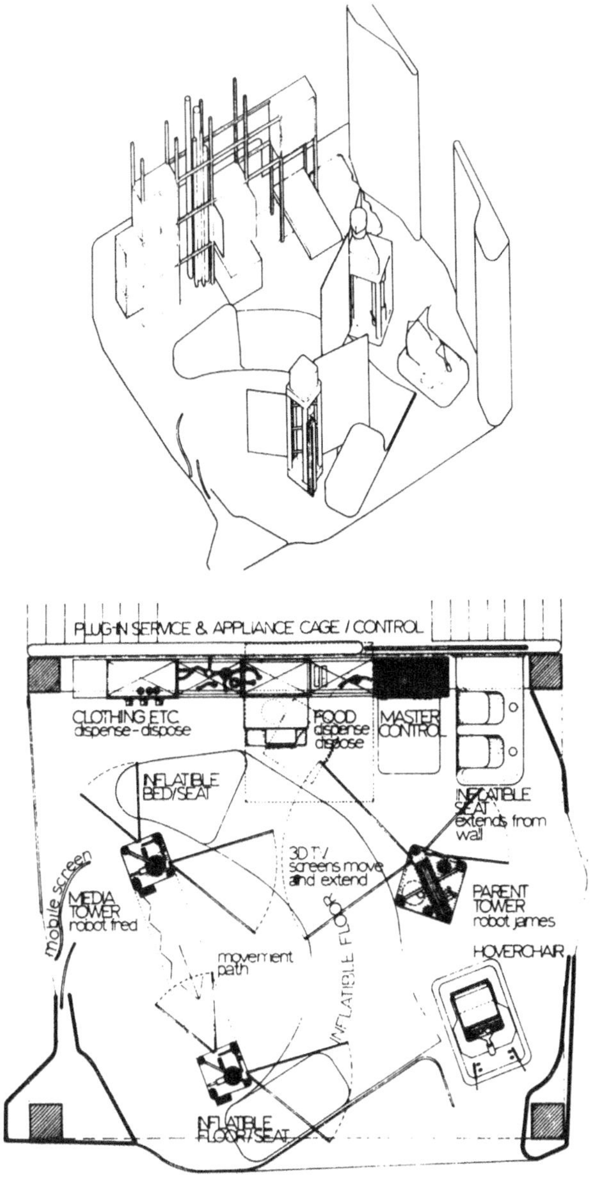

Wohnen 1990
Archigram-Group
aus: Bauen + Wohnen 5/1967

Steuergerät, mit dem man auch zum Kommunikationszentrum in der Stadt herabfahren kann, die verstellbaren Zwischenwände, die Akustik und Raumstimmung konditionierende Außenwand und andere technische Details ergeben eine technoide, voll-mechanisierte Wohn-Umwelt, die mit der bisherigen Wohnung nichts mehr zu tun hat. Der homo ludens hat das Erwachsenenspielzeug zukünftiger Tage entdeckt.

Der heutige Zustand ist hiervon weit entfernt. Je Wohnung werden 1–2 Wasser- und Abwasser-Anschlüsse aufgewendet. Diese Anschlüsse sind ein konstantes Grundriß-Element; hier ist der Grundriß fixiert. Flexibilität scheitert am Gußrohr. Das ist nicht herabsetzend gemeint: Nicht nur zur Ökonomie des Wohnungsbaues gehört die Zusammenfassung der Anschlußstellen an 1–2 Punkten, es wird auch zum schalltechnischen Problem, wenn in vielen Wänden Leitungen geführt werden. Ein weiterer Schritt in der Entwicklung ist die Wassereinheit, also ein einziger Installations-Kasten, an den die wasserführenden Räume der Wohnung bzw. des Wohnhauses angeschlossen werden. Ihr Maß wird bestimmt durch das Abwasser transportierende Guß- oder Asbestzementrohr, das bei einem Innendurchmesser

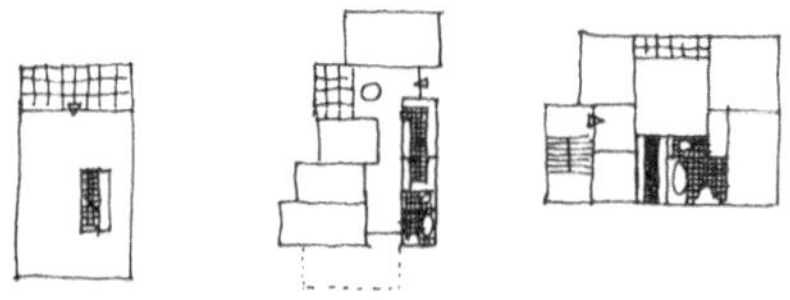

INTEGRATION DER INSTALL-RÄUME IN DEN GRUNDRISS (WASSEREINHEIT)

von 100 mm einen äußeren Muffendurchmesser von 150 mm hat. Man wird also schwerlich eine Installations-Einheit unter 20 cm innere Lichte dimensionieren können, nachdem Wasserrohre aus Eisen oder Kunststoff u. U. quer an ihnen vorbei geleitet werden müssen. Gasrohre benötigen einen eigenen Schacht. Alle Schächte – aber auch die Rohre selbst – müssen entlüftet werden.

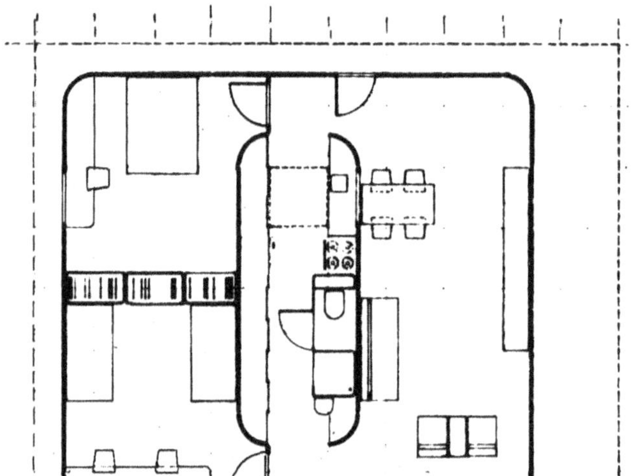

Fertighaus mit Sanitäreinheit in der Mitte
Arch. Jean Prouve
aus: AA 136/1968

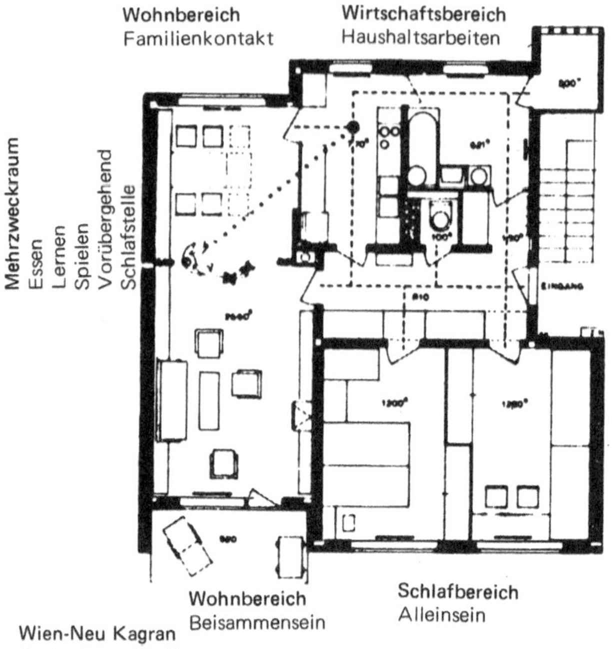

Wien-Neu Kagran
Arch. O. und P. Payer
Grundriß einer Wohnung, Wassereinheit fixiert den Grundriß
aus: O. und P. Payer, Haushalt + Wohnung, Wien 1969

Architektonischer Zwiespalt könnte zwischen 'Ethos' und Praxis entstehen: Einerseits will der Architekt die Leitungen als Bauelement deutlich hervorheben. Andererseits aber findet es der Bewohner praktisch, wenn Leitungen, die Staub fangen und Stellfläche wegnehmen, in der Wand verborgen sind, auch wenn der Schlitz bautechnisch unzureichend geschlossen wurde. Die Entscheidung sollte zu Gunsten des Bewohners fallen und das Ziel heißt: Integrierte Planung. Die Ingenieurtechnik muß in den Planungsprozeß einbezogen werden. Das nachträgliche Löcher-Stemmen am Bau schwächt statische Querschnitte und verursacht unkalkulierte Kosten. Bei der Fertigbauweise ist es unmöglich, die Installation nicht eingeplant zu haben. Hier müssen sogar die Elektroleitungen eingebaut sein, die beim Mauerbau eingeschlitzt werden können.

Diese integrierte Planung verlangt präzises Wissen, was die Mechanisierung der Wohnung betrifft, und so viel Toleranz und Flexibilität, daß Unvorhersehbares möglich gemacht werden kann.

Hygiene-Räume

Bad und WC sind gerade den Wienern zu Zeugen von Fortschritt und besserem Leben geworden. Noch 1971 wurden in den Gründerzeit-Vierteln 146.506 Wohnungen ohne Hygieneräume gezählt. In Wien nennt man sie Bassena-Wohnungen. Die Bassena (das Ausguß-Becken) und die WCs liegen „am Gang", d.h. am Erschließungsflur, und 2–5 Parteien eines Stockwerkes müssen sich diese Anlagen teilen. Die Zahl dieser Wohnungen geht ständig zurück, und es gehört zu den erklärten vordringlichen Zielen der Stadtsanierung, Bäder und WCs einzubauen. Reinlichkeit wird von dem Psychologen M. Piperek in seinem Werk „Grundaspekte der Baupsychologie"[32] als natürlicher Trieb bezeichnet. Er schreibt:

„Die Reinerhaltung der Nestzone ist schon vielen Tieren ein arteigenes Bedürfnis. Beim psychisch normalen Menschen ist ein ähnlicher Sauberkeitstrieb wirksam. Paradoxerweise führt die gleiche Zivilisation, die scheinbar die Förderung der Reinlichkeit erst so richtig ermöglichen sollte, in der gegenwärtigen Industrialisierungsphase zu einer Schmutz- und Abfallüberflutung der Städte. Die fortschreitende Verschmutzung der Städte und ihrer Randzonen stellt für die Bevölkerung eine große psychische Belastung dar. Eine echte Heimatbindung und Verbundenheit mit dem Wohnbezirk wird dadurch auf das schwerste beeinträchtigt; Ekel und mannigfache Fluchttendenzen sind die unmittelbaren Folgen der Nichterfüllung des Sauberkeitsbedürfnisses."

Der heutige Bewohner erwartet Bad und WC in selbstständigen Räumen, in denen Körper- und Gesundheitspflege und persönliche Hygiene vollzogen werden können. Allgemein rangieren sie in seinem Bewußtsein noch als Rückzugsorte. Heute werden erste Versuche mit einer Integrierung des Baderaumes in den Wohnbereich gemacht. Doch müßten hier jeweils die Bauvorschriften beachtet werden, wenn ein solches „Wohnbad" angelegt werden soll.

Das Bad

Nach der Wiener Bauordnung von 1976[33] muß das Bad „ein Raum zur Unterbringung einer Dusche oder Badegelegenheit" sein. (Ein Abort wird getrennt davon verlangt – es sei denn, daß das mit dem Abort kombinierte Bad nur vom Vorraum aus zugänglich ist). In der Praxis ist der Bedarf größer, und zwar sowohl hinsichtlich der Ausstattung als auch der Anzahl der Hygiene-Räume. Die Zusammenlegung von Bad und WC ist in einem Einpersonenhaushalt praktisch, in einem Mehrpersonen-Haushalt unglücklich. Die Trennung sollte jedenfalls in einem Haushalt mit mehr als drei Personen erfolgen. Der moderne Bewohner möchte sein Bad in der Nähe des Schlafzimmers haben; er rechnet heute schon nicht mehr damit, daß das Bad ein Fenster hat und ist mit der künstlich belichteten und belüfteten Innenwandlage zufrieden.

Der Platzbedarf liegt zwischen 2,5 und 7,0 qm. Jedes Gerät erfordert Platz und einen Nutzungsraum davor, der zwischen 70 und 80 cm liegt. Auf einer sehr kleinen Fläche ist der teuerste Raum des Hauses zu planen – daher muß die Kombination von Kalt- und Warmwasserinstallation, Lüftung, Heizung, Beleuchtung, elektrischen Anschlüssen (u.U. mit einem 2. Stromkreis für die Waschmaschine) sorgfältig überlegt werden. Die Lüftung bedarf – wie alle echten Lüftungen – der Zu- und Abluft-Öffnungen, die über Dach geführt werden müssen – tunlichst nicht zwischen Installationsrohren.

Wenn auch die Wiener Bauordnung der Dusche (80/80 oder 90/90 cm) den Vorrang gibt, so gehört doch die Wanne aus emailliertem Stahlblech oder Gußeisen (170/75/45 cm innen) zu den Erwartungen des Bewohners, obwohl er durchschnittlich mehr duscht als badet. Die Wanne ist eine – statistisch erwiesene – Quelle von Heimunfällen, daher sollten Haltegriffe und trittsicherer Boden angeordnet werden. Der Waschtisch aus Kristallporzellan wird von der DIN 18 022 mit einem Mindest-Maß von 55 X 45 cm gefordert. Ein Haushalt mit mehr als 5 Personen benötigt zwei Waschtische. Dazu gehören Handtuchhalter, Spiegel oder Spiegelschrank. Neue WCs haben die Maße 40/60/40 cm. Die Höhe von 40 cm soll zur guten Defäkation beitragen, alten Leuten aber erschwert diese Höhe das Aufstehen. Viele Accessoirs, wie z.B. Badetuchhalter, Medizinschrank, gehören zum gewohnten Bild des Bades, das dennoch üblicherweise nicht mehr als das "sanitary treatment" befriedigt. Schweizer und Franzosen reichern den Baderaum noch mit einem Bidet an. Sparsamer sind die holländischen Wohnbaugesellschaften, die außer einem Bodenablauf und den Wasseranschlüssen nichts bieten und die Einrichtung dem Mieter

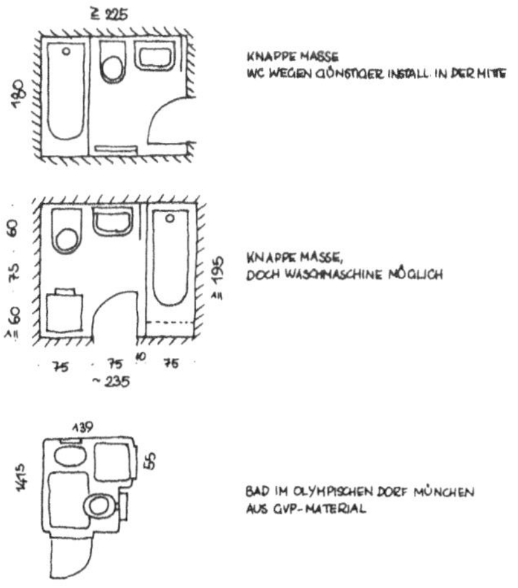

KLEINE BÄDER MIT EINRICHTUNG

selbst überlassen. Deutsche Bewohner monierten bei Befragungen Mitte der siebziger Jahre üblicherweise, daß das Bad zu klein sei und daß sie ihre Waschmaschine nicht unterbringen könnten. Gelegenheit zum Waschen, würde die vermietende Wohnbaugesellschaft antworten, finden die Mieter gemäß Bauordnung im Keller in einer komplett eingerichteten Waschküche mit vollautomatischer Waschmaschine vor. Hier befindet sich auch ein Trockenraum. Trotzdem haben viele Familien aus Bequemlichkeit eigene Waschmaschinen und benutzen die Gemeinschaftswaschküche nicht.

Der vom Bad getrennte Abort, ausgestattet mit einem WC und einem kleinen Handwaschbecken (40/30 cm), wird oft am Wohnungseingang angeordnet mit dem Argument, daß er auch Besuchern dienen soll. Wichtiger ist es, daß er den größeren Kindern als eigener Waschraum dienen kann. Danach sollte man seine Lage und Größe einrichten. Unschwer läßt sich der Abort zum Kinderbad ausbauen, wenn man ihn um eine Duschwanne vergrößert. Die Erfindung des hängenden WC mit wandbündigem Spülkasten kommt der leichteren Reinigung des kleinen Raumes sehr entgegen.

WC- UND ZUM KLEINBAD ERWEITERTE WC-RÄUME

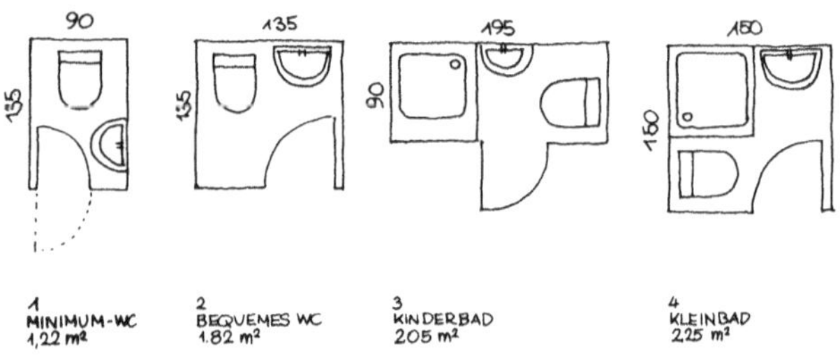

Ein Wort zu den Materialien: Die Böden müssen wasserfest und rutschhindernd sein – das gilt für die vorzugsweise verwendeten Fliesen, aber auch für deren Fugen. Die Wände müssen wasserfest – hinter der Dusche wasserdicht – verkleidet sein. Die Raumgrößen lassen sich leicht auf das übliche Fliesenrastermaß 15/15 cm bringen, wie die Skizzen zeigen.

Der Ausbau der Hygieneräume ist kompliziert und zeitraubend. Wer als Bauleiter erlebt hat, wie Installateure, Isolierer, Fliesenleger und Gipser in diesen kleinen Räumen nacheinander und manchmal auch miteinander tätig werden, kann nicht umhin, sich eine Vereinfachung des Vorganges zu wünschen. Die Industrie bietet seit einiger Zeit Fertigbäder aus glasfaserverstärktem Kunststoff (GVP) und aus Polymethylakrylath („Acrylglas") an. Solche Bäder werden als fertig installierte Zellen mit eingebautem Spülkasten und Spiegelschränkchen geliefert. Für den Einbau muß vor allem eine Montageöffnung eingeplant sein, wenn man nicht die Badezelle schon während des Rohbaues mitversetzen will. Ein eindrucksvolles Beispiel war die Montage solcher Bad-Zellen in großer Zahl bei der Errichtung des Olympischen Dorfes in München 1972.

Haushaltsräume

Die Küche

Bis zur Mitte des vorigen Jahrhunderts gab es zum Thema Küche[34] kaum Überlegungen zur Funktionalisierung der Lage und der Raumnutzung. Der Herd war eine offene Feuerstelle mit einem Rauchfang darüber. Auf Kommoden wurde angerichtet und gespült. Geschirr wurde in offenen Regalen an der Wand und am Rauchfang aufbewahrt. Eine Vorratskammer schloß sich meistens an. Die Lage der Küche im Grundriß ist nicht von Überlegungen über Weglängen, praktische Verbindung zum Eßraum oder Haushaltszentrale bestimmt. Dieser Typ Küche, so unpraktisch, unhygienisch und arbeitsintensiv er uns erscheint, war dennoch der gemütliche Raum des Hauses. Er fand seine Nachfolger in den „Wohnküchen" der mittleren und ärmeren Schichten.

In der Gründerzeit lag die Küche in den großen Wohnungen der besseren Stände auf der Hofseite, im Hinterbau. Hier kommt schon ein funktionalistischer Zug in die Entwicklung: Bewußte Absonderung von Küche und Personal – das ist aus dem Einfluß des englischen Landhauses abzuleiten. Die langen Wege sind dabei kein vordringliches Problem – sie werden ja vom Personal bewältigt. Der Küchenraum selbst ist als Nutzraum angelegt und möbliert.

Seither schwankt die Entwicklung zwischen beiden Typen, der Wohnküche und der Nutzküche. Bis vor 20 Jahren dominierte die Wohnküche – ein Prototyp der kleinbürgerlichen Wohnung. Die „Küche" war ein festes Programm in Möbelgeschäften. Dazu gehörten: Tisch mit Zuglampe darüber in der Mitte, zwei lackierte Stühle, Uhr, Kredenz und Buffet, Spültisch und Schuhputzschrank, womöglich noch ein Sofa. Die Wohnküche findet man mit dieser Möblierung vor 1914, zwischen den Kriegen und nach dem Zweiten Weltkrieg in stilistischer Vielfalt vom „Gelsenkirchener Barock" bis zur weiß lackierten „Schwedenküche". Die Gemütlichkeit der Küche der Vorfahren wird mit dem Tisch in der Mitte etwas angestrengt aufrecht erhalten. Sonst mischen sich in dieser Küche Elemente technischer und wohnlicher Herkunft.

Die Nutzküche ist durch rationellen Arbeitsablauf gekennzeichnet. Sie hatte ihre Blütezeiten immer in den Perioden der Emanzipationswellen. In den USA war es Catherine Beecher, die 1869 Skizzen veröffentlichte, in denen sie den installativen Zusammenhang der Naßräume, aber auch den Zusammenhang Küche-Eßplatz beachtet hatte. Grundlagen ihrer rationellen Überlegungen waren die Maße in Pullman-Wagen und Mississippi-Dampfern. Wichtig wurde die funktionelle Küche vor allem während des Ersten Weltkrieges, als viele amerikanische Frauen in der Rüstungsindustrie beschäftigt waren. Vom neu erfundenen tayloristischen Fließband angeregt, übernahm Frau Ingenieur Gilbreth für diese Frauen die Planung rationeller, wegesparender Küchen.

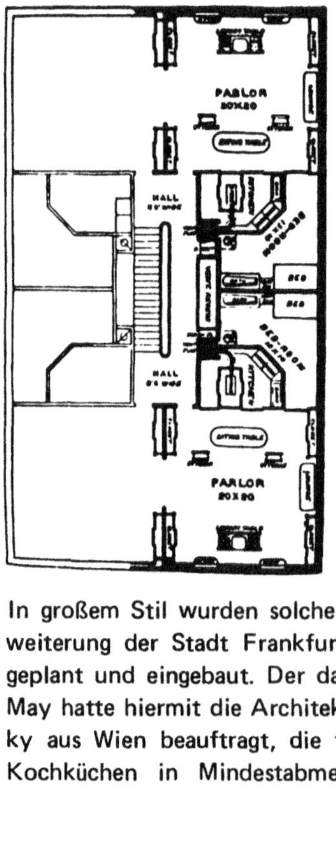

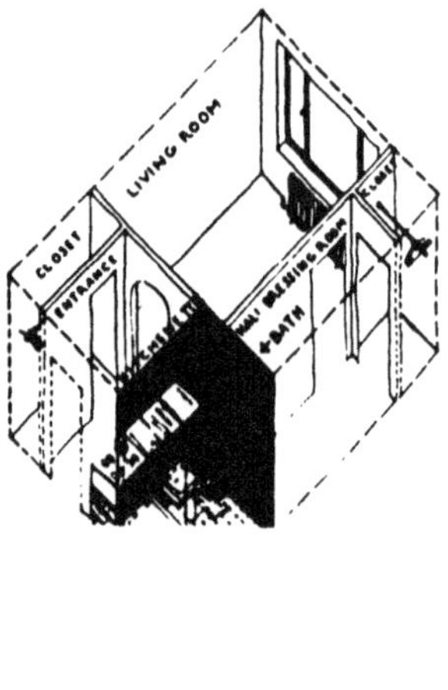

Modellwohnung
Arch. Catherine Beecher, 1869
aus: Werk, Juli 1966

In großem Stil wurden solche Küchen bei der Stadterweiterung der Stadt Frankfurt Anfang der 20er Jahre geplant und eingebaut. Der damalige Stadtbaurat Ernst May hatte hiermit die Architektin Grete Schütte-Lihotzky aus Wien beauftragt, die für die neuen Siedlungen Kochküchen in Mindestabmessungen[35] entwarf. Der

Arbeitsablauf wurde hier weitgehend systematisiert. Dieser Typ wurde unter der Bezeichnung „Frankfurter Küche" bekannt und zum Prototyp der modernen Küche. Bis auf die durch den Kamin fixierte Stellung des (Kohlen-)Herdes ähnelt die Anordnung unseren heutigen üblichen Küchen. Unsere Kritik würde sich wohl nur gegen die Dimensionierung richten: 1,87 m Breite sind uns – vor allem für mehrere in der Küche tätige Personen – zu eng.

Dieser Typ Nutzküche wurde auch 1927 in der Weißenhofsiedlung in Stuttgart geplant. Bei den schwäbischen Besucherinnen fand er keinen Anklang. In den dreißiger Jahren tat der heraufdämmernde Heimatstil – in Verbindung mit der Nazi-Ideologie von der Frau als Hüterin des Herdes – das seinige dazu, um die Nutzküche zu verdrängen und die Wohnküche zu bevorzugen.

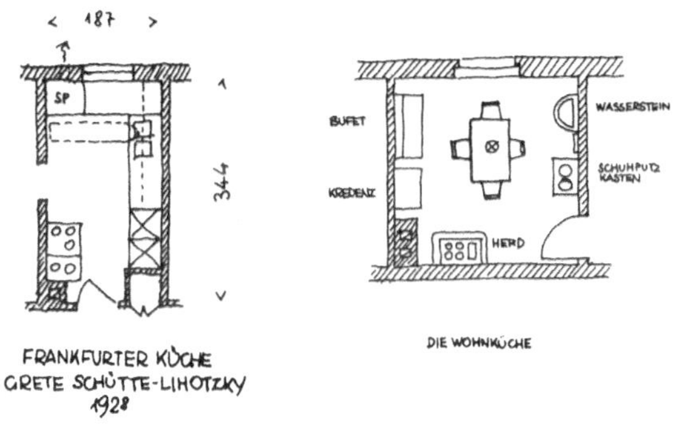

Erst die im 'Sozialen Wohnungsbau' der Jahre nach dem Zweiten Weltkrieg gebotene Sparsamkeit ließ die Planer auf die funktionellen Überlegungen der Avantgarde zurückgreifen. 1957 wurde der Begriff Küche durch Aufnahme in die DIN unter der Nummer 18 022 als allgemeinverbindlich anerkannt.

Die Küche der 60er Jahre ist ein voll-mechanisierter technischer Raum mit Laborcharakter – unter anderen technischen Errungenschaften zeitkritisch karikiert durch den Filmkomiker Jaques Tati.[36] Erinnerungen an den „gemütlichen" Raum (Spuren davon kann man in gelegentlich verwendetem Naturholz oder seiner Nachahmung wiederentdecken) sind durch die verwendeten Materialien Schichtstoffplatten und Chromnickelstahl geschwunden. Wichtig ist der organisatorische Aspekt bei der Küchenplanung. Vor allem die berufstätige Frau möchte die Küchenarbeit in möglichst kurzer Zeit erledigen können. Überwiegend wurden daher 7–9 qm große Nutzküchen eingeplant, bis sich in den 70er Jahren herausstellte, daß die europäische Familie in der Küche auch essen will. Vor allem das – überwiegend eilige – Frühstück soll – nach Befragungen – in der Küche eingenommen werden können. Weiter möchten 75 % aller befragten Hausfrauen in der Küche auch waschen und bügeln.[37]

Nachdem der Grundriß nach funktionell-analytischen Prinzipien in Kochküche, Eßplatz und Wohnraum aufgeteilt worden war, geht die neueste Entwicklung eher in Richtung einer integrierten Küche. Diese liegt womöglich nicht mehr an der Außenwand, sondern bildet eine innere Raumnische, die zum Eßplatz hin offen ist und nur gelegentlich flexibel abgeschlossen wird (Vorhang, Rolladen, Schiebetür). Wesentlichen Anteil an dieser Entwicklung hatte sicher die Küche amerikanischer Wohnhäuser, die grundsätzlich als ein offener Teil des Wohn-, Eß- oder Familien-Raumes angelegt ist.

Es bleibt die Küche als Organisationszentrum des Haushaltes. Die Frau ist derzeit noch 35–40 % des Arbeitstages in der Küche[38] tätig. Auch wenn in Zukunft die Gleichberechtigung Fortschritte macht und der Mann größeren Anteil der Hausarbeit übernimmt, sollte die Planung funktionelle und psychologische Grundbedingungen erfüllen.

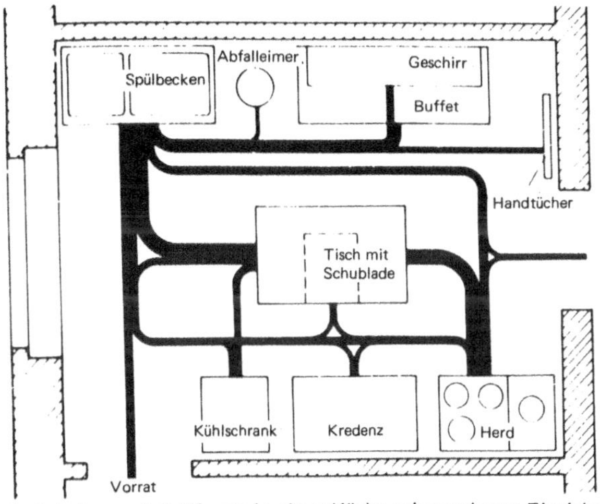

1 Arbeits- und Griffwege in einer Küche mit veralteter Einrichtung

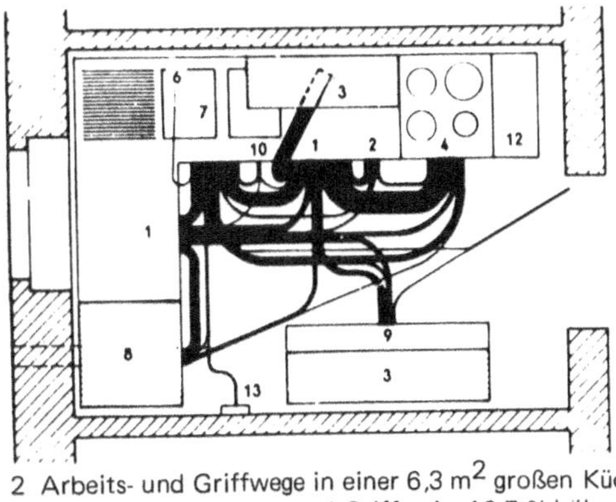

1 Arbeitsplatz
2 Schubfach
3 Geschirr
4 Geschirr
5 Zusatzherd
6 Handtuch
7 Spüle
8 Kühl- und Vorratsschrank
9 Backzentrum
10 Abfalleimer
11 Besen und Geräte
12 Abstellfläche
13 Geschirrtuch

2 Arbeits- und Griffwege in einer 6,3 m^2 großen Küche. Der Aufwand an Wegen und Griffen ist 16,7 % höher als bei Abbildung 3

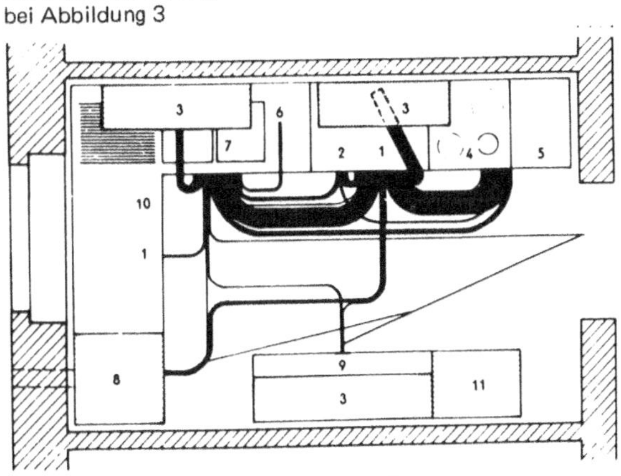

3 Arbeits- und Griffwege in einer 8 m^2 großen Küche. Das Wege- und Griffnetz ist ausgeglichener als bei Abbildung 2

(Fortsetzung S. 32)

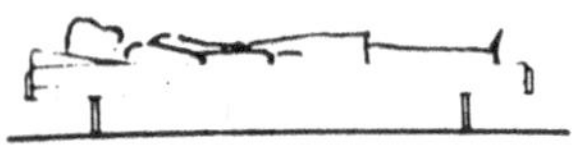

4 Geringer Kräfteverbrauch beim Liegen (0,0 %)

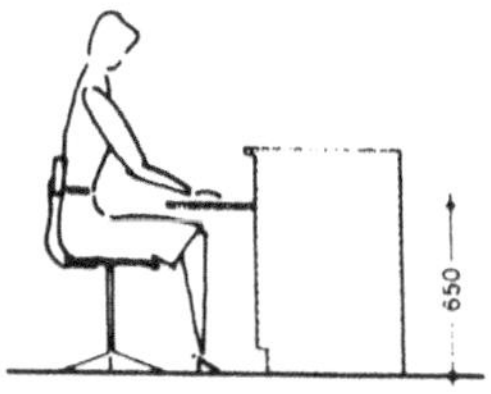

5 4 % mehr Kräfteverbrauch

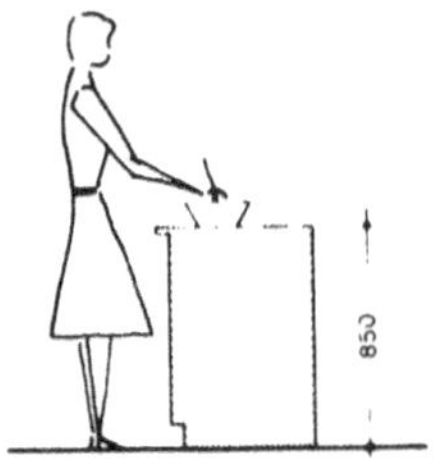

6 12 % mehr Kräfteverbrauch

7 35 % mehr Kräfteverbrauch

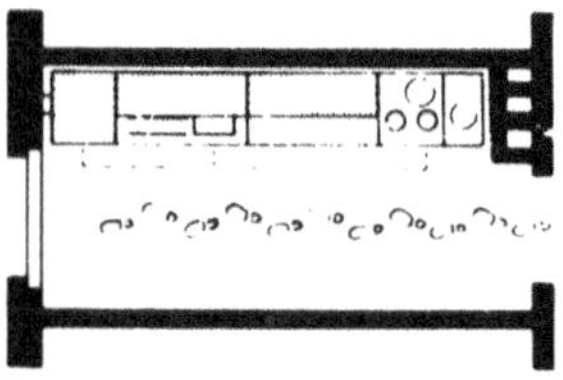

8

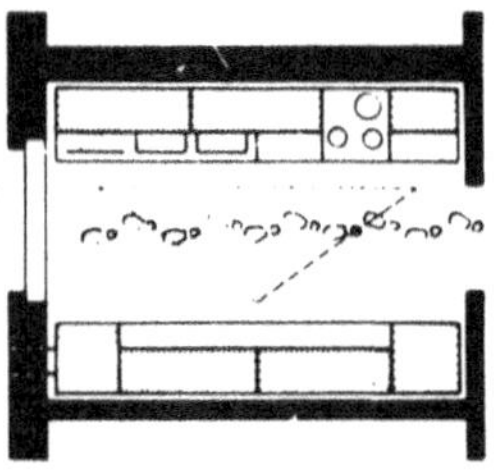

9

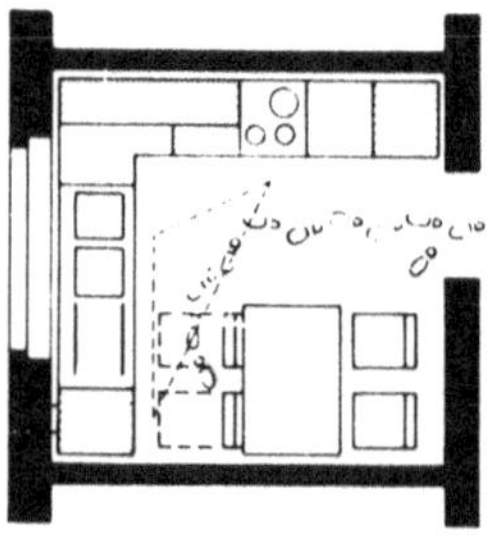

10

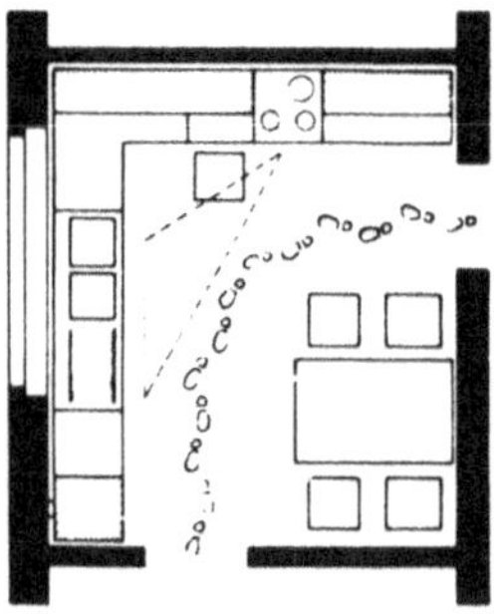

11

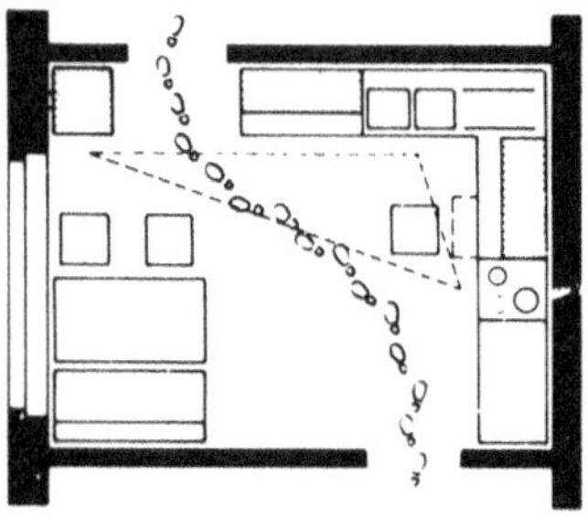

12

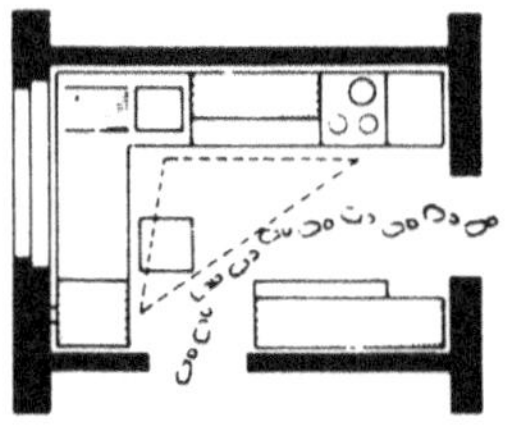

13

14

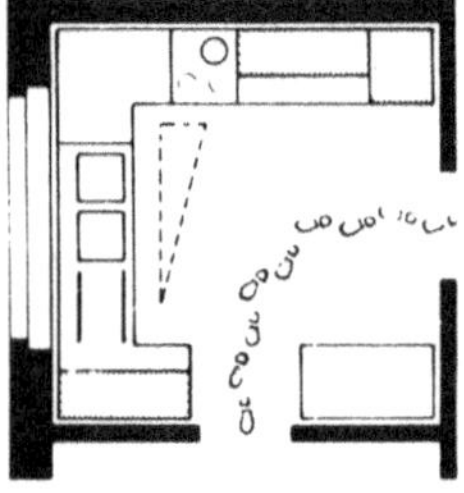

15

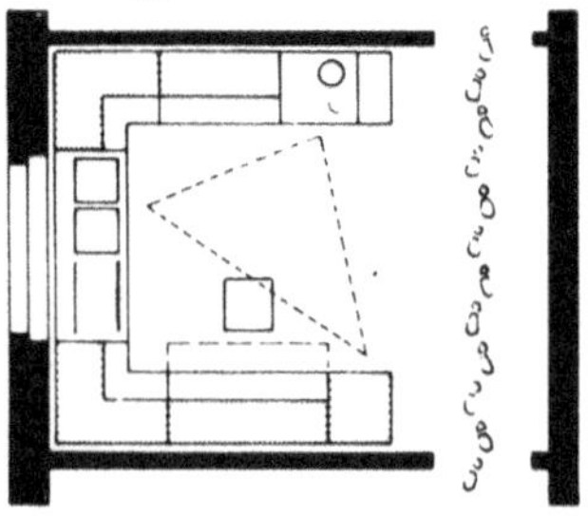

8 bis 15 Arbeits- und Durchgangswege bei verschiedenen Küchengrößen und Einrichtungsformen

Arbeitswege der Hausfrau in der Küche
aus: DBZ 3/1966

Funktionelle Kriterien

Oberstes Kriterium ist: Laufwege verkürzen! Reichweiten statt Laufwege! Die Summe der Seiten des Arbeitsdreieckes Spüle-Herd-Kühlschrank darf höchstens 7 m lang sein. Nicht die möglichst kleine Küche hat die wenigsten Laufwege, sondern die optimal dimensionierte (eine 6 qm große Küche hat längere Wege als eine 8 qm große!).[39]

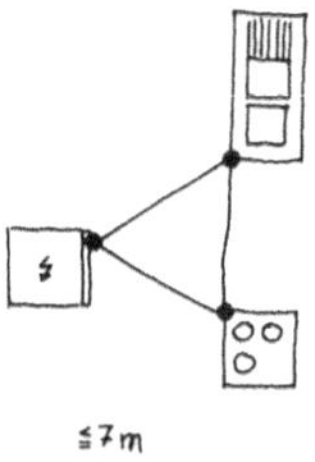

Fließender Arbeitsablauf: Die Arbeitsplätze müssen die richtige Reihenfolge haben und in richtiger Beziehung zueinander stehen.

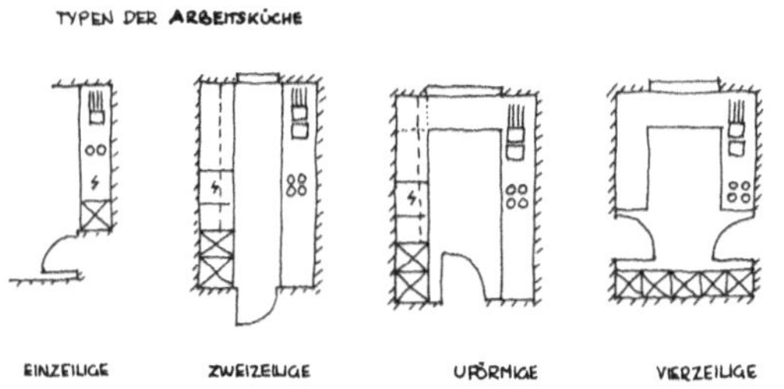

Bequemlichkeit: Anstrengende Bewegungen müssen vermieden werden, also müssen alle Möbel die richtige Höhe haben, auch die Sitzmöbel.

Psychologische Kriterien

Die Konditionierung des Raumes muß auf den anhaltenden Aufenthalt ihrer Benutzer abgestimmt sein. Das Unlustmoment der Einengung darf nicht aufkommen. Bei aller Kleinheit des Raumes muß Bewegungsfreiheit gewahrt bleiben. Es handelt sich dabei nicht nur um die richtige Dimensionierung der Gangbreite, sondern auch um den Fensterausblick und den Blick in den Wohnraum oder andere Teile der Wohnung (Kinderbereich). Farben,

Materialien und Beleuchtung spielen hier eine besondere Rolle. Sie müßten bestenfalls innovatorische Stimulationen für die kochende Person übernehmen. Darüber hinaus sollen die Geräte einfach zu bedienen sein. Hohe Möbel gehören nicht an die Fensterseite, sondern in den dunkleren Teil des Raumes.
Eine Küche, die alle diese Kriterien erfüllt, müßte ein Meisterwerk des Architekten sein. Ob die Küche ein abgeschlossener, teilabgeschlossener oder offener Raum (-teil) sein soll, ist nicht zuletzt eine psychologische Entscheidung. Dies gilt ebenso für die Entscheidung: Arbeitsküche oder Eßküche. Arbeitsküche ist ein Begriff der DIN 18 022, die folgendermaßen definiert wird:
„Arbeitsküchen sind selbständige Räume, in denen alle Küchenarbeiten verrichtet werden können. Sie müssen durch ein ins Freie führendes Fenster beleuchtet und belüftet, in der Regel beheizbar und durch eine Tür vom Vorraum (Flur) oder Wohnraum (Eßplatz) zugänglich und abgetrennt sein. Mit einem angrenzenden Wohnraum (Eßplatz) können sie auch durch eine verschließbare Durchreiche verbunden sein.“
Eßküchen sind nach der gleichen Norm Küchen,
„die nur um den Raum für einen Eßplatz erweitert sind. Eßküchen machen weder den Wohnraum entbehrlich, noch sind sie als Wohnküchen zu betrachten“.
Auch die Wohnküche wird in der DIN aufgeführt:
„Wohnküchen sind Räume, die um einen für Küchenarbeiten erforderlichen Raumteil erweitert sind. Dieser wird als Kochnische bezeichnet, wenn er vom eigentlichen Wohnraum gegen Sicht abgetrennt werden kann. Auch dann müssen in der Regel Schrankraum und ein Tisch für Küchenarbeiten im Wohnraum zusätzlich verfügbar sein.“

Planungsdetails

Die Küche sollte Anschluß an Eßplatz, Eingang, Kinderbereich haben. Die zentrale Position gewährleistet einerseits praktische Haushaltführung und ergibt andererseits zahlreiche Türen oder Öffnungen zu den genannten Räumen und Bereichen. Eine kleine Küche sollte möglichst wenig Türen haben, um keine Stellfläche wegzunehmen. Anzahl, Lage und Aufschlagrichtung der Türen sind daher genau zu überlegen. Gleiches gilt für die Fenster. Dabei sollte noch eine Dauerbelüftung eingebaut werden. Die Höhe der Fensterbrüstung ergibt sich aus der Höhe der Unterschränke plus einer Flaschenhöhe, die auch als feststehender Fensterteil ausgebildet sein kann. Möblierungsfeindliche Kamine sind an Küchenwänden möglichst zu vermeiden (vgl. Frankfurter Küche). Da der Kohlenherd nicht mehr üblich ist, braucht man außer einem thermisch wirkenden Lüftungskamin ohnehin keinen Rauchabzug mehr. Belüftung durch die Außenwand erfordert motorischen Antrieb.
Hausfrauen wünschen sich die Wände – vor allem hinter Herd und Spüle – aus abwaschbarem Material. Darüber darf der Architekt nicht vergessen, daß die Wand außerdem noch Feuchtigkeit aufnehmen muß, da der Wasserdampf vor allem im Winter nicht ganz herausgelüftet werden kann. Der Fußboden soll fast unvereinbare Eigenschaften haben: Er soll fußwarm, rutschsicher und leicht zu reinigen sein.
Bei der Planung der Beleuchtung gilt vor allem: Körperschatten und Blendung vermeiden.

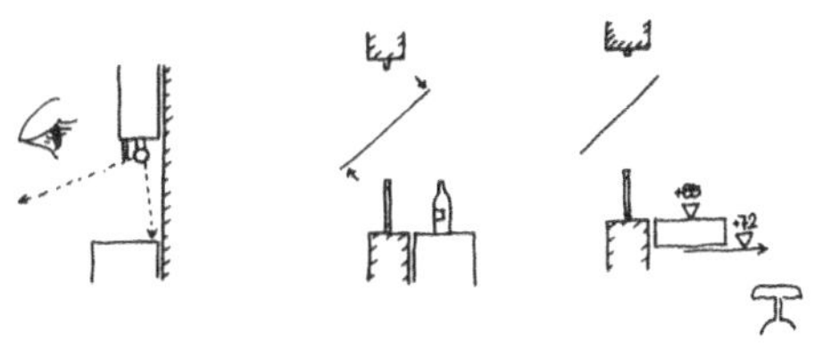

KÜCHEN-DETAILS

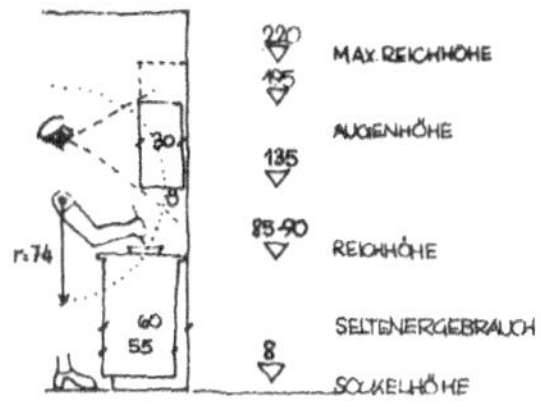

Arbeitsabläufe

Planerisch denken, heißt Abläufe[40] ordnen. Eine Arbeitsküche muß wie ein Fabrik-Layout geplant werden. Die Abläufe Speichern, Vorbereiten, Kochen/Backen, Essen, Spülen müssen in der richtigen Reihenfolge und Querbeziehung einander zugeordnet werden.
Beginnen wir mit dem Moment, da die Hausfrau vom Einkaufen kommt und die Küche betritt. Nahe der Tür braucht sie eine Unterbringung für ihre Einkaufsbehälter (Taschen, Körbe, Beutel). Die Nahrungsmittel müssen gespeichert werden. Ihre unterschiedliche Konsistenz bedarf der trockenen, der feuchten, der kühlen Aufbewahrung oder der Lagerung im Kühl- oder Gefrierschrank. Daher ist die Hausfrau froh, wenn sie außer dem Kühlschrank noch weitere Vorratsmöglichkeiten hat. Grete Schütte-Lihotzky erfand den nach außen belüfteten Speiseschrank – Ersatz für die unüblich gewordene Speisekammer.

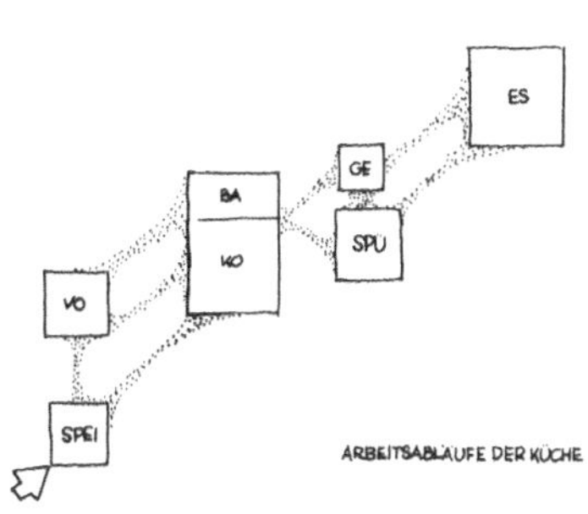

ARBEITSABLÄUFE DER KÜCHE

Nach der Speicherung werden die Speisen gereinigt und vorbereitet. Das erfordert einen Arbeitsplatz für Tätigkeiten, die im Sitzen ausgeübt werden können. Die Breite liegt zwischen 60 und 90 cm. Die übliche Höhe der Unterschränke müßte hier von 85–90 auf 72 cm reduziert werden, am besten mit einem Ausziehbrett. Bestecke, Küchenmesser, Holzbrettchen etc. werden in einer Schublade aufbewahrt, Kochzutaten wie Zucker, Mehl, Salz, Gewürze im Oberschrank. Für Haushaltmaschinen brauchen wir hier mindestens 2 Steckdosen.
Für das Kochen wird ein Herd mit 3–4 Kochplatten benötigt, der mit einem Topf-Fach unterbaut sein kann. Möglichst rechts vom Herd braucht man eine Abstellplatte, Abdeckung eines Unterschrankes für weitere Kochutensilien. Über dem Herd kann ein Wrasenfang angeordnet werden. Die Arbeitsfläche neben dem Herd dient auch zum Anrichten. Der Backofen wird heute nicht mehr zwingend mit dem Herd kombiniert. Die heutige Hausfrau backt selten, so daß der Backofen nicht im Zentrum der Küche Platz finden muß. Die Kombination mit (bzw. unter) dem Herd hat den Nachteil der schlechten Zugänglichkeit; zur besseren Bedienung ordnet man den Backofen über Tischhöhe an.

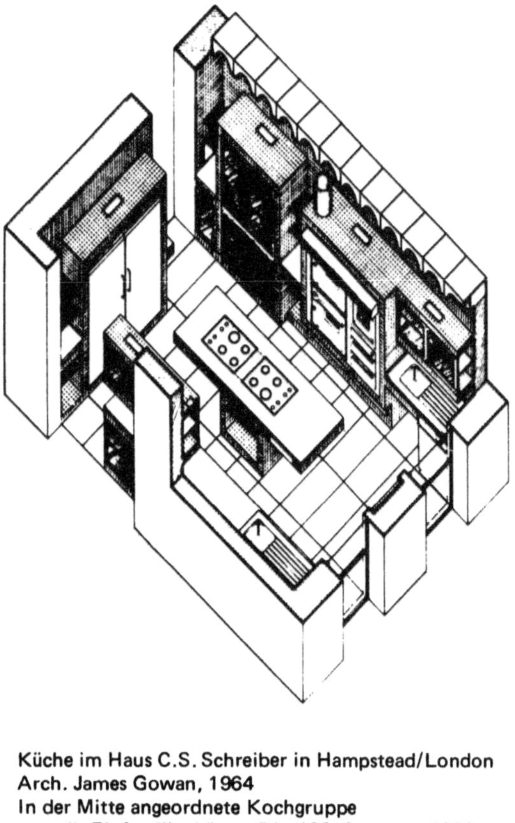

Küche im Haus C.S. Schreiber in Hampstead/London
Arch. James Gowan, 1964
In der Mitte angeordnete Kochgruppe
aus: db-Einfamilienhäuser 51–100, Stuttgart 1968

Ziel aller Abläufe in der Küche ist das Essen. Französische Hausfrauen gaben bei einer Befragung[41] an, daß eine Eßküche 12 qm groß sein müßte, um Familienmahlzeiten in ihr einnehmen zu können. In dem sparsamen schwedischen Beispiel mit 9 qm muß man auf einige heute erwünschte Maschinen und Geräte zugunsten des Eßplatzes verzichten. Küchenfirmen stellen Ausziehtische mit leichten Hockern her, um auch die Eßgruppe in ihrem Programm mitanbieten zu können. Die Psychologie des Essens dagegen verlangt eine statische Möbelgruppe, wenn schon der Tisch nicht mehr in der Mitte angeordnet sein kann. Schon die Eß-Möbel sollten dazu anregen, sich zum Essen Zeit zu nehmen, ein gemeinsames Gespräch zu führen, Wohngemeinschaft zu pflegen.

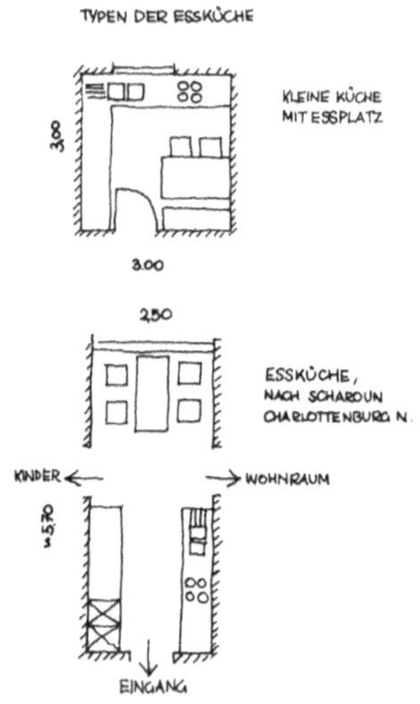

Die letzte Station des Arbeitsablaufes ist schließlich das Spülen, eine der unbeliebtesten Haushaltstätigkeiten, die die Konstruktion einer Maschine geradezu herausgefordert hat. Wenn keine Spülmaschine vorhanden ist, sollte man für den Spülvorgang folgendes beachten: Vor dem Spülen müssen die Reste entfernt werden – dazu braucht man einen Abfalleimer in der unmittelbaren Nähe. Danach wird das gebrauchte Geschirr in einem ersten Becken eingeweicht und gereinigt. Die (rechtshändige) Hausfrau ergreift sodann mit der linken Hand das Geschirr und spült es in einem zweiten Becken in klarem Wasser nach. Mit der linken Hand stellt sie es in den Abtropfkorb, der also links vom Becken stehen muß. Daher sollte der Architekt darauf achten, daß das Tropfbrett *links* vom Becken angeordnet wird.
Schließlich braucht man in der Nähe der Spüle den Geschirrschrank, der außerdem auch in der Nähe des Eßplatzes sein sollte. Nicht direkt zu den Arbeitsabläufen gehört der Hausarbeitsplatz. Er ist in den Arbeitsküchen üblicher Größe auf die Waschmaschine beschränkt. Wenn immer möglich, sollte für diese Arbeiten (Waschen, Bügeln, Kleider- und Schuhpflege, Basteln) ein eigener Raum angelegt werden.

Terminologie und Maße

Küchenfirmen haben ihre eigenen Fachausdrücke entwickelt. Der Architekt tut gut daran, sie sich zu merken. *Unterschränke* gibt es in einteiliger (50–60 cm) und zweiteiliger (60–110 cm) Ausführung. *Spülen* sind einteilig 100–110 cm, zweiteilig 140–150 cm lang. *Oberschränke* sind 60–70 cm hoch und ebenso breit wie die Unterschränke. Hoch- oder *Vollschränke* sind ca. 60 cm breit und ca. 200 cm hoch. Alle Küchenmöbel sind 60 cm, die Oberschränke 30–40 cm tief. Die Arbeitshöhe ist mit 85 und 90 cm normiert. Sie ergab sich als Durchschnittswert für die verschiedenen Tätigkeiten.

Der Hausarbeitsraum

In der kleinen Arbeitsküche ergeben sich oft Situationen, die nicht gerade den Erkenntnissen der Hygiene entsprechen, wenn im gleichen Raum Speisen vorbereitet, Schuhe geputzt und Windeln gewaschen werden müssen.

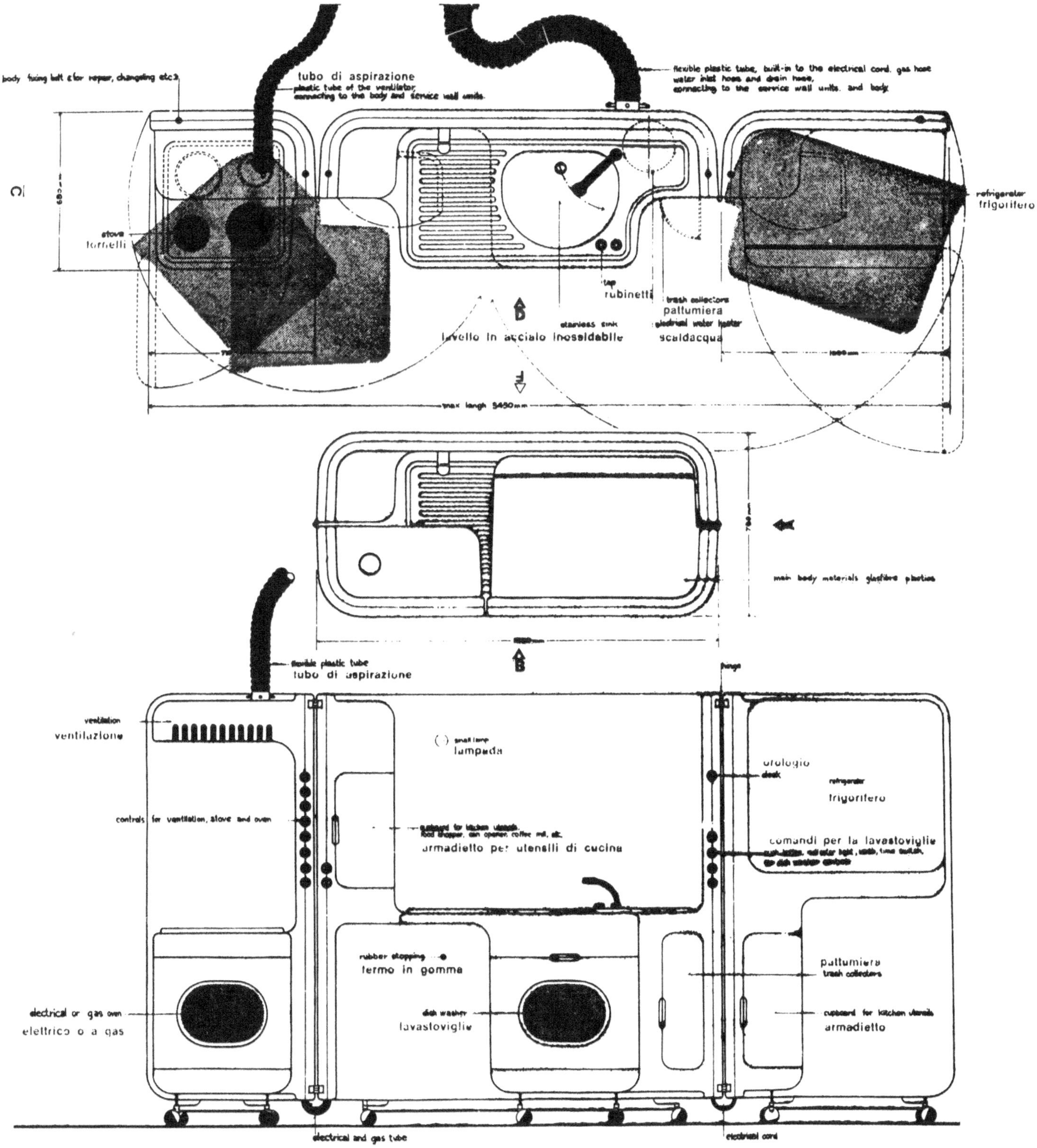

Fahrbare Küche
Design: Massanori Umeda, 1968
aus: Domus 470/1, 1969

Andererseits ist eine Verteilung der verschiedenen Hausarbeiten auf verschiedene Räume arbeitsaufwendig. Waschen im Bad, Bügeln am Eßplatz, Handwerken im Keller – das würde praktischerweise besser an einem Ort zusammengefaßt sein. Für die Anlage von Hausarbeitsräumen[42] in Mietwohnungen mag es heute noch keine Bereitschaft geben, der Bedarf ist jedenfalls da. Wir benötigen für einen Haushaltsraum 5–7 qm und richten darin drei Arbeitsplätze ein:

1. Der Reinigungsplatz dient der Reinigung von Kleidern und Wäsche. Hier steht ein Behälter für Schmutzwäsche neben einem Ausgußbecken. Daran schließt sich die Waschmaschine und die Schleuder an.

2. Der Näh- und Bügelplatz muß die bestbelichtete Situation haben. In die Tischplatte kann die Nähmaschine versenkt werden. Hier sollte sich auch das ausziehbare Bügelbrett befinden. Darunter ist eventuell Platz für einen Wagen mit Bügelwäsche.

3. Der Bastel- und Reinigungsplatz: In der Ecke steht der Werkzeug- und Putzschrank, dessen Dimensionen sich nach der Größe des Eimers richten. Daneben wird eine Arbeitsplatte zum Basteln angebracht. Unter ihr kann ein Wagen aus Drahtkörben für Schuhe stehen. Auch dieser Raum braucht außer dem Fenster eine Dauerbelüftung.

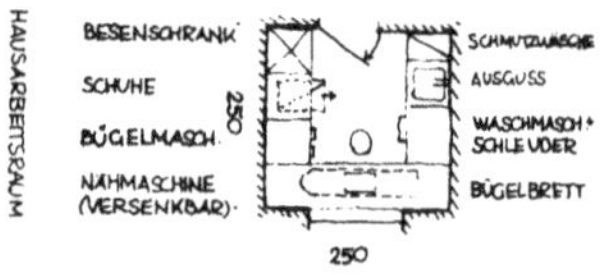

An weiteren Haushaltsräumen sollten Speisekammer (ersatzweise belüfteter Speiseschrank) und Besenkammer nicht fehlen. Besenkammern oder Abstellräume werden von vielen Bauordnungen zwingend vorgeschrieben. Hier finden Staubsauger, Besen, Eimer, Koffer u.a. ihren Platz – vielfach werden hier auch die Elektro-Sicherungen untergebracht. Abstellräume sollten wegen der Geruchsübertragung keine Verbindung zur Küche haben.

4. Kommunikationsräume

Durch soziologische Befragungen wurde festgestellt, daß nachbarschaftliche Hilfe in Wohngebieten der Gründerzeit mehr ausgeübt wird als in Nachkriegssiedlungen. Wenn Bewohner von Bassenawohnungen während ihres Urlaubs den Wohnungsschlüssel ohne weiteres beim Nachbarn deponieren, so ist das in Neubaugebieten die Ausnahme. Es ist das Problem der Entfremdung,[43] das mit dem der Isolation Hand in Hand geht. Das führt in den Nachkriegssiedlungen zu Auswirkungen, die in den Altbaugebieten unbekannt sind. Ursachen, Auswirkungen und Schlüsse müssen für den Wohnbau berücksichtigt werden.

Die Stadtplaner haben die „Nachbarschaft" als Planungskonzept schon Anfang der 60er Jahre aufgegeben – nicht zuletzt, weil sie mit der nazistischen „Blut und Boden"-Ideologie befrachtet war. Die Planung in Nachbarschaften versuchte, die Ortsverbundenheit der Bewohner durch überschaubare Siedlungseinheiten zu erreichen. Eine Mischung von Wohnformen innerhalb der Nachbarschaft sollte für jedes Lebensalter, jeden Familienstand und jede Familiengröße die geeignete Wohnung bieten. Wohnungswechsel sollte innerhalb der Nachbarschaft möglich sein. Für die Lösung des Problems der Entfremdung war dies sicher kein schlechtes Mittel. Ökonomische und rationelle Überlegungen brachten die Planer in den 60er Jahren auf die Idee der Verdichtung und zu anderen Größenordnungen, die weit über der „Überschaubarkeits"-Grenze lagen.

Auch die Bewohner wandten sich von den Ideen der Nachbarschaft ab und sahen Vorteile in der Anonymität verdichteten „urbanen" Wohnens. Utopistische Planer der 60er Jahre entwarfen Pilot-Projekte von Primärgerüsten, in die fertige, umziehbare Wohn-Container hineingeschoben werden konnten. Fertigteilfabriken produzierten Fließbandsiedlungen auf telefonischen Abruf, rationalisierte Wohnbehälter im Zeilenbausystem. Die „Vorteile" der Anonymität gingen Hand in Hand mit der emotionalen Entwurzelung und dem Mangel an Vertrautheit mit dem Wohnviertel. Unverbindlichkeit der Siedlungsform entwickelt sich parallel zur Unverbindlichkeit der Bewohner. Durch Befragungen meßbar, gehen in Neubaugebieten freundschaftliche Beziehungen zurück. Die Umwelt ist vor allem auch für die junge Generation wenig anregend, ihr fehlt das Überraschungsmoment der alten Stadt, ihr fehlen die verschiedenartigsten Möglichkeiten und Formen der Kommunikation. Die Elterngeneration in diesen Gebieten pflegt ein Bild der Abgesondertheit, der Abkapselung. Entbürgerlichung wird ablesbar: Der unpolitische und daher manipulierbare Mensch ist in diesen Siedlungen zuhause.

Es gibt kommunikationsstimulierende Ansätze: Bürgerhäuser, Jugendzentren, Quartiervereine gehören dazu – oft sind sie forciert und aufgepfropft. Und doch bieten sie bei allem Komfort kein Mittel, um mit den Auswirkungen des Aggressionstriebes der Jugendlichen fertig zu werden. Hier sollen Ursachen und Entwicklungs-Chancen der Kommunikation in unseren Wohngebieten zur Debatte gestellt werden.

Zunächst der Begriff Kommunikation: Ursprünglich ein lateinisches Wort (communicatio) bedeutet es Verbindung, im übertragenen Sinn Anteilnahme, Mitteilung. Eine andere Möglichkeit der Interpretation des Begriffs bietet das Wort Verkehr. Kommunikationsräume sollen Verkehr im zweifachen Sinne stimulieren: Verkehr als Transportkommunikation und als Kontaktkommunikation. Von vornherein erhebt sich die Frage, ob beide Arten Verkehr getrennt werden müssen, ob die Entwicklung des (Auto-) Verkehrs zum autonomen, umweltbestimmenden Faktor richtig ist, ob das Prinzip der Trennung von Fußgänger- und Fahrverkehr immer anwendbar ist. Schon die Trennung von Hochbau und Tiefbau in Ämtern, im Studium, im Bewußtsein ist anzweifelbar. Die Umwelt wirkt als Ganzes auf den Bewohner. Der Architekt kann sich nicht über die Tiefbauarbeit hinwegsetzen. Das Haus ist die Fortsetzung der Straße. Die Straße ist meistens älter als die sie säumenden Häuser. *Wohnbau ist Relation des Gebäudes zur Straße, des Privatbereichs zur Öffentlichkeit.* Beide müssen einen deutlichen und wirkungsvollen Zusammenhang haben, um Kommunikation zu erzeugen. Als Raum-Urtypen der Öffentlichkeit sind Straße und Platz die Kommunikationsflächen der Stadt.

Eine Straße in einem Gründerzeit-Wohnviertel um 1900 hatte breite Gehsteige, Bäume in mit Kleinpflaster umgrenzten Pflanzflächen, einen Granitbordstein und Stein- oder Holzpflaster auf der Fahrbahn. Die Trottoirs waren breit genug, um jemandem zu begegnen und stehen bleiben zu können. Man konnte auch seinen Stuhl aus der Wohnung holen und ihn auf die Straße stellen. Kinder konnten auf dem Gehsteig spielen. Der Verkehr war geringer und leiser und die Überquerung der Straße ungefährlicher. Kontakt- und Transportkommunikation standen in einem ausgewogenen Verhältnis.

In der gleichen Straße überwiegt heute die Transportkommunikation. Die Gehsteige sind auf eine Breite von ca. 1,20 m verringert, sie müssen parkenden Autos Platz machen, die oftmals auch die Bäume verdrängt haben. Hier können weder Kinder spielen noch Erwachsene sich begegnen. Die Überquerung der Fahrbahn ist so gefährlich, daß sich der Fußgänger einer elektronischen Ampelanlage anvertrauen muß. Eine solche Umwelt ist kommunikationshindernd.

Anhand eines einfachen Schemas kann man sich den Anteil Transport- und Kontaktkommunikation einzelner öffentlicher bis privater Flächen klarmachen.

- Die verkehrsreiche Straße ist öffentlich, sie ist heute räumlich neutral und kontaktsteril.
- Der verkehrstangierte Platz ist öffentlich mit privaten Charakterzügen („Zimmer im Freien", „Festsaal der Stadt" etc.) und kontaktfördernd.
- Der Wohnweg, das Treppenhaus, der Laubengang sind halb öffentlich/halb privat und sollten kontaktfördernd ausgebaut werden.
- Die Diele, der Flur bilden die Schwelle zum rein privaten Bereich.

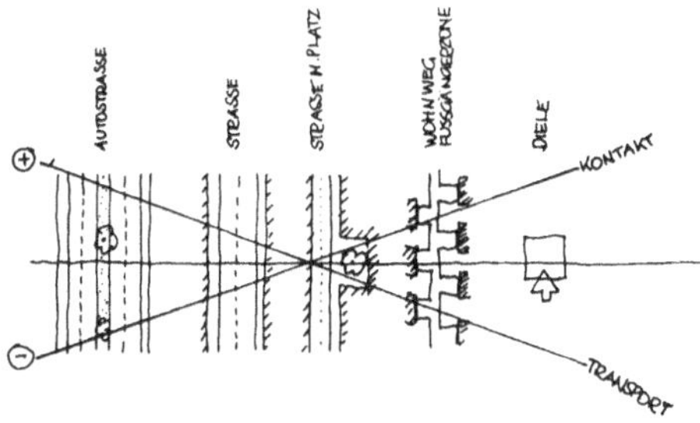

Anteile Kontakt und Transport in öffentlichen Räumen

Wann entsteht Kontakt? und: wie stimuliert man Kontakt? und: was kann der Architekt dazu tun?

Die Größe des Kontakt-Freiraumes ist wichtig, oder/und ein Stimulanzmedium ist ebenso wichtig – das kann eine Sitzbank sein, ein von den Nachbarn gemeinsam zu pflegender Baum, eine gemeinsam zu benutzende Waschmaschine oder anders, das können Schwellenangst eliminierende, symbolträchtige, praktische oder bequeme Dinge sein mit Aufforderungscharakter zu gemeinsamem Tun. Ein Schild mit der Aufschrift KONTAKTRAUM auf einer Tür im Keller eines Wohnhauses hingegen entspricht diesen Auf- und Anforderungen nicht.

Die nachbarliche Kontaktkommunikation sollte in der Freifläche vor oder hinter dem Wohnhaus beginnen. Gerade in Wien kennen wir die verschiedensten Freiräume mit mehr oder weniger kontaktstimulierenden Eigenschaften. Noch gibt es genügend Beispiele aus der Biedermeierzeit, in der die 2–3-geschossigen Wohnbauten um einen – oft quadratischen – gepflasterten Hof angeordnet wurden. Als Erschliessungsflächen dienten die zum Hof orientierten Pawlatschen (= Laubengänge), die einen Boden aus Holzbohlen und ein schlichtes Eisengeländer hatten und manchmal auch mit Holzglaskonstruktionen geschlossen wurden. Sie waren von dem am Durchgang liegenden Treppenhaus aus zugänglich. Der „gemütliche", d.h. kontaktfreundliche Hofraum diente als sommerlicher Wohnraum der Hausnachbarn. Stimulanzmedien waren die Bank, die Oleander, der Baum, die Teppichklopfstange. Die Maße des Hofes und des Wohnhauses ergaben überschaubare, identifizierbare Wohnsituationen. Auch in der Gründerzeit gibt es noch Beispiele für – zwar stärker verdichtete, aber immer noch nutzbare – Hofräume.

Die totale Vernachlässigung der Kontaktstimulation in der Zeilenbauweise der Nachkriegszeit war eine Reaktion auf zu enge Hofsituationen der Jahre vor dem Ersten Weltkrieg. Die Freiflächen in Form von Parks sind zu groß für nachbarlichen Kontakt, die Situation der Wohnungen ist vielfach nicht mehr unterscheidbar. Verschiedene Ansätze sind nicht zuletzt als Reaktionen auf die Kanalräume zwischen den Wohnzeilen anzusehen. Walter Schwagenscheidts Flachbauplanungen zeigen gutgemeinte Anlagen von Kontakt-Zonen. Die Häuser mit ihren kleinen Grundstücken sind auf sehr große öffentliche Flächen orientiert. Diese Flächen sind aber für den Kontakt zu groß! Zu wenige Menschen bewegen sich auf zuviel Fläche. Eine hypertrophierte Kommunikationsfläche dient ihrem Zweck schlechter als eine zu klein dimensionierte.

Der Erschließungshof einer Wohnanlage in Chicago (Architekt Yau Chung Wong) zeigt eine mittlere Grünanlage mit einem rechten und linken Erschließungsweg. Nur die Türen in den umgrenzenden Wänden weisen darauf hin, daß hier Wohnungen liegen. Hier ist das Thema Hof in schönen Proportionen als ästhetisches Ordnungselement behandelt. Die Beziehung zu den Bewohnern fehlt – ein auf den Hof orientiertes Fenster hätte sie hergestellt und die Anonymität, diesen

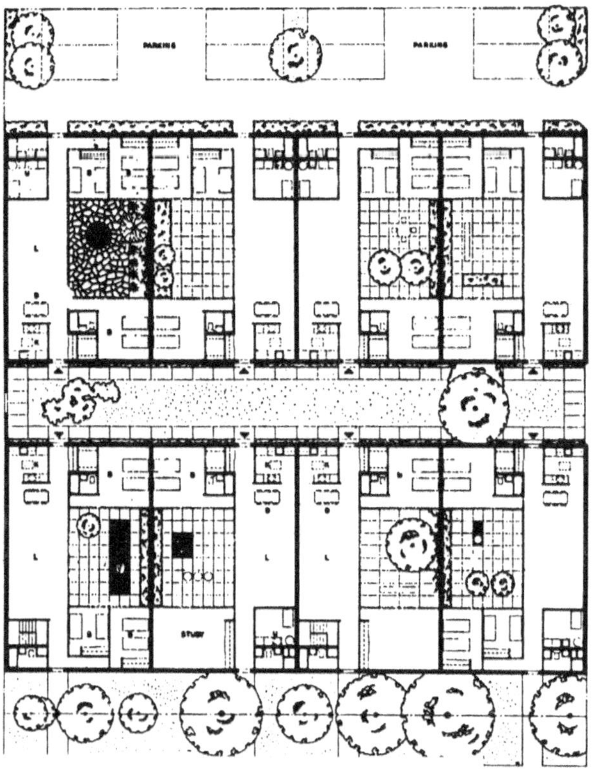

Chicago, Atriumhäuser
Arch. Yau Chung Wong
aus: Hoffmann-Repenthin, Neue urbane Wohnformen, Verlag Ullstein 1956

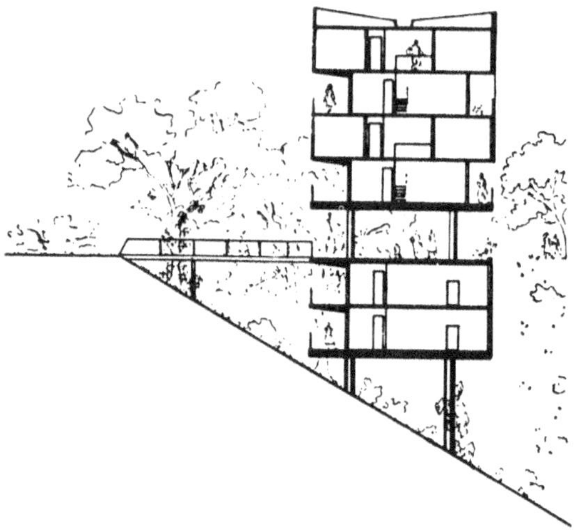

Quartier Pedregulho, Rio de Janeiro
Arch. Eduardo Reidy, 1948
Schnitt durch Block A. Durch den Zugang ins dritte Geschoß werden Aufzüge erspart
aus: K.W. Schmitt, Mehrgeschossiger Wohnbau, Stuttgart 1966

Feind der Kommunikation, aufgehoben. Ganz anders verhält es sich mit dem Laubengang der Wohnanlage Spangen/Rotterdam (Architekt J.A. Brinkmann und L.C. van der Vlugt). Die auch hier notwendige Länge wird zu einer stimulierenden Kontaktzone durch die Krümmung, die erkerartigen Brüstungsausbauten, die wechselhaften Situationen in Führung und Beleuchtung (Engstellen, Überbauungen, Richtungswechsel, Freistellen) und die unterscheidbaren Wohnungen. Vergleicht man hiermit den üblichen, durch die auf dem Minimum basierenden Bauvorschriften bewirkten Laubengang von ca. 1,20 m Breite, so wird klar, daß hier soziale Ambitionen völlig fehlen und das mechanistische Vorbild des Fließbandverkehrs auf diese Erschließungsform übertragen wurde.

Die Erschließungsebene des Wohngebäudes im Quartier Pedregulho/Rio de Janeiro (Architekt A. Reidy) erreicht man mit einer Brücke über den Steilhang. Sie ist großzügig bemessen. Als Kommunikationszone ist sie zu groß und hat zu wenig direkte Berührungen mit den Wohnungen.

Ein vorbildliches Beispiel für die Integration der Kontakt- und Transportkommunikation ist eine Wohnanlage der Stadterweiterung Thamesmead/London. Durch Bauvorschrift war untersagt, Wohnungen im hochwassergefährdeten Erdgeschoß anzuordnen. Daraus resultierte die konsequente Verwendung des Erdgeschosses als Garagen- und Abstellgeschoß. Der Raster von 5,00 m ist hier für 2 Autobreiten in sehr rationeller Weise verwendet. Im 1. Obergeschoß befindet sich – mit Rampen und Treppen erschlossen – die Hauptkommunikationsebene. Der Raster ist hier sehr bewegt verwendet – es entstehen platzartige Weitungen und enge Durchgänge, hohe und niedrige Zonen, Ausblicke nach beiden Seiten und eine entsprechend differenzierte Lichtführung. Die meisten Wohnungen sind direkt angeschlossen, weitere Wohnungen liegen an einem Laubengang in 2 Geschossen darüber. Der als Material für Wände und Boden verwendete Backstein hebt sich wohltuend von den Fertigteilen ab und trägt sicher auch zur Kontaktstimulation bei.

Kommunikation architektonisch zu erzeugen, ist kaum eine Sache der Berechnung. Der nur rechnende Architekt wird sie aus der Verkehrsfrequenz ableiten. Kommunikation kann archirektonisch mit einem politischen und sozialen Gefühl erzeugt werden.

Letzten Endes stellt diesen Anspruch jede Art Architektur.

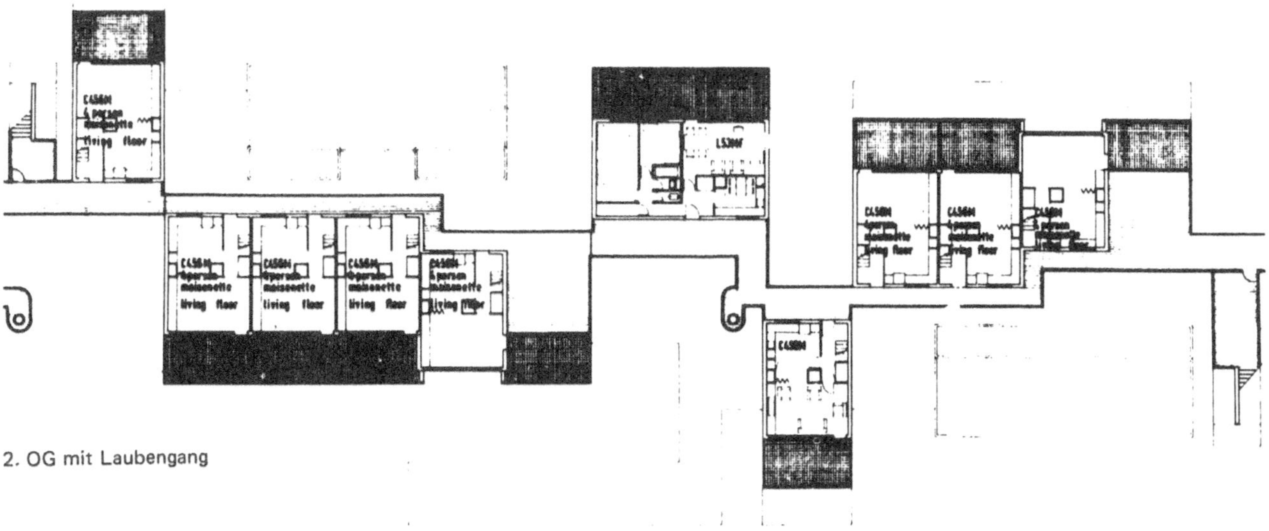

2. OG mit Laubengang

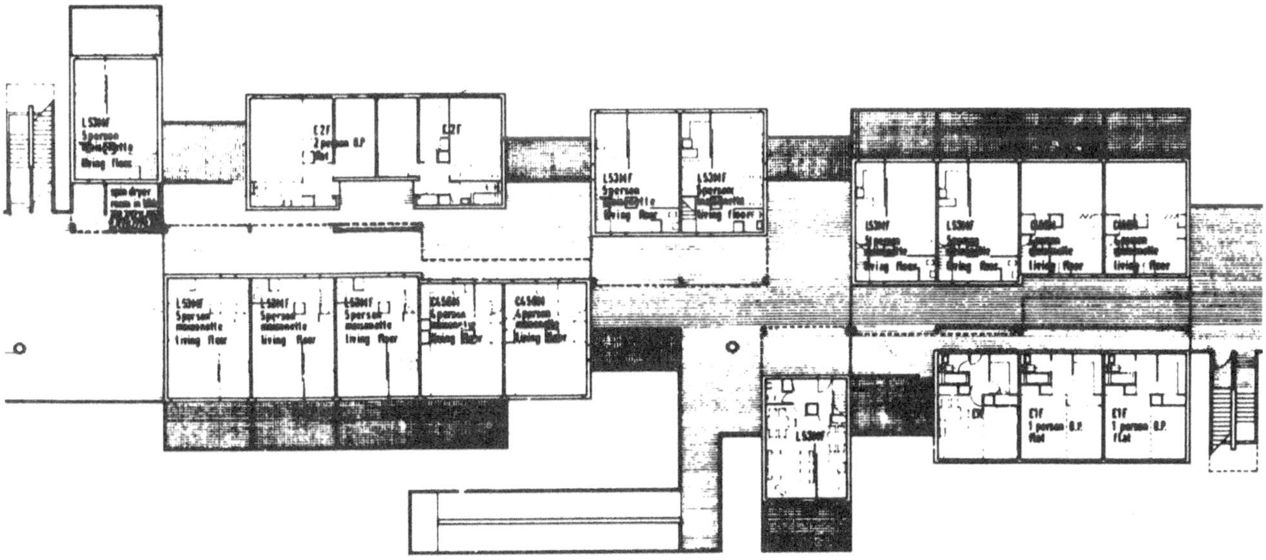

Hochparterre mit Hauptkommunikations-Ebene

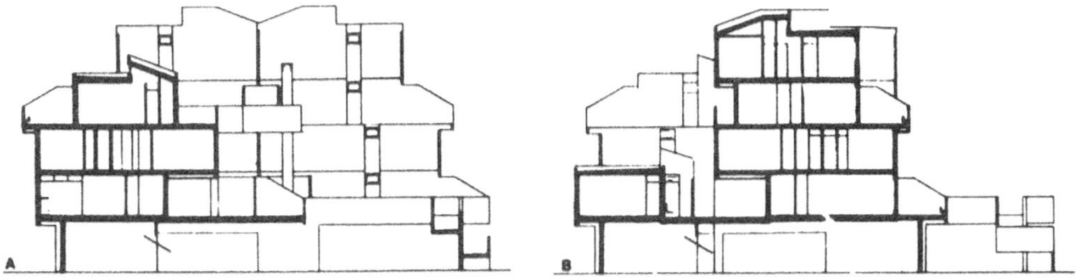

Schnitte

Stadterweiterung Thamesmead, London
Arch. London County Council
aus: Schwab, Differenzierte Wohnanlagen, Stuttgart 1975

C Die Wohnung, das Wohnhaus

1. Das freistehende, individuelle Einfamilienhaus als Einzelbau

Die Bereiche der Wohnung sind besprochen – ihr Aggregierung und strukturelle Ordnung zur Wohnung soll nun anhand einer breit angelegten Typologie von Wohnformen untersucht werden. Dabei wird eine Gliederung nötig sein, um die Fülle des Materials überschaubar zu machen. Die Unterteilung wurde nach Verdichtungsgraden vorgenommen – vom Einfamilienhaus angefangen bis zum Hochhaus. Das ergibt eine Reihe von schwach bis zu sehr stark verdichteten Wohnformen. Daß hierbei soziale Unterschiede – beispielsweise die historische Gleichzeitigkeit der „Herrschaftsvilla" mit dem Arbeiter-Reihenhaus – zu kurz kommen, wird meine leninistischen Hörer bekümmern. Sinn der Vorlesung ist jedoch nicht, einen ideologisierten Standpunkt zu vertreten, sondern im Gegenteil die Aufgabe, Wohnungen zu bauen, zu entideologisieren und zu wissenschaftlichen Erkenntnissen zu kommen. Der Hörer wird in den weiteren Vorlesungen mit allen bekannten Formen des Wohnens konfrontiert werden – nach Verdichtungsgraden geordnet.

Beim Einfamilienhausbau prallen die Ansichten aufeinander: Progressive Planer in Europa lehnen den Bau von Einfamilienhäusern und entsprechender Viertel ab. Dagegen ergeben Befragungen, daß das freistehende Einfamilienhaus die beliebteste Wohnform der westlichen Welt darstellt. In der Bundesrepublik erklärten sich bei einer 1976 durchgeführten Befragung

Von je 100 Bundesbürgern

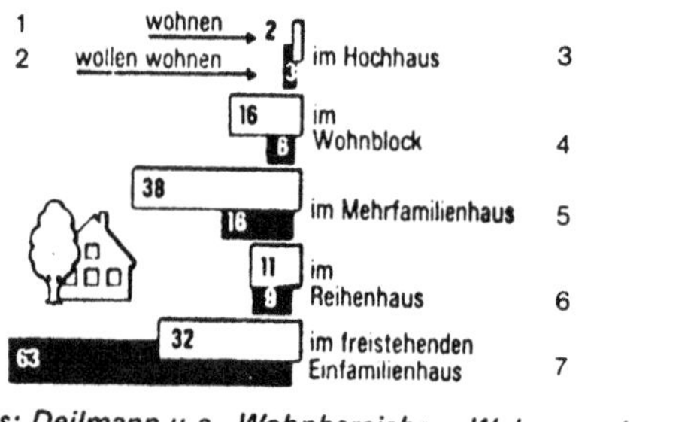

aus: Deilmann u.a., Wohnbereiche – Wohnquartiere, Stuttgart 1977

63 % für dieses Wohnideal. In vielen Ländern stehen Hochhauswohnungen – in Schweden 1974: 30.000 – leer, weil die Bevölkerung das Einfamilienhaus vorzieht. Sogar in Wien, wo nur 14 % der Haushalte Wohnungs- oder Hauseigentümer sind, wird das Leben im Einfamilienhaus bevorzugt: Man sucht den Ausgleich durch einen Hausbesitz auf dem Land zu schaffen und verdrängt dieses Wohnbedürfnis während der fünf Arbeitstage.[44]

Was die Menschen dazu treibt, das Wohnen im Einfamilienhaus anzustreben, ist vor allem ein tief eingewurzelter Atavismus: Immer noch sucht sich die 'Sippe' ihre 'Höhle' und setzt sich gegen die anderen 'Sippen' ab. Ganz sicher spielt auch die untergründige Suche nach einem Äquivalent zum Konformismus des Alltags mit. Die konkreten und beweisbaren Vorzüge sollen hier den Nachteilen gegenübergestellt werden, um das Thema zu objektivieren.

Der soziologische Aspekt erkennt im Bau des freistehenden, individuellen Einfamilienhauses[45] die beste Voraussetzung für die Partizipation am Planungsprozeß. Hier kann der Bewohner – mit Hilfe des Architekten – bauend zu seiner Selbstidentifikation gelangen. Hier kann er seinen im Alltag frustrierten Aktivitätsdrang befriedigen. Mit dem Bau *seines* Hauses hat er ein Lebensziel, das ihm materielle wie ideelle Wünsche zu vereinigen scheint. Ein Haus gebaut zu haben, bedeutet ihm dann womöglich den erreichbaren Grad von Zufriedenheit.

Auch die Mediziner sehen Vorteile. Das freistehende Einfamilienhaus bietet das für den modernen Stadtbewohner wichtige Entspannungsmoment in mehrerer Hinsicht: Gerade das Kontrastverhalten in Garten und Haus läßt ihn den Alltag in der Stadt mit ihrem schlechten Klima, mit Reizüberangebot, mit Berufs-Streß besser ertragen. Die Gartenarbeit bedeutet einen sehr gesunden gesamtkörperlichen Ausgleich zu der einseitigen Beanspruchung weniger Körperteile im Berufsleben. Klaustrophobische Psychosen, wie sie in stark verdichteten Wohnformen, aber auch an gewissen Arbeitsplätzen auftreten, gibt es in dieser Wohnform nicht, bzw. werden von ihr abgebaut.

Schließlich sehen auch die Architekten Vorzüge: Diese sind allerdings nicht materieller Natur. Denn ein individuelles Einfamilienhaus zu planen und zu bauen bedeutet fast immer eine finanzielle Einbuße für den Architekten. Die ideellen Vorzüge überwiegen: Bei keinem anderen Bauprojekt bekommt der Architekt durch den nahen Kontakt mit der Bauherrschaft eine so intensive psychologische Schulung wie beim Umgang mit Einfamilienhaus-Bauherrn. Hier kann eine wichtige Relativierung seiner oft abstrakten Vorstellungen von der Gesellschaft einsetzen. Gleichzeitig gibt ihm der Bau eines solchen kleinen Vorhabens die Möglichkeit, neue Ideen praktisch zu erproben.

Die Nachteile werden in den gleichen Beurteilungsgruppen fast ebenso überzeugend dargestellt: Das Einfamilienhaus sei Feind der Strukturbildung in gesellschaftlicher und planerischer Hinsicht, sagen die Soziologen. Keine andere Bauform fördere in so extremer Weise das Auf-sich-Bezogensein, den Individualismus. Impulse von der oder an die Öffentlichkeit sind von Bewohnern dieser Bauform kaum zu erwarten. Das Einfamilienhaus wird oft nur als Status-Symbol – also am echten Bedarf vorbeigebaut, eine schlechte Voraussetzung für die Bindung an die Gesellschaft. Die Planer und Architekten beklagen die mit dem Bau von Einfamilienhausvierteln Hand in Hand gehende Landschafts-Zersiedelung und den Verlust landwirtschaftlich genutzten Bodens.

Wenn man an die monströsen Ausmaße der New Yorker

Vorstadt Levittown denkt, stimmt das Gegenargument der Soziologen. Doch stimmt es nicht mehr, wenn man die Landschaftsteile betrachtet, die von bodenspekulierenden Bauern vernachlässigt und zur Steppe werden. Einer Statistik aus der BRD kann man folgende Kalkulation entnehmen: Selbst wenn bis zum Jahr 2000 jährlich 200.000 Einfamilienhäuser – also soviel wie 1973 – gebaut würden, würde die besiedelte Fläche, einschließlich der Gärten und Straßen, nur um ca. 7 % anwachsen, d.h. dann würde weniger als 1 % der Gesamtfläche einschließlich der Erschließungsflächen bebaut sein.

Ein anderes Gegenargument ist vor allem dem Bauherrn wichtiger: Der Baupreis eines Kubikmeters Einfamilienhaus ist teurer als der einer anderen Wohnform. Hierzu trägt die Installationsintensität bei. Die Preisgestaltung des konventionell konstruierten Hauses ist unsicher. Noch gravierender sind die Folgekosten der Kommune für die Erschließung von Einfamilienhausgebieten. Viele Straßen, Leitungen, Kanäle müssen für wenige Wohneinheiten aufgewendet werden. Mit der Aufgabe der Planung von Einfamilienhäusern wird der Architekt – besonders in Krisenzeiten wie in der Mitte der 70er Jahre – immer wieder konfrontiert. Der Plan einer Siedlung, in der die Mitbestimmung der Bewohner realisiert werden soll, müßte den Wunsch nach freistehenden Einfamilienhäusern berücksichtigen. Die zunehmende Bodenverknappung sollte andererseits zum Bau konzentrierter Wohnformen veranlassen.

Nicht nur für den Bau von Einfamilienhäusern gilt, daß der Initialzustand das Kollektiv ist. Das heißt, daß wir Gesamtformen sehen müssen, nicht Einzelformen, daß die Einzelaktionen nur im Zusammenhang mit der Umwelt, d.h. der Nachbarschaft entstehen dürfen. Eine pluralistische Auffassung kann dazu führen, die menschlichen Verschiedenheiten zu semantisieren. Sie sollte nicht dazu verleiten, von Formprämissen auszugehen.

Die gegenseitigen Abhängigkeiten der Nachbarn sollten sich in der Gruppenbildung widerspiegeln. Durch Gruppenbau wird übersteigerter Individualismus abgebaut. Die Größe von Haus und Garten muß Vernunftgründen entsprechen. Der Garten ist nicht zum Ansehen, sondern zum Gebrauch da. Seine Bearbeitung und Pflege darf keine zweite Streß-Situation hervorrufen: Der Stadtbewohner soll nicht zum Wochenendsklaven seines Rasenmähers werden. Durch Beschränkung der Grundstücksgrößen werden übermäßige Folgelasten vermieden.

Einflüsse

Das moderne Einfamilienhaus soll hier mit einigen Prototypen dargestellt werden. Dabei spielen nicht die Größe des Objektes und der Reichtum des Bauherrn eine Rolle, sondern die architektonische Qualität, der Platz in der Genealogie und seine Beispielhaftigkeit für eine bestimmte Richtung. Die historische Ableitung wäre Sache einer baugeschichtlichen Vorlesung; hier sollen geschichtliche Daten nur soweit eine Rolle spielen, wie uns die Geschichte des Einzelhauses für die Einfamilienhäuser unserer Zeit relevante Beispiele liefert. Die Einflüsse kommen aus ganz verschiedenen Richtungen: Die kontinentalen Villen sind dabei ebenso wichtig wie die von Muthesius importierten englischen Landhäuser, die beinahe gleichzeitig wie F. L. Wright's Häuser zu Anfang unseres Jahrhunderts auf dem Kontinent bekannt wurden. Ein ganz anderer Einfluß kommt aus Japan.

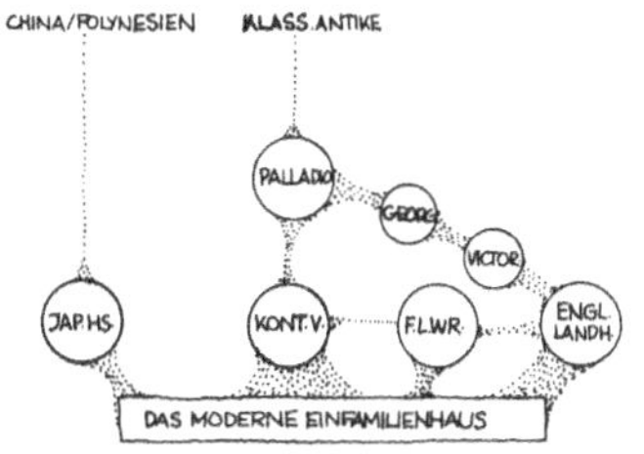

Die kontinentale Villa

Palladios 1570 erbaute Villa Rotonda auf dem Monte Berici bei Vicenza hat auf die Zeitgenossen, aber auch auf die Nachwelt einen überwältigenden Eindruck gemacht. Noch heute erregt das hügelbekrönende Gebäude, das mit seinen vier Portici die Landschaft einzusaugen scheint, das Interesse der Architekten. Die Villa ist der genaue Gegensatz von dem, was wir unter struktureller Architektur verstehen, kein im Kontext lesbares Zeichen, sondern die absolute, autonome Architekturform. Sie ist ein solitäres Bauwerk in der Landschaft. Sie hat einen total unfunktionellen Grundriß. Das Raumgefühl im kuppelbedeckten Saal ist nicht wohnlich, sondern eher sakral (Goethe: „Inwendig kann man es wohnbar aber nicht wöhnlich nennen."[46]). Und doch wirkt dieser Bau prototypisch weiter: Er ist die reinste Verkörperung vom freistehenden, unabhängigen Haus im Garten, ein Ideal, das auch heute dem Erbauer des noch so kleinen Einfamilienhauses vorschwebt. Auch Anhänger der materialistischen Geschichtsauffassung können dem Bau ihre Reverenz nicht versagen[47] – sie sprechen vom „unzweifelhaften Höhepunkt im geschichtlichen Prozeß der Ästhetisierung des Traumes vom ländlichen Sein – im Gewande höchster künstlerischer Qualität findet hier die Utopie als Gegenbild zur tatsächlichen gesellschaftlichen Wirklichkeit ihr geschlossenstes und überzeugendstes künstlerisches Abbild."

Das Haus entspricht der von der Renaissance propagierten Idee von der Beherrschung der Natur.

Der Bau nahm zunächst Einfluß auf englische Architektur. Vor allem der Architekt Inigo Jones baute seine Landschlösser in einem Stil, der Palladianismus genannt wurde. Aber auch in der Barockarchitektur Österreichs und Deutschlands ist der Einfluß der Rotonda spürbar. Wenn auch die palladianischen Renaissanceformen mutierten, ist doch die Idee des solitären Gebäudes im Garten, des symmetrischen, unfunktionellen

Grundrisses Leitbild der europäischen Villa geblieben. Die Beispielkette reicht von Fischer von Erlachs Gartenhausprojekt über Goethes Weimarer Gartenhaus bis zur ersten Villa Otto Wagners an der Hüttelbergstraße in Wien und zum Haus Urbig von L. Mies van der Rohe in Neubabelsberg oder zu Schmitthenners Haus Roser in Stuttgart.

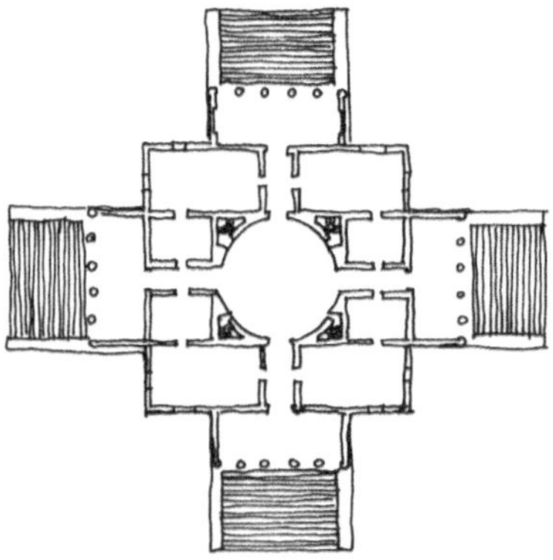

VILLA ROTONDA BEI VICENZA
ARCH. ANDREA PALLADIO

Das englische Landhaus

Wenige Jahre nach Fertigstellung von Palladios Rotonda soll Francis Bacon (1561–1626) den bemerkenswerten Satz geprägt haben: "Houses are built to live in, not to look at." Damit wird die Nutzbarkeit, die wir an der Rotonda vermissen, trocken und apodiktisch zur Sprache gebracht. Die palladianischen Villen in England sind daher „wöhnlichere" Varianten der Rotonda. Das Selbständigkeitsbedürfnis und der Drang, auf dem Lande und bequem zu leben, prägten den Stil. Der blieb bis ins 18. Jahrhundert dem Adel vorbehalten, so daß die soziologische Struktur mit der Architektur konform ging. Die georgianisch-klassizistischen Landschlösser waren unfunktionell, repräsentativ, großzügig und überwiegend stilrein. Das änderte sich erst im 19. Jahrhundert. Im Zuge der Industrialisierung begannen neureiche Fabrikanten auf dem Lande zu bauen. Sie wollten es dem Adel gleichtun. Der Stil interessierte sie dabei weniger als die Stile: In diesen Architekturkonglomeraten sind deutsche gotische Burgen, ungarische und französische Schlösser und viele andere Architekturdetails vereinigt. Im viktorianischen Stil (1830–1870) wurden unübersichtliche Bauten errichtet, in denen man sich Oscar Wildes Gruselgeschichten vorstellen kann. Neben großen Hallen, Salons für Damen und Rauchzimmern für Herren, Billardsälen und Alkoven gab es Treppen für Dienstboten und Treppen für Herrschaften. Diese Frühkapitalisten schufen sich Bauten, in denen oft bis zu 150 Menschen lebten. Was wir heute als Unübersichtlichkeit bezeichnen, stellt sich nicht als Unordnung heraus, sondern als eine äußerst differenzierte Ordnung, mit welcher komplizierte gesellschaftliche Konventionen realisiert wurden: Herrschaft, Diener, Gäste waren sorgfältig voneinander getrennt. Damit waren die Anfänge zu einem funktionalisierten Grundriß gelegt.

Am Ende des Jahrhunderts entstand eine Bewegung, die diesen unüberschaubaren Stil in einfachere Formen zu bringen suchte. Ihre geistigen Väter waren John Ruskin und William Morris (1834–1896),[48] die zwar das Ornament (noch) anerkannten, aber Ehrlichkeit und Sauberkeit der handwerklichen Arbeit und den sozialen Anspruch der Architektur forderten. Morris schrieb 1883: „Es hat keinen Zweck über Kunst zu reden – es sei denn nur oberflächlich – ohne die sozialen Probleme zu berühren, die alle ernsthaft denkenden Menschen beschäftigen; denn die Kunst ist und muß in ihrer Fülle oder in ihrer Dürftigkeit, in ihrer Wahrhaftigkeit oder in ihrer Heuchelei eine Widerspiegelung der Gesellschaft sein, in der sie existiert. Das bezieht sich meiner Ansicht nach auf das heutige System von Kapital und Arbeit." Ruskin schrieb in seinem Buch „Die sieben Lampen der Architektur"[49], daß Architektur in erster Linie ehrlich sein müsse, daß man hierzu nicht nur die ästhetischen, sondern auch die sozialen Voraussetzungen berücksichtigen müsse. Handwerkliche Arbeit wurde als Quelle irdischen Glücks betrachtet, Maschinenarbeit als Quelle des Übels.

Während Ruskin Theoretiker blieb, war Morris zuerst Maler, später Designer von Inneneinrichtungen. Er veranstaltete im Rahmen der Art Workers Guild die Arts and Crafts Ausstellungen. Damit trat er für den neuen Stil ein, der sich durch Einfachheit der Formen und Materialien auszeichnen sollte. Mit der formalen Reserve gingen auch die gefühlsmäßigen Ansprüche an Stimmung, Poesie und Rhythmus zurück. William Richmond Lethaby (1857–1931) war einer der großen Verwirklicher dieser Ideen.[50] Von ihm stammt das Aperçu „Ästhetik sucht festzulegen, was spontan sein sollte, sie stellt Regeln dafür auf, wie man lächelt," und: „Oft endet Schönheit dort, wo das Ornament beginnt." Lethaby und seine Zeitgenossen Frances Annesley Voysey (1857–1931) und M. H. Baillie Scott bauten große Villen von winkel- oder U-förmigem Grundriß mit großflächigen, einfach gegliederten, verputzten oder Sichtbackstein-Wänden und hohen Dächern. *Grundsätzlich war das Erdgeschoß dem Wohnen vorbehalten, das Obergeschoß den Schlafräumen.* Zentraler Raum war vielfach eine Halle, die beide Geschosse miteinander verklammerte. Die Küche mit ihren Nebenräumen war in einem Seitenflügel des Erdgeschosses untergebracht.

Der Schotte Charles Rennie Macintosh (1868–1928) trägt eine weitere Spielart zu diesem neuen Stil bei. Dabei hatte der schottische Beitrag zu der Arts and Crafts-Ausstellung 1896 nur Spott und Hohn von Seiten der Engländer geerntet. Die Schotten wollten dem neuen Stil Sentiment und Farbe beisteuern – gerade das, was die Engländer abgebaut hatten. Macintosh schuf reine Flächen, die er mit dem Ornament in mystische Ruhe, synkopische Ordnung oder strenge Vertikalität zu bringen wußte. Der sogenannte Glasgow Style, dessen Hauptwerk die von Macintosh geplante Glasgow School of Art blieb, war der schottische Beitrag zum Jugendstil. Auch Macintosh's 1901 erbautes

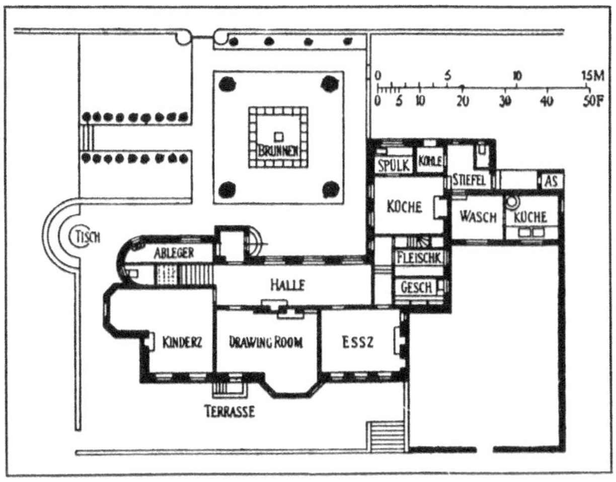

Haus Windyhill in Kilmalcolm bei Glasgow
Arch. Ch. R. Mackintosh, 1901
aus: H. Muthesius, Das englische Haus, Bd. I, Verlag Wasmuth, Berlin 1908

Haus Windyhill in Kilmacolm bei Glasgow war ein typisches „Englisches" Landhaus. Auch hier waren nicht nur die Struktur des Hauses sondern auch die Räume funktionalisiert – jedes Geschoß und jeder Raum hatten ihre unveränderbare Funktion. Es ergab sich als weiteres Charakteristikum eine – im Verhältnis zur kontinentalen Villa – freie, asymmetrische Form. Das Denken in Kategorien der Nützlichkeit erreicht in diesen Bauten des Frühfunktionalismus seinen ersten Höhepunkt.
In den Prosperitätsjahren des beginnenden Jahrhunderts breitete sich dieser neue Stil, der so sehr der Bequemlichkeit der reichen Bürger diente, schnell aus. Hermann Muthesius, Attaché für Architektur an der Deutschen Botschaft in London, trug durch seine drei Sammelbände „Das Englische Haus" (1904)[51] dazu bei. Der Einfluß ist bei den verschiedensten Architekten jener Jahre, wie den Deutschen Peter Behrens, Paul Bonatz, Hans Poelzig und Paul Schultze-Naumburg, festzustellen. Der Österreicher Josef Hoffmann suchte den direkten Kontakt mit Macintosh, und sein Hauptwerk, die Villa Stoclet (1905) in Brüssel, wurde als „Englisches Landhaus auf dem Kontinent" bezeichnet.

Frank Lloyd Wright

Auch F. L. Wright (1869–1959) blieb davon nicht unbeeindruckt. Vergleicht man seine Häuser vor der Jahrhundertwende mit denen aus dem ersten Jahrzehnt des 20. Jahrhunderts, so wird eine Entwicklung von palladianischen Anfängen zu den Prinzipien des Englischen Landhauses deutlich. Daß auch das bei ihm nur eine Entwicklungsstufe blieb und er am Höhepunkt seines Schaffens ganz eigene Wohnformen schuf, zeugt von seinem Genie.[52]
Frank Lloyd Wright stammte aus Wisconsin, begann ein Ingenieur-Studium, brach es ab und ging als Lehrling nach Chicago zu den Architekten Sullivan und Adler. Wright beschäftigte sich mit europäischem Geistesgut so verschiedener Prägung wie den Schriften von Ruskin, Violet Le Duc und Froebel. Er verehrte den amerikanischen Landschafts- und Natur-Lyriker Walt Whitman. Doch anders als Ruskin war ihm als vorurteilslosem Amerikaner die Maschine durchaus kein Element des Bösen, ihre Produkte bildeten für ihn den Gegenstand der Gestaltung durch den Architekten. Wright liebte die amerikanischen Landschaften und wohnte im Winter in seinen Zelten in Taliesin-West bei Phoenix/Arizona und im Sommer in Spring Green/Wisconsin. Gerade die Naturverbundenheit wurde zur Grundlage seiner Idee vom Organischen Bauen. Wright wollte das Haus mit der Landschaft verschmelzen; wenn seine vom Englischen Landhaus beeinflußten Bauten einige Stil- und Struktur-Elemente aufweisen, so sind sie doch nicht landschaftsbeherrschend wie diese, sondern in die Landschaft eingefügt. Das wird bei seinen späteren – von diesen Einflüssen unabhängigen Bauten – noch ausgeprägter. Ganze Flügel des Gebäudes *greifen Raum*. Die in der Umgebung des Bauplatzes gefundenen Materialien (z.B. Bruchsteine) werden verbaut. Auf diese Weise wird eine Harmonisierung von Landschaft (Umwelt), Bau und Material angestrebt. Wright benennt eine Haus-Kategorie „Prairie-Häuser": flache, lagerhafte Baukörper aus Backsteinen, Bruchsteinen, mit weitaustragenden Walmdächern, regelmäßig geteilten Holzfenstern, die der Architekt mit geometrischen oder floralen Stahl- oder Bleiversprossungen und farbigem Glas schmückte. Prototyp ist das Robiehaus in Chicago, das 1909 entstand und schon ganz originaler F. L. Wright ist.

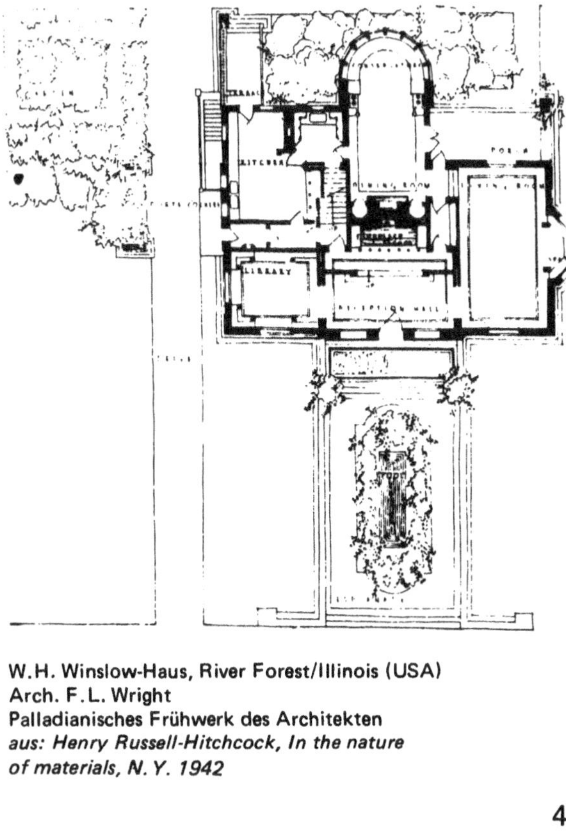

W.H. Winslow-Haus, River Forest/Illinois (USA)
Arch. F.L. Wright
Palladianisches Frühwerk des Architekten
aus: Henry Russell-Hitchcock, In the nature of materials, N.Y. 1942

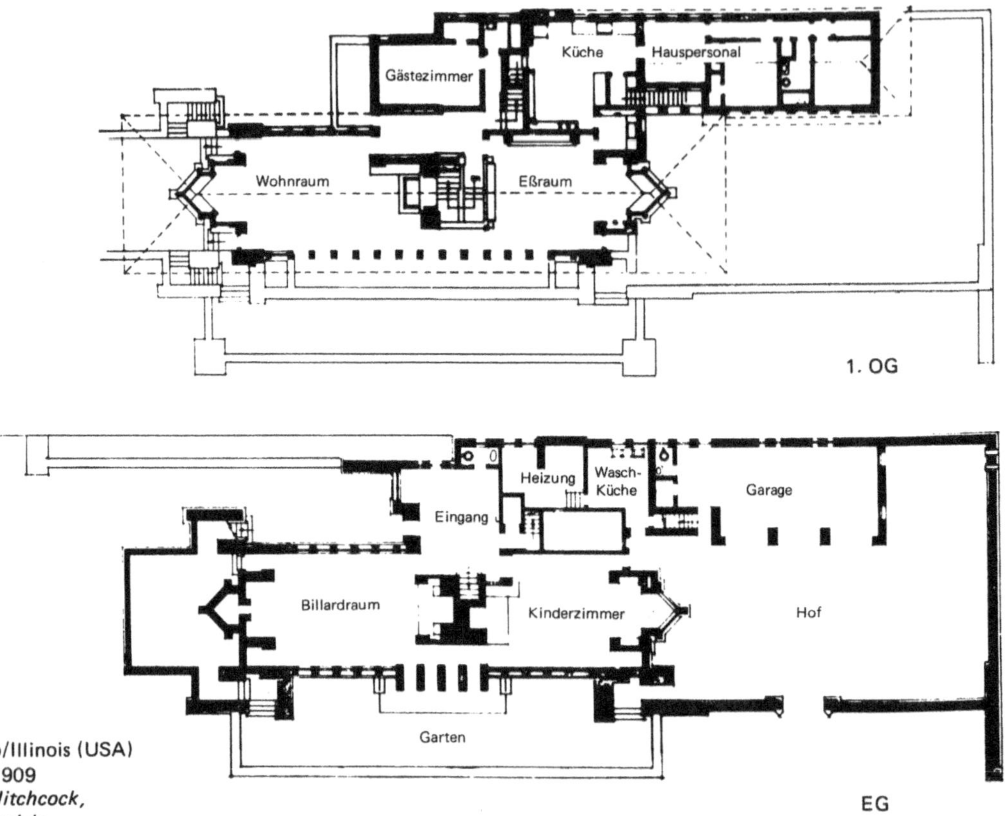

Robie-Haus, Chicago/Illinois (USA)
Arch. F. L. Wright, 1909
aus: Henry Russell-Hitchcock, In the nature of materials

Von einer Typisierung der Häuser kann bei einem solchen, von Phantasie übervollen Geist kaum die Rede sein, doch gibt es einige Grundformen, die seinen Ideen vom organischen Bauen besonders gut Ausdruck gaben. Im *Kreuzgrundriß* verwirklicht Wright eine Wohnungs-Struktur, die mit der Struktur der Bewohnergruppe zur Deckung gebracht ist. Vier Flügel mit Einzelbereichen schneiden sich in einem mittleren Gemeinschaftsbereich, der mit einem mächtigen offenen Kamin fixiert und betont ist. Das Kreuzprinzip ist beispielhaft im frühen Willits-Haus in Highland-Parc/Illinois (1902) und im zum Windmühlenflügel-Grundriß variierten Wingspread Haus in Wind Point/Wisconsin (1938) verwirklicht. Auch in anderen Entwürfen ist der gemeinsame Raum das betonte Zentrum. Wrights Ziele waren hochgesteckt: Er wollte seine organische Architektur mit den (amerikanischen) Idealen der Demokratie und der (unitarischen) Religiosität zur Deckung bringen. Die Einordnung der Bauten in die Landschaft war nicht nur eine Frage der architektonischen Formvorstellung, sondern auch der religiösen Einstellung: Sie bedeutete ihm Eingliederung in die göttliche Schöpfung der noch unberührten amerikanischen Umwelt. Seiner Raumvorstellung entsprach der horizontal fließende Raum. Das wird z.B. im Bear Run Haus (Pennsylvania) (1936) einfach realisiert mit rechten Winkeln, oder sehr kompliziert mit einem Sechseckraster im Paul R. Hannah Haus. Die dritte Dimension wird meist durch den in das Walmdach hinaufreichenden Raum aktiviert.

Alle Techniken, Konstruktionen, Raster u.a. Hilfsmittel dienten Wright zur Realisierung von Vorstellungen, mit denen oft genug die Bauunternehmer nicht Schritt halten konnten. Manchmal riß Wright die Arbeit wieder ab und vollendete sie mit seinen Mitarbeitern. Die vorurteilsfreie Verwendung von Formen und Systemen führt zunächst zu individuellen Häusern – bei aller Verschiedenheit sind sie unverwechselbar Wright – in zweiter Hinsicht bleiben bei der Anwendung von Kreisen und Spiralen Formalismen im Spätwerk nicht aus.

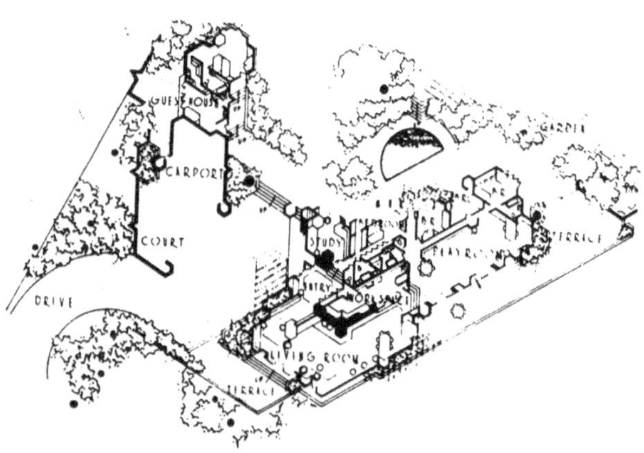

Hanna-Haus, Palo Alto/California (USA)
Arch. F. L. Wright, 1937
aus: Henry Russell-Hitchcock, In the nature of Materials

Wright hat sich selbst als den größten und unabhängigsten Architekten seiner Zeit bezeichnet. Das können wir – nach zwei Generationen – noch immer bestätigen. Der Einfluß dieser genialen Persönlichkeit begann schon 1909 mit einer ersten Publikation seiner Bauten auf dem europäischen Kontinent. Auch heute noch gilt Wright's Gedankengut als wegbereitend für eine die Umwelt respektierende Architektur. Seine Harmonisierung von Landschaft und Architektur, und die Demokratisierung des Grundrisses – d.h. die Zuordnung der Einzelbereiche auf die gemeinsame Mitte – sind Zielvorstellungen auch für unseren heutigen Wohnbau.

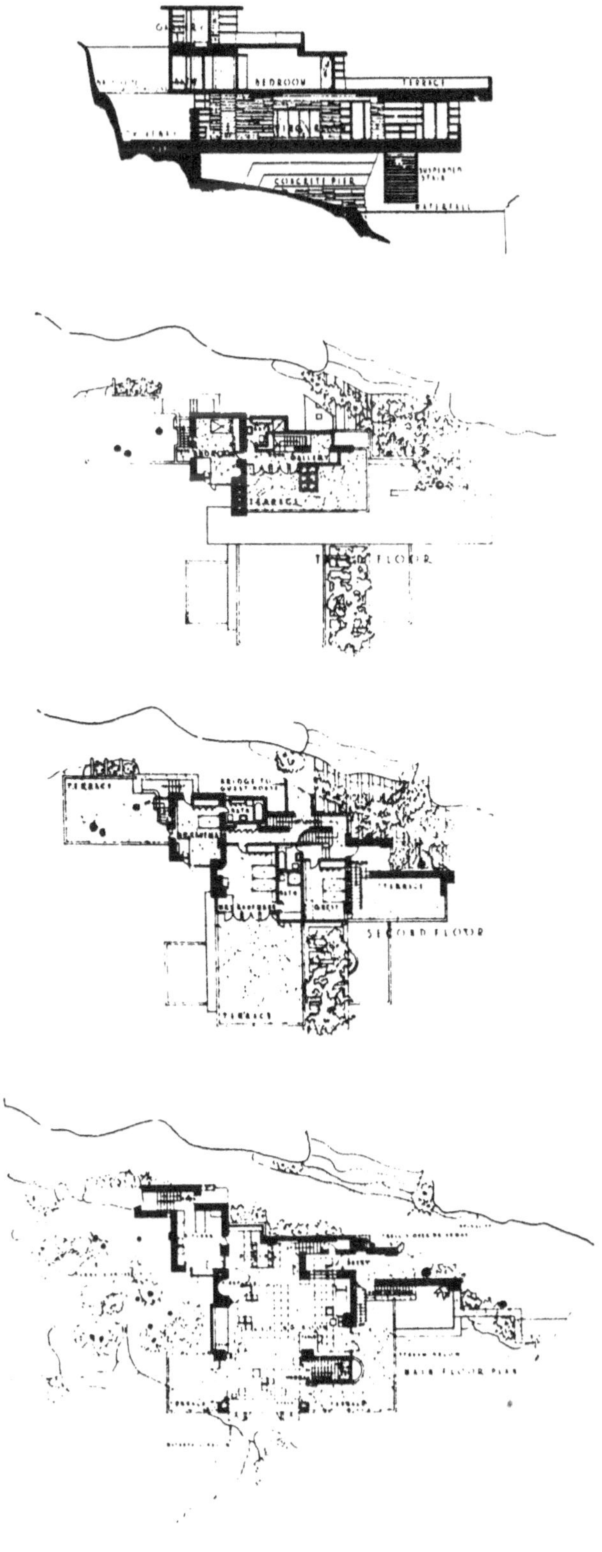

Kaufmann-Haus, Bear Run/Pennsylvania (USA)
Arch. F. L. Wright, 1936
aus: Henry Russell-Hitchcock, In the nature of materials

Das japanische Wohnhaus

Im Gegensatz zur kontinentalen Villa ist das Japanische Wohnhaus kein auf Individualität bedachter Bau. „Die Villa als Herrschaftssymbol" – diese Bezeichnung trifft auf das traditionelle japanische Haus nicht zu. Denn vom einfachen Bauern bis zum Kaiser bewohnten die Japaner Häuser aus den Materialien Holz und Bambus, die mit Reet oder Ziegeln gedeckt sind. Die Vergänglichkeit – ein buddhistisches Kriterium – wird mit den Materialien ebenso deutlich manifestiert wie der Ewigkeitsanspruch, mit dem europäische Wohnhäuser ausgestattet sind. Wenn auch seit 20 Jahren in Japan amerikanisch orientierte Häuser gebaut werden, so wird die Tradition des japanischen Holzhauses noch immer fortgesetzt.

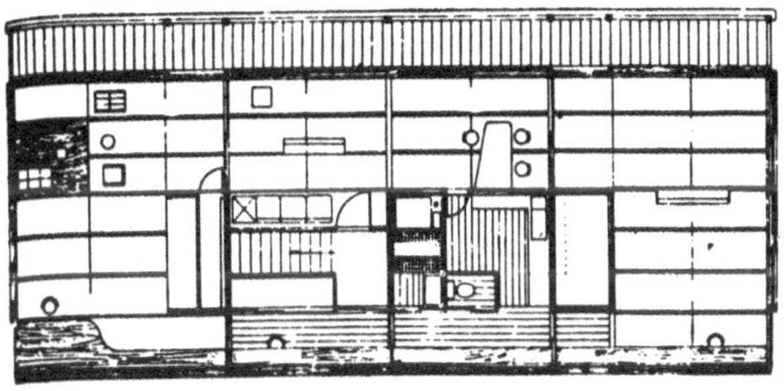

Wohnhaus des Architekten Kenzo Tange, Tokio
Arch. Kenzo Tange, 1951–53
Grundriß eines auf traditionellem Mattenraster konzipierten, westlich beeinflußten Wohnhauses
aus: Stephen Boyd, Kenzo Tange, Ravensburg 1963

Wie viele japanische Kulturgüter ist das Haus keine Eigenentwicklung, sondern chinesischen und polynesischen Ursprungs. Eine (stilistische) Entwicklung gibt es nicht. Das ist auf die Erneuerungsfähigkeit des Materials und auf die Traditionsverbundenheit der Bewohner zurückzuführen. Die Philosophie des Hauses ist, aus dem Nichts den Sinn für das Unendliche zu schaffen.
Die Konstruktion ist einfach, sie ist außerdem sichtbar gelassen. Auch die Raumgestalt ist einfach und rechtwinklig.
Das Einzelhaus im Garten hat viele Öffnungen, die Landschaft oder Garten bildhaft rahmen. Der Grundriß ist flexibel und nicht funktionalisiert. Das japanische Haus kennt keine Möbel wie das europäische – anstelle von Betten gibt es Matratzen und Decken, die tagsüber im eingebauten Wandschrank zusammengerollt aufbewahrt werden, anstelle von Stühlen flache Sitzpolster, dazu sehr niedrige Tischchen. Das Leben in einem solchen, fast leeren Haus ist von zeremoniöser Einfachheit; Übereinstimmung von Inhalt und Form wird spürbar.
Ein besonders wichtiges Merkmal japanischen Wohnens ist die Flächenberechnung nach Matten. Ihre Größe beträgt 1,82 X 0,91 m = 1,0 X 0,5 Ken oder 6 X 3 shaku. Makler, Vermieter und Bewohner definieren die Wohnungsgröße in Mattenzahl. Kenzo Tanges 1950 erbautes Haus ist 10 X 7 Matten groß.

Um / bis 1900	Kontinentale Villa	Englisches Landhaus	Frank Lloyd Wright	Japanisches Haus
Beispiele		Windyhill	Robie-Haus	Katsura
Bedeutung	Selbstdarstellung	>My home is my castle<	>Gebaute Demokratie<	Einfachheit und Unendlichkeit
Symbol/Sendung	Monument	Dauer	Solidität	Vergänglichkeit
Umweltbezug	Beherrschung/ Distanz	Liebe zum Landleben, Einfügung	Organische Integration	Einordnung
Individualitätsgrad	unindividuell	individuell	individuell bis individualistisch	unindividuell
Funktionsgrade	afunktionell	funktionsbindend	funktionsstimulierend	funktionsneutralisierend
Formprinzip	abstrakte Geometrie, Symmetrie	Asymmetrie mit symm. Relikten	Asymmetrie, viele geometrische Systeme	Asymmetrie und Symmetrie
Raum	geometrisch-eindeutig	geometrisch-mehrdeutig	fließend	geometrisch auflösbar
Material	Mauerwerk verputzt	Mauerwerk unverputzt	Mauerwerk Holz	Holz + Bambus

Gerade die damit verbundene Normung, aber auch die natürliche Eleganz der sichtbaren Konstruktion sowie die Verbindung vom Haus mit der Umwelt beeindruckten vor allem Architekten wie Mies van der Rohe und seine Epigonen.

Die Eindeutigkeit der Entwicklung war mit dem Ende des Ersten Weltkrieges beendet. Morris' Ideen wurden vom Bauhaus, vom Deutschen Werkbund, von den CIAM, von Persönlichkeiten wie Le Corbusier und Loos weitergedacht. Das durch die Kriegsjahre aufgestaute große Bauvolumen gab den Meistern der Moderne die Chance, Ihre Ideen mit einer Vielzahl von Bauwerken zu realisieren.

Die Spaltung der Moderne in eine rationale und eine organische Richtung wurde schon früh deutlich. Das berühmte Streitgespräch auf der Werkbundtagung 1914 zwischen Van de Velde, der die künstlerische Seite des Architekten vertrat, und Muthesius, der die Typisierung propagierte, fand seine Fortsetzung in den Auseinandersetzungen zwischen Wright und Le Corbusier. Hugo Häring und Alvar Aalto, die europäischen Organiker, kehrten CIAM den Rücken, wo sich schließlich die Elite der rationalen Richtung, mit Le Corbusier und Gropius an der Spitze, zusammenfand.

Damit wurden die Grundlagen des mehrdeutigen Wohnhausbaues der Nachkriegszeit gelegt, der in den 60er Jahren, der Zeit des großen Wirtschaftswachstumes, seinen Höhepunkt hatte. Der Begriff Pluralismus kann jetzt auch als Stichwort für die Wohnhaus-Architektur Verwendung finden. Eine Ordnung der bedeutendsten Beispiele nach ihren Einflüssen ist nicht mehr möglich. Es wird der Versuch gemacht, mit einer Phänomenologie des freistehenden Einfamilienhauses die verschiedenen Tendenzen zu erfassen.

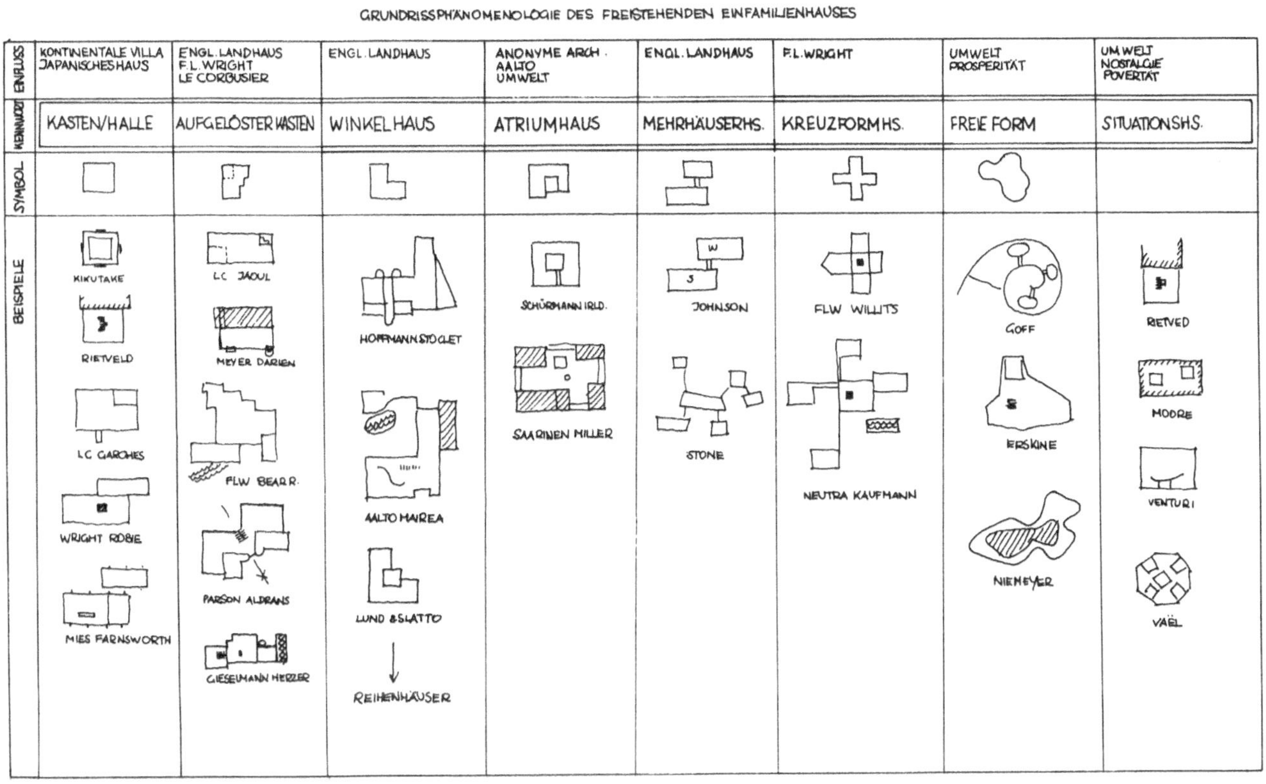

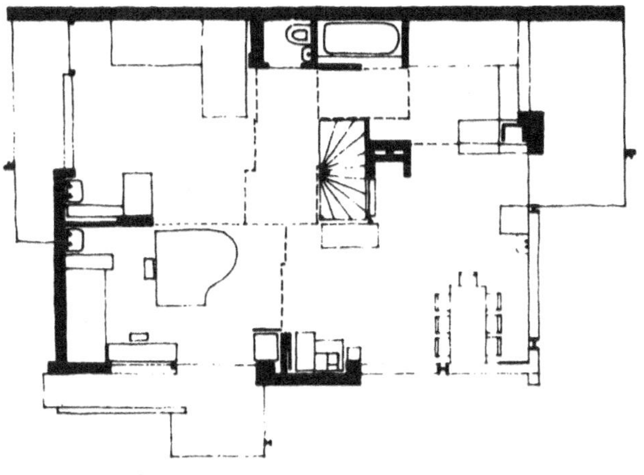

Obergeschoß-Plan

Schröder-Haus in Utrecht/Holland
Arch. G. Rietveld, 1924
Beispiel für flexible Halle
aus: Sherban Cantacuzino, Modern Houses, London 1964

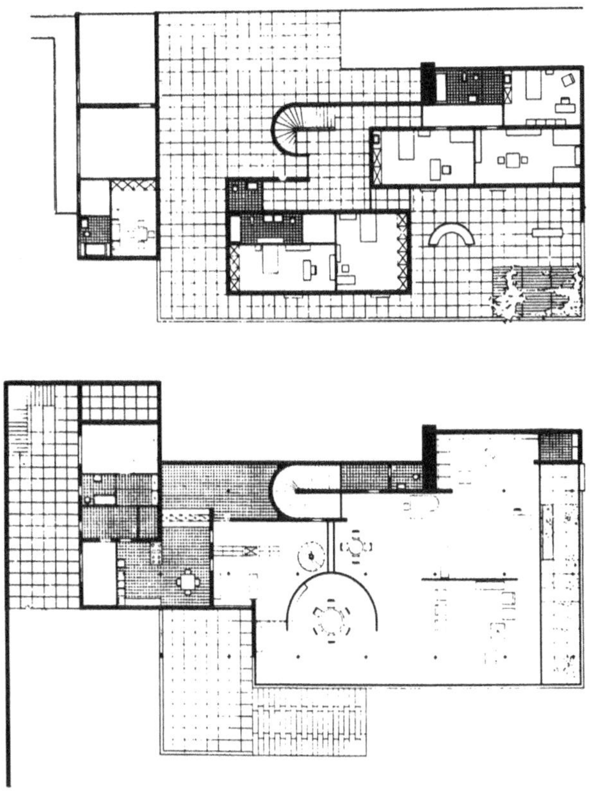

Haus Tugendhat, Brünn
Arch. Mies van der Rohe, 1930
Obergeschoß, Untergeschoß
Tendenz zur Auflösung des Kastens
aus: Philip Johnson, Mies van der Rohe, New York 1947

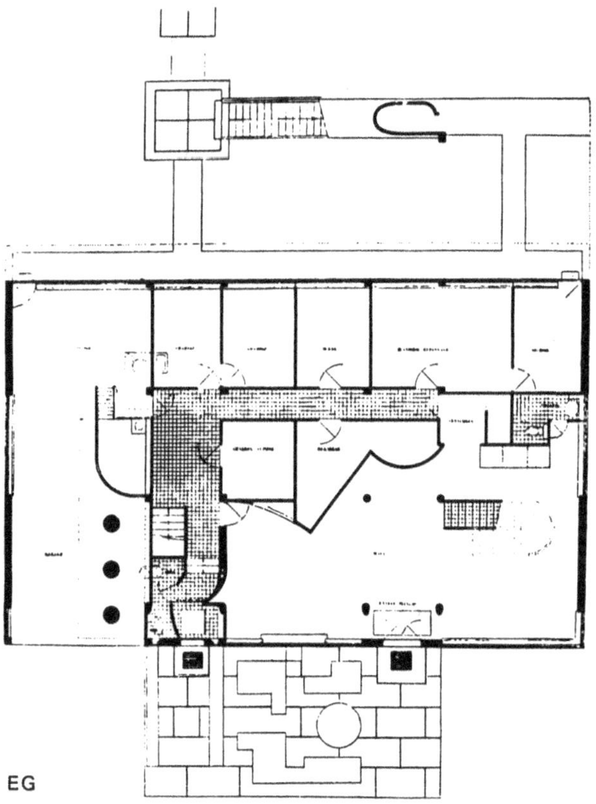

EG

Eingang und große Halle, Garage, Dienstbotenzimmer, Waschküchen, Bügelraum, Kleiderkammer etc.

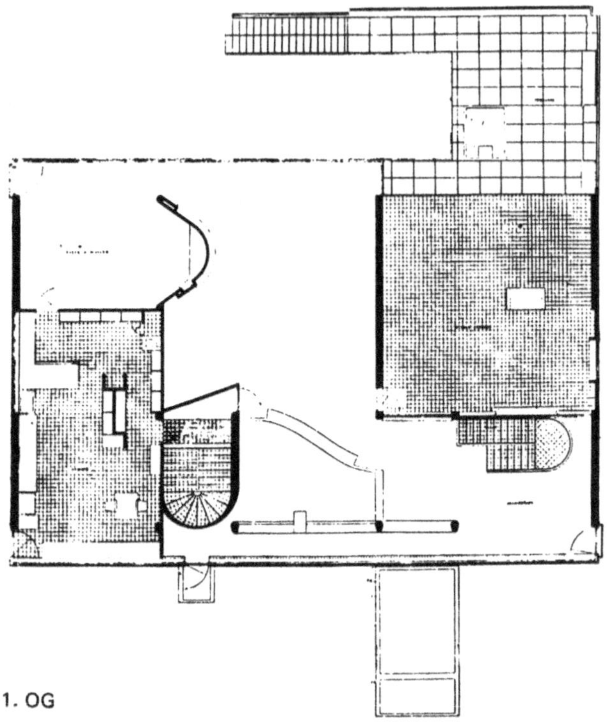

1. OG

großer Wohnraum, Eßzimmer, Küche, großer Terassengarten

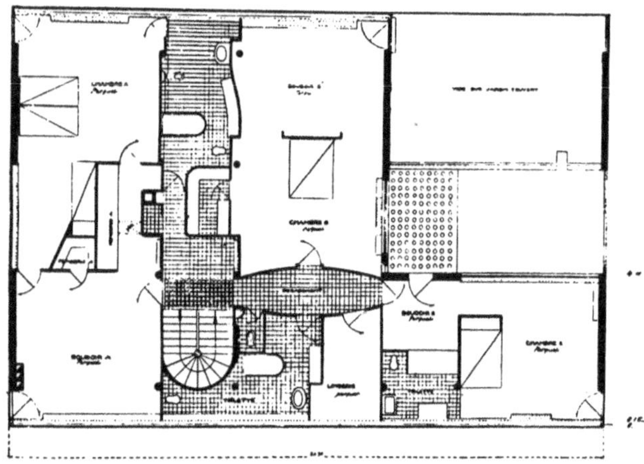

2. OG

2 Schlafzimmer mit Boudoirs und Bädern, Gastzimmer, Wäschekammer etc.

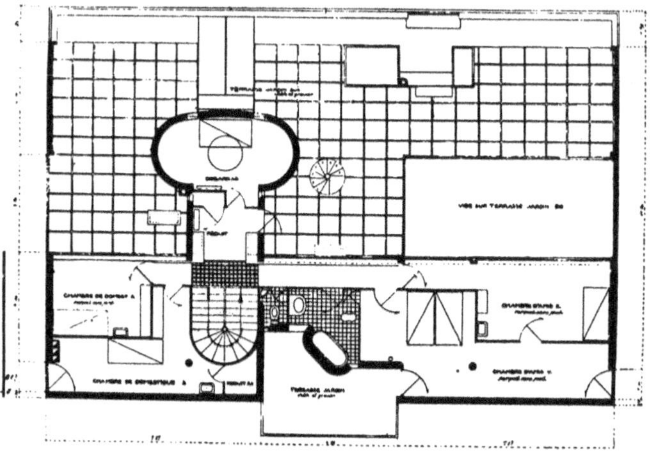

Dachgarten

2 Gastzimmer, Dienstbotenzimmer, Abstellraum, großer Terassengarten

Villa à Garches
Arch. Le Corbusier, 1927
Beispiel für Kasten/Halle mit Auflösungstendenz
aus: W. Boesiger, Le Corbusier, 1910–1929, Zürich 1964

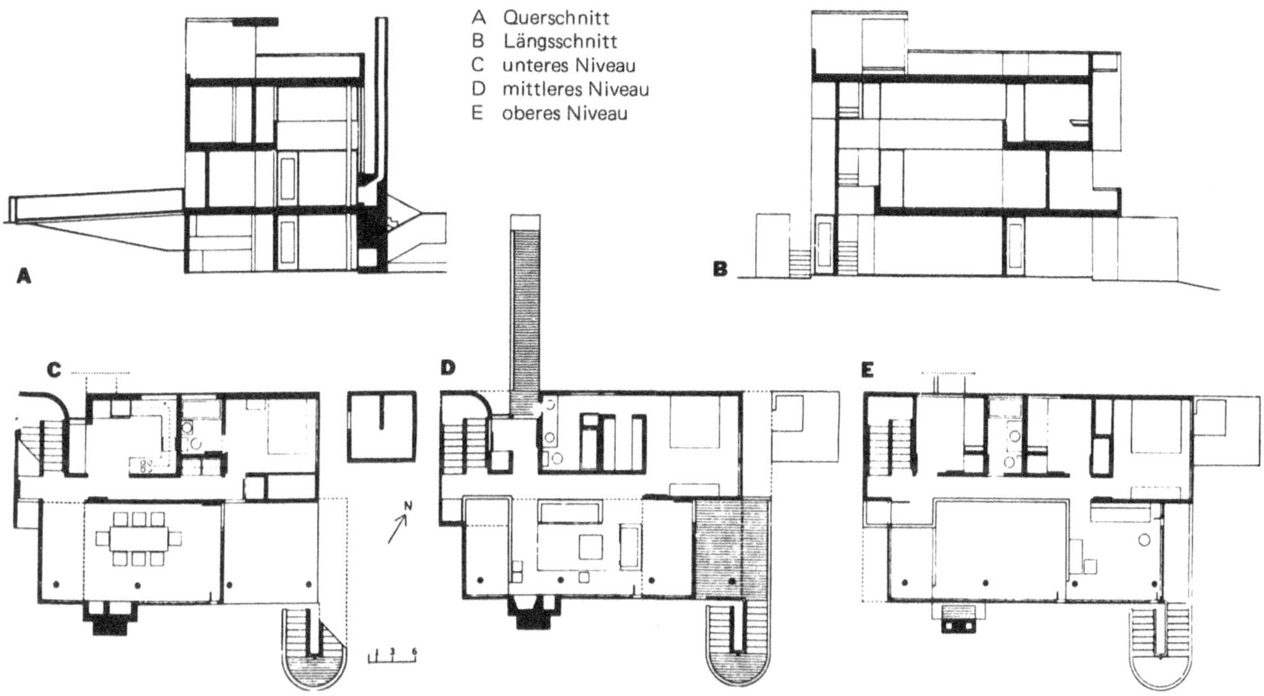

Einfamilien-Wohnhaus in Darien/Connecticut (USA)
Arch. Richard Meier, ca. 1967
Beispiel für aufgelösten Kasten
aus: AA 136

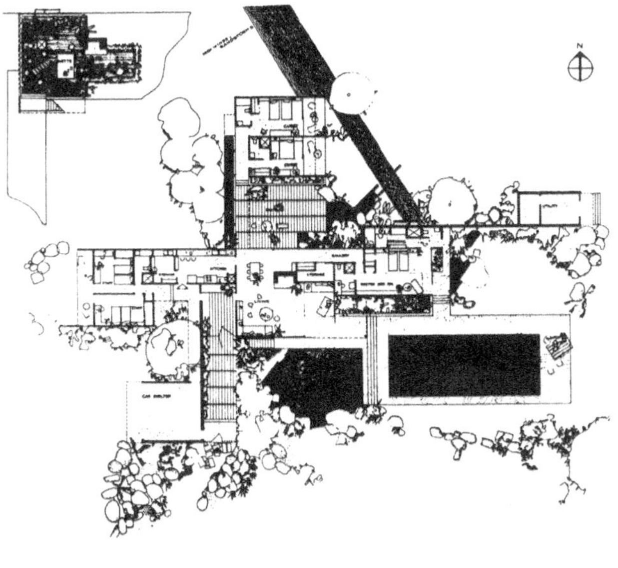

Haus Kaufmann, Colorado-Desert (USA)
Arch. Richard Neutra, 1947/48
Kreuzgrundriß
aus: W. Boesiger und R. Neutra, Mensch und Wohnen, Stuttgart 1956

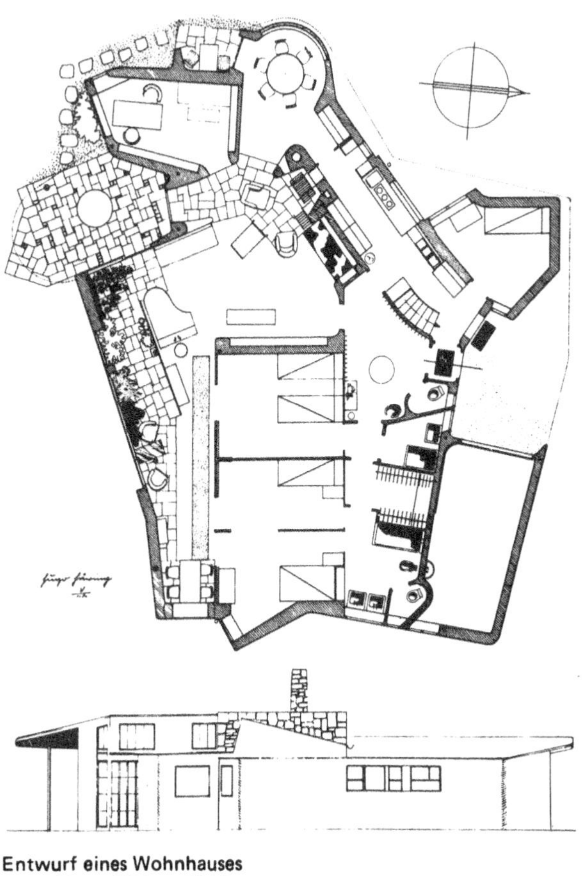

Entwurf eines Wohnhauses
Arch. Hugo Häring, 1946
Erdgeschoß: Ansicht von Osten
Beispiel für freie Form
aus: Lauterbach/Goedicke, Hugo Häring, Verlag Krämer, Stuttgart 1965

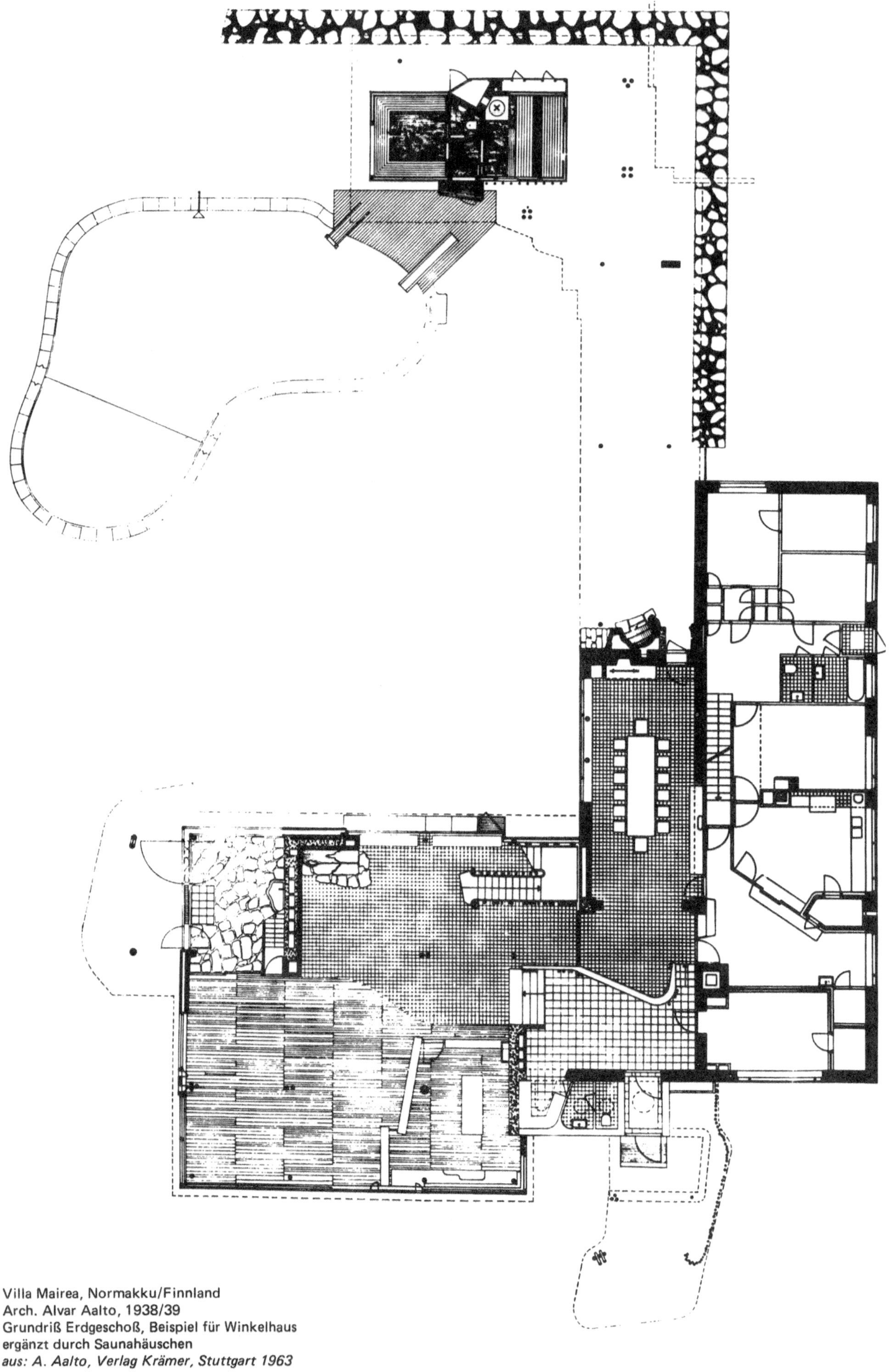

Villa Mairea, Normakku/Finnland
Arch. Alvar Aalto, 1938/39
Grundriß Erdgeschoß, Beispiel für Winkelhaus
ergänzt durch Saunahäuschen
aus: A. Aalto, Verlag Krämer, Stuttgart 1963

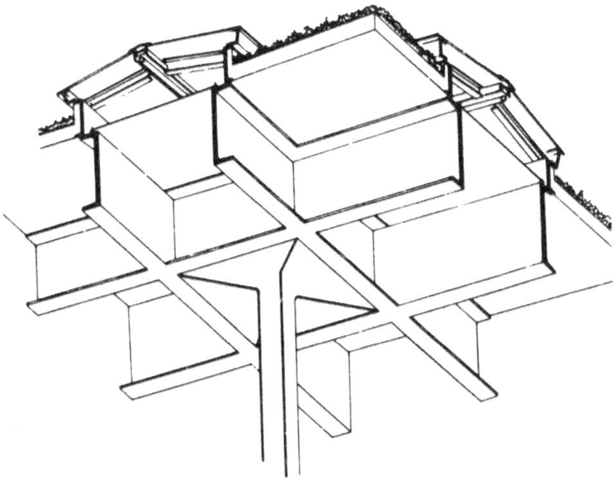

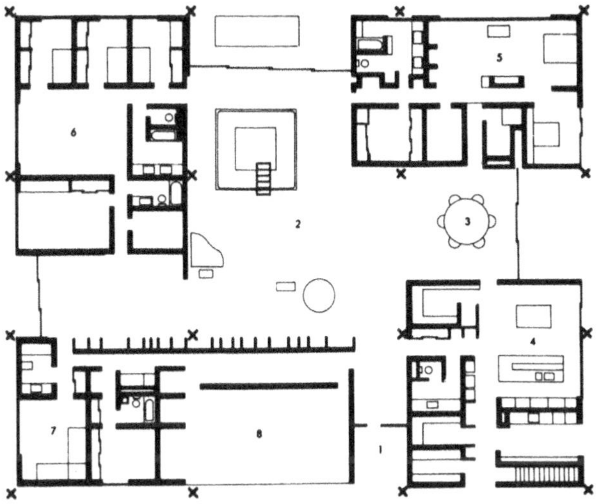

Miller-Haus, Columbus/Indiana (USA)
Arch. Eero Saarinen
Beispiel für Atrium-Haus
Der Wohnraum entsteht als Negativraum durch zusammenstellen der Baukörper als Einzelbereiche
aus: Global Interior 1, Tokio 1971

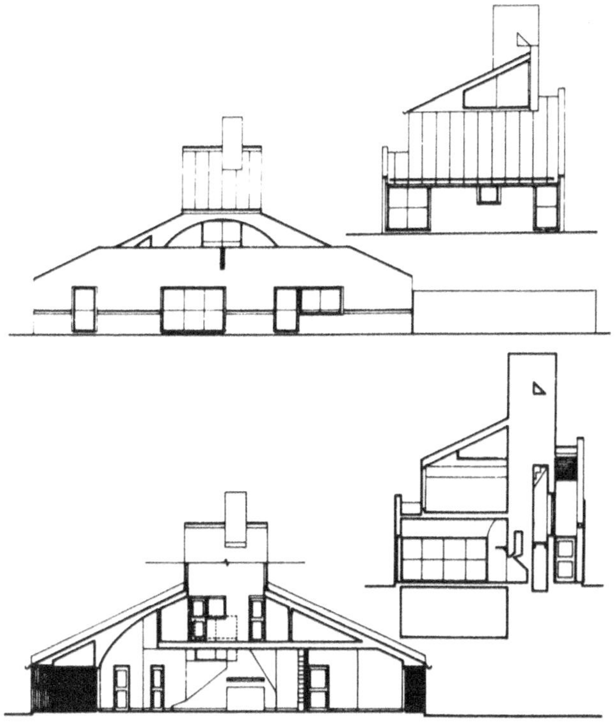

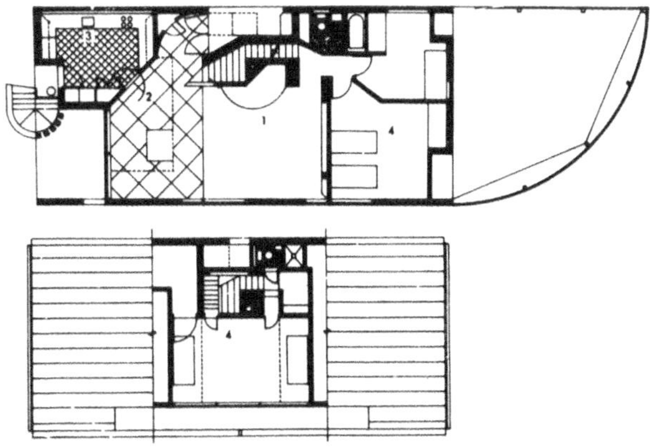

Haus Venturi, Chestnut Hill/Pennsylvania (USA)
Arch. Robert Venturi, 1962
Beispiel für Situationshaus
aus: Global Interior 1, Tokio 1971

Das typisierte Einfamilienhaus:

Fertig- und Montagehäuser

Um den Wunsch nach dem Wohnen im freistehenden Einfamilienhaus auf breitester Basis nachkommen zu können, hat sich die Industrie der seriellen Produktion von Wohnhäusern angenommen. Dennoch gibt es komplett vorfabrizierte Häuser heute noch nicht (wenn man nicht Wohnwagen einbeziehen will). Vielmehr nennt man Fertighaus heute auch das aus vorgefertigten Teilen montierte Haus, bei dem der Keller bzw. die Fundamente konventionell ergänzt werden müssen. Für die Produktion eines Fertighauses gelten drei Kriterien:

1. Herstellung in der Fabrik: Sie impliziert leichte Arbeit durch angelernte Hilfskräfte in der wetterunabhängigen Halle. Statt Handarbeit kann mechanische Energie eingesetzt werden. Die Bauzeit, und damit der Preis sind genauestens kalkulierbar.
2. Transport: Die Autobahnpolizei beschränkt die Breite der Transportgüter auf 3 m. Auch die maximale Länge ist festgelegt. Damit ist die Dimensionierung praktisch vorgeschrieben. Außerdem müssen die Teile transportsicher, d.h. gegen Bruchgefahr kompakt geformt sein.
3. Montage: Drei bis zehn angelernte Arbeiter müssen ein Haus in 3–5 Tagen unter Leitung eines Monteurs und Zuhilfenahme eines Hebezeuges aufstellen können. Daraus folgt eine möglichst einfache, dennoch zuverlässige Verbindung der Teile. Zusammenstecken, -klemmen, -schrauben sind einfache Verbindungen, die auch der Angelernte ausführen kann.

Die *Entwicklung* des Fertighauses ist in Europa ohne seinen Vorläufer, die Baracke, nicht denkbar. Baracken – behelfsmäßige ein- bis zweistöckige Unterkünfte für Truppen, Arbeiter, Kranke, Gefangene – wurden aus geschoßhohen Wandtafeln als Montagebauten errichtet. Sie sind zerlegbar und wiederverwendbar. Diese – positiven – Eigenschaften verbinden sich in der öffentlichen Meinung mit ihrem manchmal negativen Verwendungszweck: die Konzentrationslager bestanden aus Baracken, auch Kriegsgefangene wurden in aller Regel in Baracken untergebracht. So ist es kein Wunder, daß der Fertighausproduzent, der gern die Herstellungsmethode der Baracke übernimmt, alles tut, um das Image seines Produktes völlig anders zu gestalten und ihm den Charakter der Dauerhaftigkeit zu verleihen.

Die Entwicklung in den USA ist ungleich älter und anders verlaufen. Eine weniger voreingenommene Betrachtung der Aufgabe hat u.a. dazu geführt, daß bedeutende Architekten Impulse geben konnten. Vor allem Konrad Wachsmann kommt das Verdienst zu, für Holz- und Beton-Fertighäuser modulare Koordinationssysteme entwickelt zu haben.

Ein interessanter Beitrag stammt von Richard Buckminster Fuller[53] (geb. 1895), dem amerikanischen Ingenieur und Poesie-Professor der Harvard-Universität. Fuller, der im Auftrag der US-Navy Leichtkonstruktionen entwickelt hatte, erfand 1927 das Dymaxion-Haus. Dymaxion ist ein Kunstwort, das Fuller aus Dynamik und Maximalleistung kombinierte. Das Haus wird von einem Mast getragen, an den die Decken nach Art eines Doppeldeckers aufgehängt sind. Den sechseckigen Ring halten zentrische, am Mast befestigte Speichen. Von Ring zu Ring sind die Außenwände gespannt. Sie bestehen aus doppelter Plastikfolie unterschiedlicher Transparenz. Der Mast ist nicht nur tragendes Bauteil, sondern auch Träger von Energie und Kondition (Heizung, Lüftung, Radio). Das Haus ist vollmechanisiert: Es verfügt über eine automatische, fotoelektrische Steuerung des Lichts, über automatisch schließende Türen, Geschirrspülmaschine (1927!) u.a. Hier ist das Fertighaus zur „Wohnmaschine" geworden – viel eher als Le Corbusiers frühe Häuser, die wohl mit „Maschine" nur unzutreffend bezeichnet werden können, denn Maschinen erzeugen mit technischen Mitteln bei geringstem Aufwand größten Nutzen.

Fullers Haus ist ein freistehendes Gebilde. Es kommt den drei genannten Kriterien nach: Es ist total in der Fabrik zu fertigen, vollkommen zerlegbar und insofern transportierbar. Es wiegt 2,75 Tonnen (Ein gemauertes Haus des gleichen Volumens wiegt etwa 250 mal mehr!). Und es ist – unter Leitung eines hochqualifizierten Ingenieurs – montierbar. Der Preis beträgt 4 $/kg (Vergleichspreis: Volkswagen Käfer 30 $/kg). Dieses extreme Haus wurde nicht gebaut. Es blieb eine Anregung, die sich in veränderter Form niedergeschlagen hat. Manche vielflächigen Produkte des amerikanischen Marktes zeugen davon.

In Europa gibt es Fertighäuser erst seit 1960, in Zeiten akuten Personalmangels der überbeschäftigten Baubranche. Heutige Fertighaus-Produzenten sind entweder aus alten Bau- (Zimmermanns-) Firmen hervorgegangen oder rationalisierte Industrieunternehmen. 400 Unternehmer stellen in der BRD Fertighäuser her, davon sind ca. 25 % handwerkliche und 75 % rationalisierte Betriebe.

Fertighäuser geraten in rezessiven Jahren ins Feuer der Kritik: Die Gewerkschaften (in USA und BRD) möchten arbeitsintensive Herstellungsprozesse erhalten, um Arbeitslosigkeit zu verhüten. Die Architekten sehen einen großen Marktanteil eines verhältnismäßig krisensicheren Tätigkeitsfeldes an eine mächtige und werbeaktive Konkurrenz übergehen. Die Planer prognostizieren eine unkontrollierte Zersiedelung der Landschaft und verweisen auf amerikanische Vorbilder.

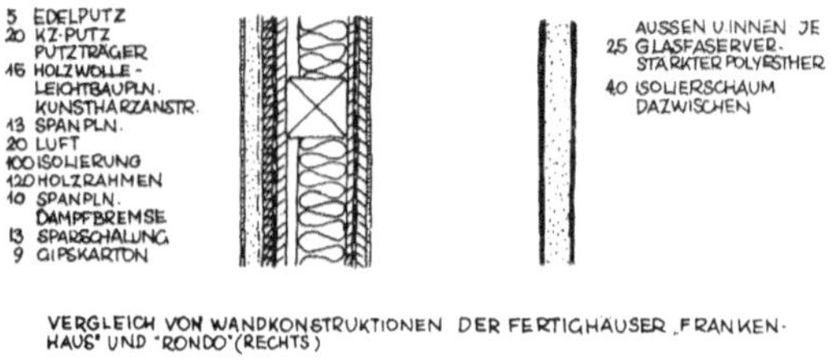

VERGLEICH VON WANDKONSTRUKTIONEN DER FERTIGHÄUSER „FRANKENHAUS" UND „RONDO" (RECHTS)

Den weitaus größten Produktionsanteil[54] nimmt die Holzkonstruktion ein (Weltanteil 1970 34 %). Bevorzugt wird eine Holzrahmen-Bauweise, die wegen der

Baracken-Phobie nicht mit Schalungsbrettern verkleidet wird, sondern mit Asbestzement-Platten, Aluminium- und emalliertem Eisenblech, keramischen Platten, wetterfestem Sperrholz, Spachtelputz u.a. Manche Firmen bieten auch eine halbsteinstarke Verblendung mit Klinkersteinen an. Auch Stahlhäuser haben (mit 30 %) einen relativ großen Weltmarkt-Anteil, während Betonhäuser (ca. 25 %) überwiegend in der UdSSR in Raumzellen- und Plattenbauweise hergestellt werden. Die bauaufsichtlich geforderte und technisch bedingte Mindeststärke der Außenwände von 15–20 cm erschwert allerdings eine schnellere Verbreitung dieses Materialtyps. Schließlich gibt es einen kleinen (11 %), aber wachsenden Anteil von Kunststoffhäusern. Einzelne Bauelemente aus Kunststoff setzen sich eher durch als Häuser. Die hohen Kosten des Materials, die sehr dünnen Wandstärken, die konstruktiven Schwierigkeiten (Wandsteifigkeit), schließlich die fehlende Brandsicherheit sprechen gegen Kunststoffhäuser. Auch das alte Kunststoffproblem der Diffusions-Fähigkeit der Wände gehört hierher. Die wegen des geringen Gewichtes niedrigen Transportkosten bilden dagegen unschlagbare Vorzüge.

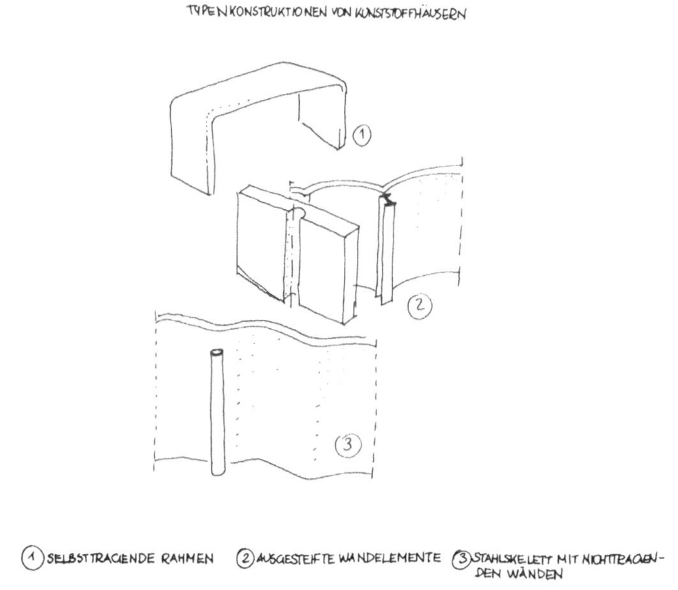

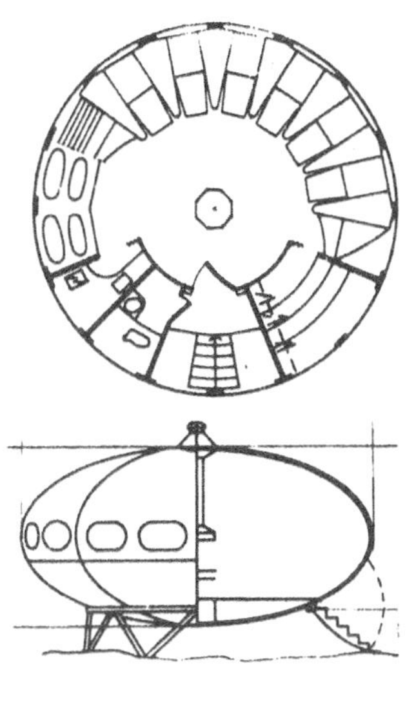

Futuro-Haus
Arch. Matti Suuronen
Grundriß, Ansicht, Schnitt eines Kunststoffhauses
aus: Domus 473, 4/1969

Wohnwagen

Sogenannte Mobile Homes sind in den letzten Jahren zu einer Wohnform geworden, die man in Amerika immer mehr an den Highways in Stadtnähe oder bei Industriewerken findet. In Europa bleiben derartige Erscheinungen vorläufig auf Campingplätze beschränkt, die allerdings immer mehr stationären Charakter bekommen. Die „Siedlungsform" ist der Wohnwagen – entweder die fest mit dem Autochassis verbundene Wohnzelle oder die abkoppelbare Wohneinheit auf eigenen Rädern. Alle Einheiten haben im Hauptraum – erstere auch über der Fahrerkabine – eingebaute oder klappbare Betten sowie Tische, Bänke, Schränke, dazu eine kleine, eingebaute Küche mit Herd, Spüle und Wrasenfang, außerdem ein Duschbad mit WC. Abwasser wird in einem chemisch paralysierenden Behälter gesammelt, Gas in Flaschen und Wasser in Tanks mittransportiert, Strom wird durch Lichtmaschine und Batterie bereitet. So sind die Wohnwagen unabhängig und bilden ein bevorzugtes Wohn- und Beförderungsmittel für die mobile Gesellschaft. In amerikanischen Trailer-Compounds ist die volltechnisierte Ver- und Entsorgung jedes Stellplatzes vorgesehen. Hier entsteht eine Zwischenform der halbmobilen Gesellschaft. Man findet solche Camps z.B. neben Kasernen; hier wohnen die Angehörigen der Soldaten. Bei Versetzung des Familienvaters zieht die Familie im eigenen Heim mit. Paul Rudolph setzte dieses Phänomen in eine Siedlung aus vorgefertigten Raumzellen um.

Oriental Masonic Gardens, New Haven/USA.
Arch. Paul Rudolph, 1970/71
Axonometrie
aus: *Kirschenmann und Muschalek, Quartiere zum Wohnen, Stuttgart 1977, S. 146*

2. Multiple Anwendung von Wohnungstypen im Flachbau

Verdichtung ist kein ausschließlich numerisches Problem, sie ist ein existentielles Anliegen. Das natürliche Distanzbedürfnis darf nicht so interpretiert werden, daß die Verbesserung der Lebensbedingungen von der Vergrößerung der Distanz abhängig ist. Vielmehr ist für verschiedene Situationen die optimale Distanz zu suchen. Zieht man die Kernspaltung zum Vergleich heran, so muß eine bestimmte Menge von Teilchen da sein, um die „kritische Masse" zu evozieren. So muß auch eine bestimmte Menge Menschen zusammen sein, um die Aufgaben der Gesellschaft teilen und damit optimal erfüllen zu können. Die Bewältigung der Aufgabe Kultur bedarf der kritischen Masse. Starke Verdichtung ist aber nur in bevölkerungsstarken Städten anwendbar. Sie ist in Dörfern, in denen

das Leben weniger arbeitsteilig verläuft, nicht sinnvoll. Stadtränder benötigen schwache Verdichtungsgrade, um ein Zerfließen der Stadt zu vermeiden. Verdichtung kann leicht von Spekulanten mißbraucht werden. Sie müßte zum besonderen Anliegen der Verhaltensforscher und Humanökologen werden, mit deren wissenschaftlich erarbeiteten Distanzwerten dem Planer ein wichtiges Hilfsmittel in die Hand gegeben wäre. Bis dahin müssen empirische Erkenntnisse Verdichtungsgrade bestimmen.
Als Mittel zur Berechnung baulicher Verdichtung dient die Geschoßflächenzahl (GFZ). Sie errechnet sich aus dem Verhältnis von Bruttogeschoßfläche zur Grundstücksfläche. Ein weiteres Berechnungsmittel ist die Einwohneranzahl je Hektar. Die Siedlung Mauerberg in Wien hat beispielsweise eine GFZ = 0,3, das entspricht etwa 120 Einwohnern pro Hektar.[55]

Schwache Verdichtung: Hausgruppen

Um die bekannten Nachteile der Landschaftszersiedelung durch Einfamilienhäuser aufzuhalten, ihre Vorteile — Gartenarbeit, Klima- und Milieuwechsel — zu erhalten, sind Hausgruppen ein Beitrag. Wir wollen diesen Begriff hier mit maximal 20—50 Häusern eingrenzen. Die Geschoßflächenzahl liegt durchwegs bei 0,2 = ca. 50 Einwohner pro Hektar. Diese Größenordnung bedeutet Bildung einer Nachbarschaft, unter Umständen eine bautechnische Einheit, aber auch schon eine kleine städtebauliche Zelle. *Jede Form der Verdichtung bedarf heute der Typisierung — das ist unsere wirtschaftliche, aber auch unsere ästhetische Erkenntnis. Jede Typisierung aber bedarf der Individuierung — das ist eine menschliche, eine soziale Erkenntnis.*
Für die Lage einer Hausgruppe kommt vor allem der Stadtrand in Frage. Hier ist der Grundstückspreis erschwinglich, der Einsatz ländlicher Unternehmer möglich. Hier hat man die Vorteile des Landlebens und den Nachteil langer Wege ins Stadtzentrum. Die Wege zur Arbeit, zum Einkaufen, zur Schule erfordern 1—2 Autos und entsprechende Straßen.
Der Bau einer Hausgruppe[56] wird möglich beim Vorhandensein eines parzellierbaren Grundstückes. Der Architekt hat damit eine der schwierigsten Aufgaben. Im Gegensatz zum Bauen für anonyme Bewohner muß er sich hier mit jedem Teilnehmer auseinandersetzen. Er entwickelt einen Typengrundriß, der die Struktur von Haus und Gruppe bestimmt, aber den individuellen Wünschen angepaßt werden kann. In dieser „kleinen" Aufgabe werden die Grenzen der Freiheit und der Mitbestimmung erkennbar.
Versuche, keinen Haustyp, sondern nur eine Primärstruktur vorzugeben, erwiesen sich als sehr kostspielig, die Trennung von primären und sekundären Bauteilen ist naturgemäß teurer als deren Zusammenfassung. Außerdem wird die Primärstruktur wegen des nicht vorherzusehenden Ausbaugrades gern überdimensioniert und verursacht so vermeidbaren Aufwand.

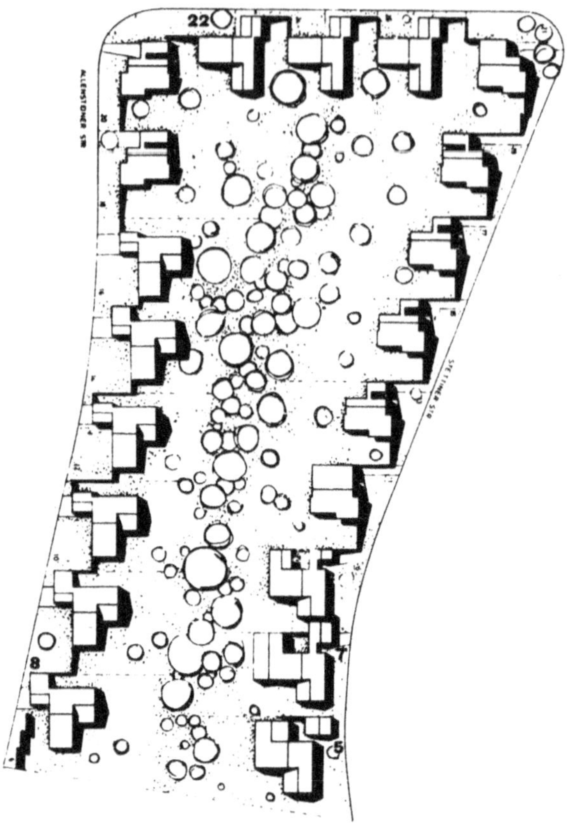

Wohngruppe Karlsruhe-Waldstadt
Arch. Alfred Fischer, Maria-Verena Gieselmann, Reinhard Gieselmann 1958—61
Zwei variierte Haustypen mit 90 qm und 120 qm Wohnfläche
aus: Bauwelt, Mai 1961

Über seine Funktion als bautechnischer Berater hinaus wird der Architekt auch zum Sozialberater, da er die Verhaltensweisen aller Teilnehmer studieren, umsetzen und koordinieren muß. Er wird zum Moderator hinsichtlich der Abstimmung gestaltqualitativer Ansprüche. Meistens überblickt er diese zunächst nur selbst, und erst nach Fertigstellung des Rohbaus sehen auch die Teilnehmer klar. Die Mitbestimmung erfordert erheblich mehr Planungszeit als Bauten ohne diese. Zwingend ist, daß die Planung für *alle* Teilnehmer erst abgeschlossen sein muß, bevor der Bau beginnt. Der Architekt sollte eine dead line für Sonderwünsche setzen und ab Vertragsabschluß mit den Baufirmen nur noch allein bestimmen.
Es gibt keine rechtliche Möglichkeit, das Vorhaben mehrerer Teilnehmer als einen Bau mit nur einem Baugenehmigungsverfahren auf einem Grundstück zu behandeln. (Dies wäre nur möglich durch Einschaltung eines „Bauträgers" wie einer Genossenschaft o.ä.) Das Baurecht verlangt Parzellenbildung und Einzelbearbeitung des Baugesuches. Da jeder Teilnehmer seine eigene Finanzierung durchführt, muß er auch seine eigene Baugenehmigung vorweisen können. Nur der eigene Besitz kann beliehen werden.
Die Grundstücksgrenzen müssen — zum Kummer des Architekten — markiert sein. Wieviel Versuche sind schon mißlungen, die Bewohner auf Zäune verzichten zu lassen!

Siedlung Mauerberggasse in Wien/Österreich
Arch. Roland Rainer, 1962/63
Verbauung eines Hanges mit drei Haustypen mit 80 bis 115 qm Wohnfläche
aus: Einfamilienhäuser in der Gruppe

Starke Verdichtung

Solange er nicht wenigstens annähernd die gleiche Dichte wie im Geschoßbau erreichen wird, kann der Flachbau mit verdichteten Wohnformen in Europa nicht konkurrieren. Dem Hinweis auf den größeren Wohnwert des Flachbaues wird mit dem Argument der höheren Kosten begegnet. Regional- und Stadtplaner sind derzeit vor allem auf die ökonomische Nutzung des nicht vermehrbaren Bodens fixiert. Vorstellungen wie Broadacre-City von F. L. Wright, in der die Pflege des Bodens dem privaten Hausbesitzer übertragen ist, werden mit den endlosen Ortserweiterungen in Deutschland verglichen, und wieder einmal muß man sich eingestehen, daß amerikanische Weite nicht mit mitteleuropäischer Kleinräumigkeit vergleichbar ist.

Unser verdichteter Flachbau sollte daher eine GFZ von 1,0 (= ca. 400 Einwohner pro Hektar) anstreben, um mit dem Geschoßbau konkurrieren zu können. (Mittelhoher Geschoßbau von 3–4 Geschossen hat eine GFZ von 0,8–1,3.)

Roland Rainer, der große alte Mann des Flachbaues, vergleicht den Flächenbedarf von verdichtetem Flachbau, Hochbaus, Einfamilienhäusern und Blockbebauung nach den gültigen Abstandsvorschriften[57]: Danach ist der Flächenverbrauch beim Hochhaus und verdichtetem Flachbau fast gleich, beim viergeschossigen Block etwas günstiger, bei freistehenden Einfamilienhäusern erschreckend hoch. Die Ausnutzung eines Hektars Baulandes beträgt durch

- Einfamilienhäuser ca. 50 E/ha
- Geschoßbau ca. 210 E/ha
- verdichteten Flachbau ca. 200 E/ha

Strukturbildung

In Anbetracht dessen, daß die „Zersiedelung" durch unverdichtete Einfamilienhäuser zwar die aus dem Blickwinkel des Planers irrelevanteste und umweltzerstörendste Siedlungsform darstellt, daß sie aber bei Bewohnern weit beliebter ist als jede andere, wollen wir diesen Ist-Zustand kurz betrachten. Alle Ortsränder in Mitteleuropa haben gleiche oder ähnliche Erscheinungsformen, zu der die Auffassung von Straße, Parzellenform und Haus beitragen.

1. *Die Straße* wird als mechanistische Ordinate aufgefaßt. Sie ist nicht mehr Bedeutungsträger der räumlich manifestierten Nachbarschaft, sondern Verkehrs- und Leitungsträger. Ihr Duktus ist die einfache Gerade als die kürzeste und wirtschaftlichste Verbindung zwischen zwei Punkten. Ihre Größenordnung ist zweidimensional. Sie wird nicht abhängig gemacht von dem, was ihre dritte Dimension bildet (Haus- und andere Wände), sondern von der Verkehrsdichte. Angebaut wird in Form endloser Aufreihung.
2. *Die Parzelle.* Sie ist vielfach 16 X 25 = 400 qm groß. Die Abstände von Haus zu Grenze betragen üblicherweise 3,00 m. Die Bepflanzung ist – durch das Nachbarrecht – ebenfalls Abstandsregeln unterworfen. Die Vorgartentiefe ist vielfach mit 5 m festgelegt – eine im Hinblick auf die von Autos befahrene Straße kaum nutzbare Fläche.[58]

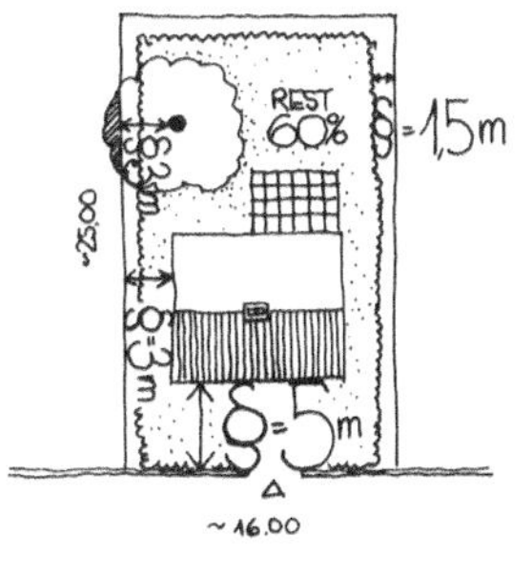

ÜBLICHE PARZELLENFORM IN EINFAMILIENHAUSSIEDLUNGEN MITTELEUROPAS

3. *Die Hausform* ist ein dreidimensionales Ergebnis der Einpassung in Baufluchten und Grenzabstands-Regeln. Wenn dazu die Bauvorschrift Dachform und

Höhe festlegt, ist das Ergebnis ein Haustyp, der nur noch in Details der Identifikation der Bewohner dienen kann. Die Beliebtheit dieser Wohnform resultiert vor allem aus dem billigen Preis, der Planung und Bau durch die endlose Wiederholung des bewährten Typs zugrundeliegt. Da nimmt der Bewohner hin, daß ihm der Bebauungsplan mindestens fünf visuell und akustisch spürbare Nachbarn beschert, daß die Grundstücke durch die Orientierung auf die (zahlreichen und teuren) Straßen unterschiedliche Besonnung erhalten und daher unterschiedlich zu bewerten sind.

Die am meisten gebaute Wohnform des Flachbaues ist nicht die optimale! Sie signalisiert Gleichförmigkeit, und lange Wege.

Das klassische Beispiel dieses Einfamilienhausbaues ist Levittown, eine Stadterweiterung von New York mit 16.000 Einzelhäusern. Levittown,[59] benannt nach ihrem Gründer, dem Developer Levit, wurde 1958 fertiggestellt, eine Siedlung, die sich durch Merkmallosigkeit und Unübersehbarkeit auszeichnet. Es fehlt ein Ordnungssystem, das mehr ist, als das meist rechtwinklige, gleichförmige Straßennetz. Es fehlt die Strukturierung. Hier drängt sich eine erweiterte Definition für eine Verdichtung im Flachbau auf: Verdichtung bedeutet nicht nur vielfache Anwendung von Haustypen, sondern auch eine damit erzeugte Strukturbildung.

Von alten Strukturen in burgenländischen und niederösterreichischen Dörfern können wir lernen, wie Hausformen ohne Abstände wirken, wie groß die dazwischen liegenden Höfe sein müssen und wie die Stellung der Gruppen und Reihen zur Straße aussehen kann. Strukturbildung beginnt mit dem Weglassen der seitlichen Abstände – oder wenigstens eines seitlichen Abstandes. Gleiche, spiegelverkehrte und variierte Typen können multipel angewendet und aneinandergefügt werden. Alle Häuser sollten den gleichen Anteil Sonne und Ausblick haben.

Die Ausdehnung der Siedlung kann linear vollzogen, sie kann flächig, also in mehreren Richtungen entwickelt und – dreidimensional – zur räumlichen Struktur aufgeständert werden.[60] Danach unterscheiden wir die lineare Reihung (Reihenhäuser, Kettenhäuser, Zeilen), die flächige Struktur (Teppichsiedlung) und die räumliche Struktur (aufgeständerte Teppichsiedlung, Terrassen- und Hügelhaus). Strukturmedium ist bei der linearen Reihung *die Straße.* Sie ist eine Art Katalysator, d.h. sie erleidet selbst keine Veränderung und stimuliert Anbau- und Abbauprozesse. Wert und Unwert der linearen Reihung liegen in ihrer Abmessung und Proportion. Das Denken in ökonomischen Kategorien verleitet gerade hier oft zur Übertretung der ungeschriebenen Regeln der Überschaubarkeit.

Bei der flächigen Struktur ist der *Haustyp* Ausgangspunkt der Strukturbildung. Der Haustyp ist das Hofhaus, die Wohnform der absoluten Introversion, die wie keine andere Privatheit sichert, und deren Nachteil gerade in diesem Abschluß nach Außen liegt, indem sie nachbarschaftliche Implikationen erschwert. Auch bei dieser Art der flächigen Verdichtung spielt die Größenordnung eine wichtige Rolle. Das beweisen Flachbaustädte wie Isfahan (Iran) die an Unübersichtlichkeit kaum überboten werden können.

Die räumliche Struktur ist ein Produkt aus der Ambition nach hoher Verdichtung, Verlegung des Verkehrs in eine andere Ebene, und Privatheit. Strukturträger ist die Gesamtform des Wohnhügels, möglicherweise aber auch Folgeeinrichtungen, um die die Wohnungstypen herumgeordnet sind. Wenn auch hier (und in den folgenden Kapiteln) versucht wird, durch Typologie Ordnung in unser Vorstellungsvermögen zu bringen, so kann nicht genug vor der Festlegung solcher Kategorien gewarnt werden. Die besten Wohntypen sind die Übergangstypen!

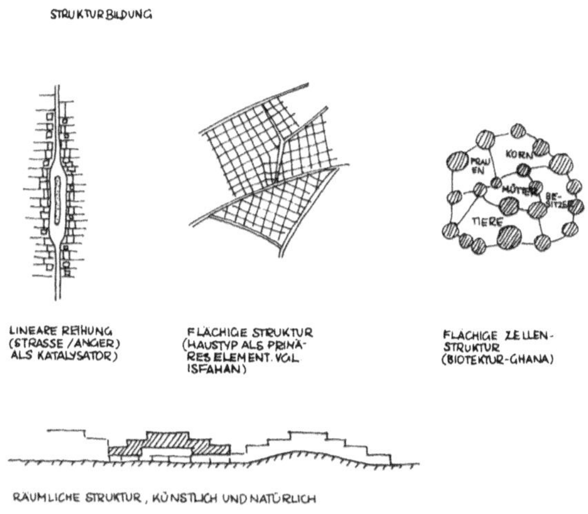

Flächige Struktur (Hofhäuser)

Die älteste und am meisten verbreitete Siedlungsform des Flachbaues ist das Hofhaus. Im Mittelmeerraum ist seine Existenz seit 5000 Jahren nachgewiesen. Die Bezeichnungen Patio-, Atrium- und (Garten-)Hofhaus verweisen auf spanische, lateinische und deutsche Ursprünge. Die Hofhäuser unserer Zeit bedeuten keine Übernahme alter Wohntraditionen. Sie entstehen auch heute noch aus dem gleichen Bedürfnis, sich gegen die (feindliche) Umwelt abzuschließen und Privatheit auf kleinstem Raum zu sichern. Als Kriterien nennt H. P. Peters:

- Der Hof ist die Mitte – er ist sommerlicher Aufenthaltsraum, Gartenersatz, Lichtquelle für die auf ihn gerichteten Haupträume des Hauses. Er schützt vor Immissionen, Lärm, Staub und – je nach Proportion – auch vor Hitze.
- Mit dem Hofhaus wird die ganze Breite des Grundstückes – vielfach auch die Tiefe – verbaut.
- Der Hofhaustyp muß an drei Seiten anbaubar sein.
- Mit Hofhaussiedlungen wird eine Verdichtung von 0,4–0,5 GFZ erreicht. Hofhaussiedlungen sind daher zwar kein ländlicher, aber auch kein innerstädtischer Siedlungstyp (in Europa).[61]

Alte Beispiele führen uns die Vielfältigkeit des Typs, seine Verbreitung in den verschiedensten Regionen, aber

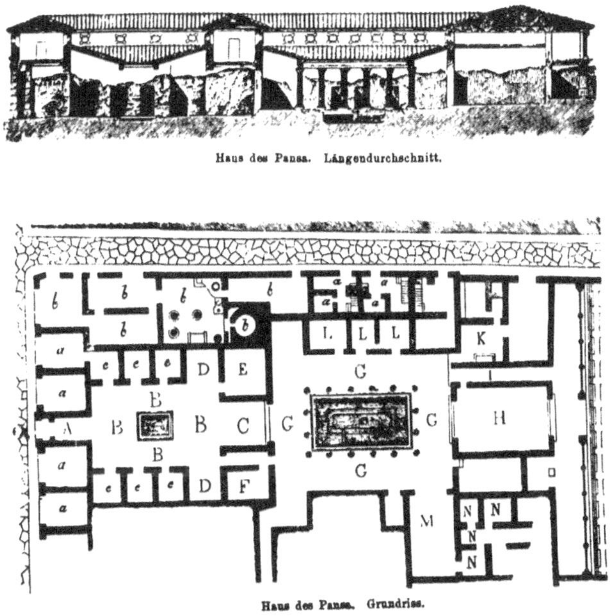

Römisches Atriumhaus
aus: Wilhelm Lübke, Geschichte der Architektur, Leipzig 1875

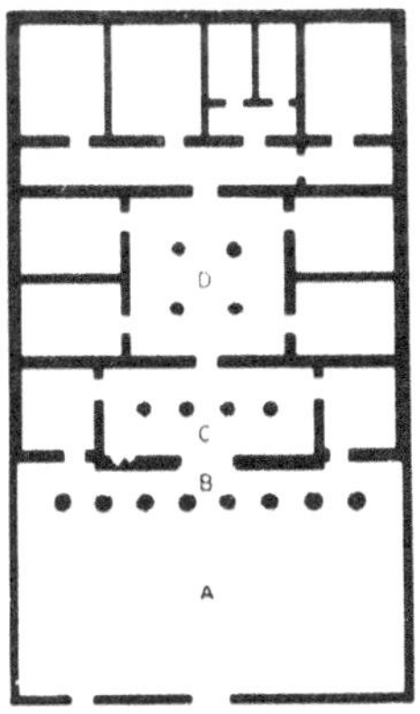

Ägyptisches Wohnhaus, Grundriß
aus: Hans Koepf, Baukunst in 5 Jahrtausenden, Stuttgart 1954

auch die mit unseren Hofhäusern vergleichbaren Größenordnungen vor Augen. Auch in anderen Erdteilen wurden historische Hofhäuser gefunden. 1932 wurden Reste von Atriumhäusern nordöstlich Mexiko-City von Linné ausgegraben. Es handelt sich um ca. 500 v. Chr. erbaute eingeschossige Häuser mit unregelmäßigem Grundriß in verschiedenen Größen.
Wahrscheinlich durch indische Wohnformen beeinflußt, hat sich das Hofhaus zur typisch chinesischen Wohnform entwickelt; Peking ist eine riesige Hofhaus-Stadt. Das Koordinaten-System der nordsüdlich und ostwestlich gerichteten Hauptstraßen ordnet die insgesamt rechtwinklige Anlage. Die Häuser sind eine Entsprechung der Stadtplanung. Man unterscheidet den Pavillon- und den Hoftyp. Direkte, axiale Eingänge wurden vermieden, um das Eindringen von bösen Geistern abzuwehren. Die reine Form der Haustypen ist oft durch Verkleinerung oder Erweiterung des Besitzes verändert. Die Zusammenlegung von mehreren Eigentümern ergibt schließlich ein unübersichtliches Gemenge von Höfen. Ein Besitz kann auf diese Weise zu einer kleinen Stadt in der Stadt werden.

Hofgrößen

Ein Student hatte mir in den Übungen einen Entwurf einer Hofhausanlage vorgelegt. Die Wohnräume waren auf 3 m tiefe Höfe orientiert. Ich habe ihm erklärt, daß diese Tiefe bei einer Höhe der Umfassungswände von 3 m zu gering sei und daß man klaustrophobische Reaktionen der Bewohner befürchten müßte. Er wollte mir das nicht glauben und verlangte Beweise durch Verhaltensforscher. Ich konnte ihm keine Beweise liefern und fände es auch zu kompliziert, bei der Dimensionierung und Proportionierung von Räumen jeweils eine wissenschaftliche Begründung zur Hand zu haben. Das Wissen des raumbildenden Architekten ist empirischen Ursprungs. Eine Hilfe bedeuten ihm Modelle oder andere Arten der Erfahrung.[62]
Dabei muß sich seine subjektive Raumvorstellung an gebauten Räumen erhärten, so daß er — in der Erkenntnis menschlicher Gewohnheiten — schließlich zu objektiv als brauchbar, bewohnbar und geborgen empfundenen Raumschöpfungen gelangt.
Die Proportion eines Hofes kann unter verschiedenen Bedingungen verschieden als richtig empfunden werden.

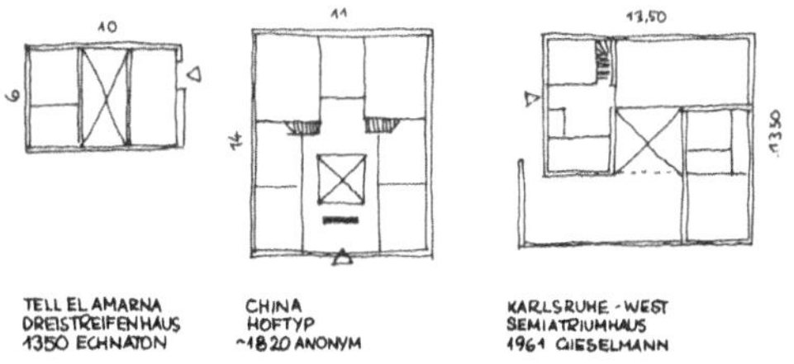

GRÖSSENVERGLEICH VERSCHIEDENER HOFHAUSTYPEN

Der Hof des Beispieles aus Ur maß 3 X 3 m lichter Dachausschnitt — er erweiterte sich durch den umlaufenden gedeckten Gang auf 6 X 6 m. Der Hof des Haustyps aus der Karlsruher Teppichsiedlung ist 4,5 X 4,5 m groß — er erstreckt sich um weitere 3,5 m in der Blickachse aus dem Wohnraum. Die so entstandene Distanz von 8,0 m scheint bei den 3,2 m hohen umgebenden Wänden gerade noch vertretbar. Ein allseits eingeschossig umschlossener Hof müßte danach mindestens 25 qm groß sein und mindestens 5 m Tiefe haben.

Hofhaus-Typen

TYPOLOGISCHE SYMBOLE ZUR FLÄCHIGEN VERDICHTUNG

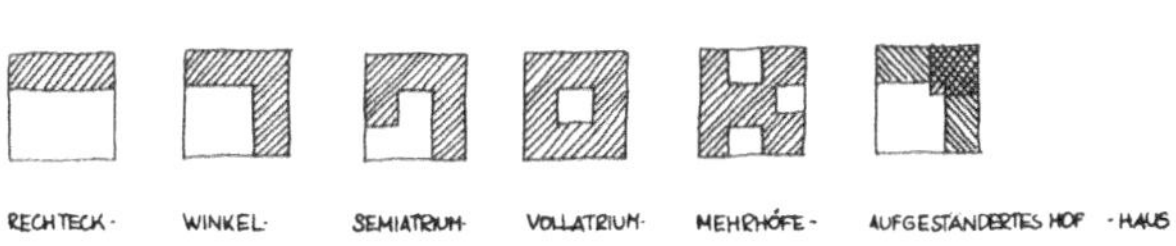

Das Rechteckhaus ist kaum als Hofhaus einzuordnen — der ummauerte oder von Nachbarhäusern gebildete Hof bildet die notwendige Ergänzung. Hierzu gibt es nur wenige Beispiele. Mehrere Rechteckhäuser bilden den chinesischen Pavillontyp.

Das Winkelhaus ist die heute meistverwendete Form des Hofhauses. Hier wird der Hof von zwei Hausflügeln und den eigenen oder Nachbarhausmauern umschlossen.
Das Semiatriumhaus hat drei Flügel. Es ist ein reizvoller Typ, der wegen der großen Außenwandflächen nicht billig ist.
Das Vollatriumhaus entspricht in reiner Weise dem antiken Vorbild. Es ist der teuerste Typ, weil er große Aussenwandflächen hat und der Grundriß nicht ohne lange Erschließungswege auskommt. Die Außenecken des Grundrisses sind ebenfalls nur schwer zu funktionalisieren.
Das Mehrhöfehaus hat seine antiken Vorläufer. Es ist sehr reizvoll, sehr unpraktisch und sehr teuer. Die Bewirtschaftung der Höfe ist nur durch anschließende Räume möglich.
Das aufgeständerte Hofhaus ist nicht zu trennen von den funktionalistischen Überlegungen über die Verlegung des Wohnens in die zweite Ebene, um die erste Ebene dem Verkehr und der Kommunikation frei zu halten.

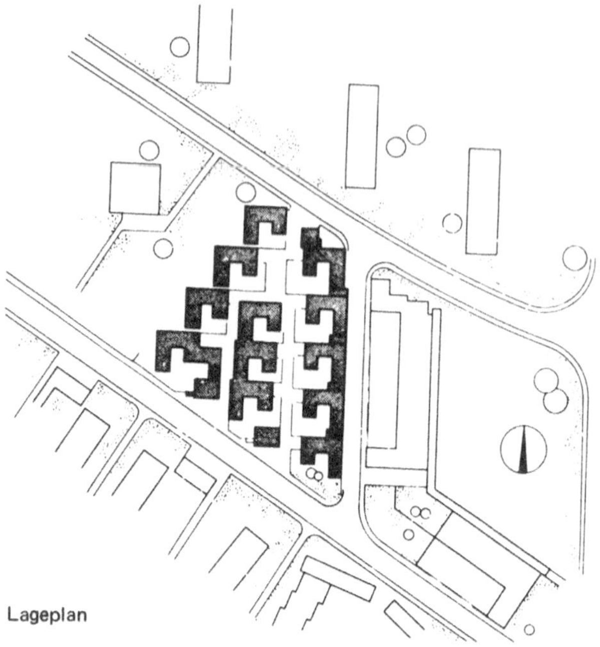
Lageplan

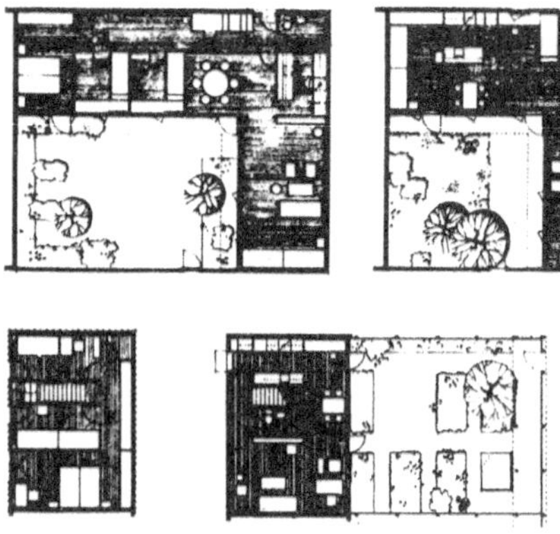

Siedlung Albertslund, Kopenhagen
Arch. Møller-Jensen & Arnfred, 1963/68
Lageplan und Grundriß
aus: Kirschenmann und Muschalek, Quartiere zum Wohnen, Stuttgart 1977, S. 120

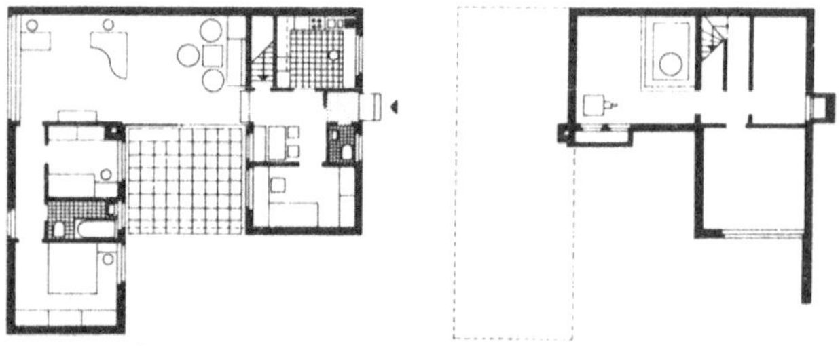
Erdgeschoß — Untergeschoß

Teppichsiedlung Karlsruhe
Arch. Reinhard Gieselmann, 1961
Lageplan und Grundriß
aus: Nagel und Linke, Verdichtete Wohnformen, Gütersloh 1968

Zur Strukturierung größerer Hofhaussiedlungen bedarf es gemeinsamer Freiflächen. Der eigene Kleinhof sollte vom gemeinsamen Freiraum – Platz oder Straße – ergänzt werden. Abzulehnen sind die Hofhauskonglomerate, bei denen eine Ringstraße den zusammengeschobenen Haushaufen umrundet – die Verdichtung steigt zwar erfreulich an, aber die Straße wird lang und teuer, und ein kommunikationsfördernder Freiraum fehlt. Die Erschließung sollte daher vom gemeinsamen Freiraum aus erfolgen, Autos sollten tangential herangeführt werden – unterirdisches Parken bringt viele Vorteile, ist aber unwirtschaftlich. Die Aufständerung der Hofhaussiedlung ist auch aus diesen Gründen eine erwägenswerte Lösung; sie wird dann fraglich, wenn die durch Häuser überdeckte Fläche zu groß wird. So wird eine Kombination von ebenerdigen und aufgeständerten Hofhäusern vorzuziehen sein, weil man damit die angeschnittenen Probleme lösen, aber auch zur vertikalen Strukturierung beitragen kann.

Lineare Reihung (Reihenhäuser)

Bei Reihenhäusern handelt es sich um eine lineare Addition von ein- bis dreigeschossigen Wohneinheiten. Dieses System ist die bei weitem wirtschaftlichste Art des Flachbaues. Der – meistens – rechteckige Grundriß hat mit dem Nachbarn seine zwei längsten Wände gemeinsam, seine beiden Querwände sind möglichst kurz, so daß die Hausbreite bei 4–5 m von sparsamen Decken überspannt werden kann. Das Haus ist wirtschaftlich zu bewohnen (= beheizen). Die Reihung verheißt zudem rationellen Einsatz von Baumaschinen. Der Grundstücksbedarf ist gering. Eine Verdichtung auf 0,9–1,0 GFZ ist möglich.
Bezeichnenderweise ist die Geschichte der linearen Reihung identisch mit der Geschichte der Arbeitersiedlung. Das Reihenhaus ist zum Synonym des Arbeiterwohnhauses geworden. Die Idee war und ist, jedem (Industrie-)Arbeiter ein eigenes Haus mit einem Garten zu ermöglichen. Dabei soll der Garten vielfach

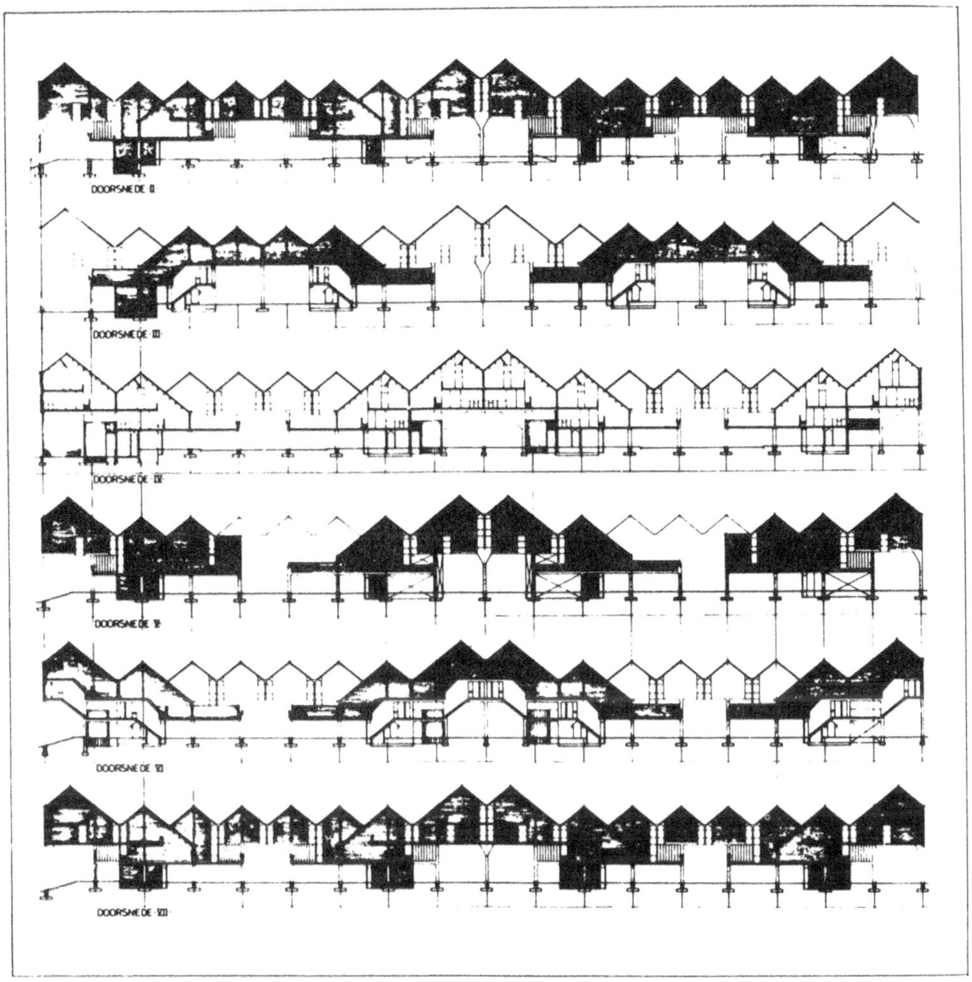

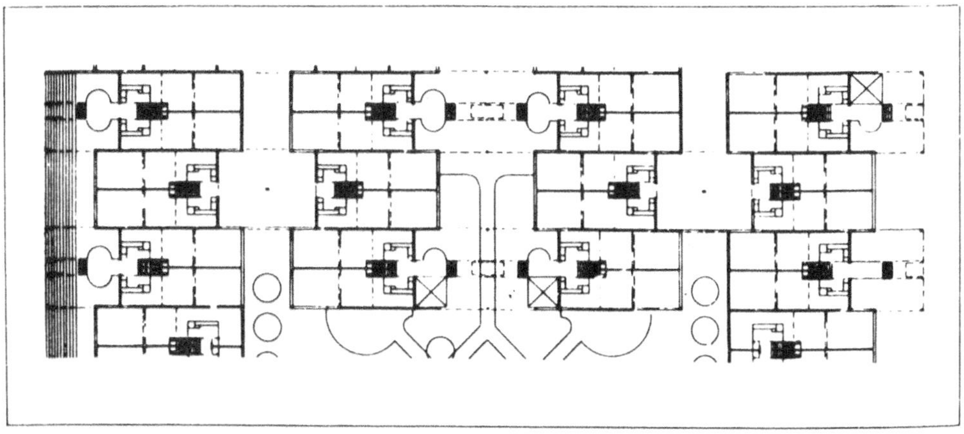

Kasbah in Hengelo/Holland
Arch. Piet Blom, 1972/73
Aufgeständerte Hofhäuser
aus: Kirschenmann und Muschalek, Quartiere zum Wohnen Stuttgart 1977, S. 144

Grundrißausschnitt 1. OG und Schnitte

eine Nebenerwerbsquelle in Krisenzeiten sein (Adolf Loos, Heubergsiedlung, Wien 1922, und viele andere).
Die Entwicklung der linearen Reihung ist daher wirtschaftskonjunkturellen Schwankungen stark unterworfen. Auffallend ist, daß in sozialistischen Ländern der Reihenhausbau zugunsten des Geschoßwohnungsbaues zurückgeht – die Versorgung des Arbeiters ist hier wohl auch ohne Gärtchen gesichert, dagegen soll die Gemeinschaftlichkeit des Freiraumes betont werden. Reihenhäuser hatten daher ihre hohe Zeit in kapitalistischen Epochen, und es liegt heute nahe, sie als Köder der Arbeitgeber für die auf diese Weise besser auszunutzende arbeitende Bevölkerung abzuwerten. – Die Entwicklung wird derzeit nur in England vorangetrieben. Hier wird ungeachtet der politischen Prämissen eine große Tradition fortgesetzt, und englischer Witz und Einfall erzeugen innovative Beiträge dieser Bauaufgabe des kleinsten Zuschnittes.

Hier soll die Entwicklung des Reihenhauses als Hauselement verschiedener Siedlungen der letzten 150 Jahre verfolgt werden. Werksiedlungen, Gartenstädte, Stadterweiterungen nach dem Ersten Weltkrieg und Werkbundsiedlungen bilden den Hintergrund für das Wohnen in linearen Verdichtungen.

Werksiedlungen

Die Fuggerei in Augsburg wird als älteste Werksiedlung der Welt bezeichnet und dient uns insofern als Vorbild für die im weiteren untersuchten Objekte. Jakob Fugger der Reiche, Bankier in Augsburg und Geldgeber von Papst und Kaiser, baute die Siedlung 1519 für seine Arbeiter. Er tat damit das, was alle (Früh-) Kapitalisten taten, die ihre Arbeiter mit Siedlungshäusern an den Ort der Arbeit banden. Die Fuggerei umfaßt 53 Häuser mit 106 Wohnungen. Ein Haus hat zwei Dreizimmerwohnungen. Noch heute beträgt die Miete wie vor 450 Jahren 1,72 DM im Jahr für 60 qm. Dazu wird vom Mieter gefordert, daß er täglich für den Stifter und seine Familie in der Fuggereikirche St. Markus betet. Freilich müssen die Bewohner Bedürftigkeit nachweisen. Heute ist eine Art Altensiedlung selbstversorgender alter Ehepaare daraus geworden.

In der ersten Hälfte des 19. Jahrhunderts waren die Voraussetzungen für Werksiedlungen gänzlich andere als im 16. Jahrhundert: Die Industrialisierung überrollte die Städte und bewirkte den Zuzug von großen Menschenmassen. Ein riesiges Wohnungspotential mußte aus dem Boden gestampft werden. Wohnungen waren zur Folgeeinrichtung der Industrie geworden. Wenn wir heute das Leben in unseren Städten problematisch finden, so ist es paradiesisch zu nennen im Vergleich mit den Zuständen in den Industriestädten um die Mitte des 19. Jahrhunderts. Sozialkritiker ganz verschiedener Provenienz beschreiben vor allem englische Städte als eng, chaotisch, schmutzig, unhygienisch, kurz: menschenunwürdig. Lassen wir zwei von ihnen zu Worte kommen, die die gleiche Stadt gesehen haben: Charles Dickens (1812–1870) beschreibt Öde, Monotonie und Lustlosigkeit eines Stadttyps, den er *Coke Town*[63] nennt, und der mit Manchester identifiziert werden kann:

„Sie enthielt mehrere große Straßen, die einander sehr ähnlich sahen, und viele kleine Gassen, die einander ebenfalls ähnlich sahen, in denen Leute wohnen, die einander ebenfalls ähnlich sahen, die alle zu den gleichen Stunden kamen und gingen, mit dem gleichen Geräusch auf den gleichen Pflastersteinen, um die gleiche Arbeit zu tun, und für die jeder Tag der gleiche war wie gestern und morgen, und jedes Jahr ein Abklatsch des vorigen und nächsten – in Coketown sah man nichts, was nicht mit Arbeit zusammenhing."

Friedrich Engels[64] hat die gleiche Stadt besucht: „Es wird am Orte sein, hier einige allgemeine Bemerkungen über die in Manchester übliche Bauart der Arbeiterviertel zu machen. Wir haben gesehen, wie in der Altstadt meist der reine Zufall über die Gruppierung

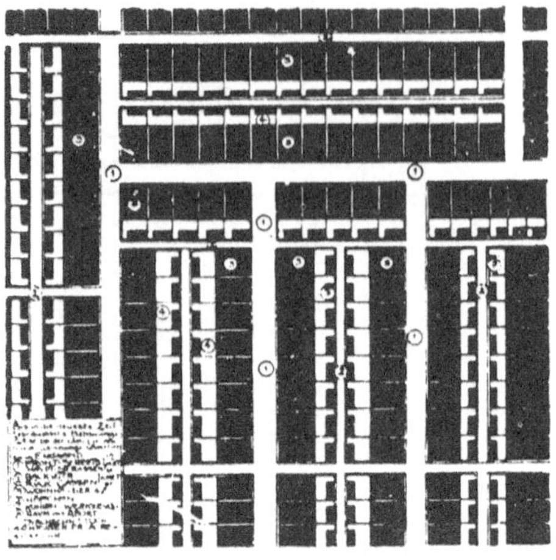

Typische Anlage eines Arbeiterviertels des 19. Jahrhunderts in England
aus: Ebenezer Howard, Gartenstätte von morgen, Berlin 1968

der Häuser verfügt. Jedes Haus ist ohne Rücksicht auf die übrigen gebaut, und die winkligen Zwischenräume der einzelnen Wohnungen werden in Ermangelung eines andren Namens Höfe (courts) genannt. In den etwas neueren Teilen desselben Viertels und in andren Arbeitervierteln, die aus den ersten Zeiten der aufblühenden Industrie herrühren, finden wir ein etwas planmäßigeres Arrangement. Der Zwischenraum zwischen zwei Straßen wird in regelmäßigere, meist viereckige Höfe geteilt, etwa so:

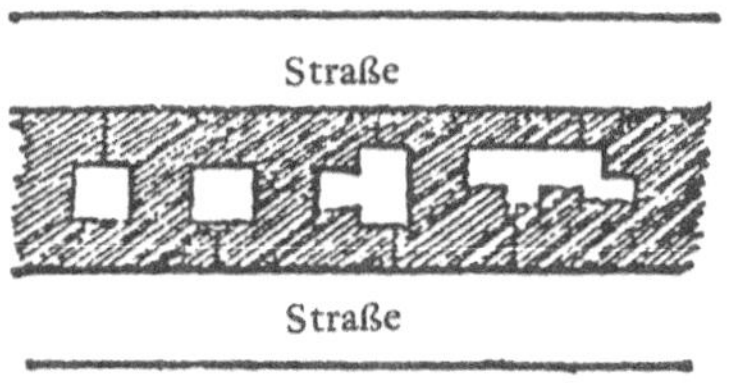

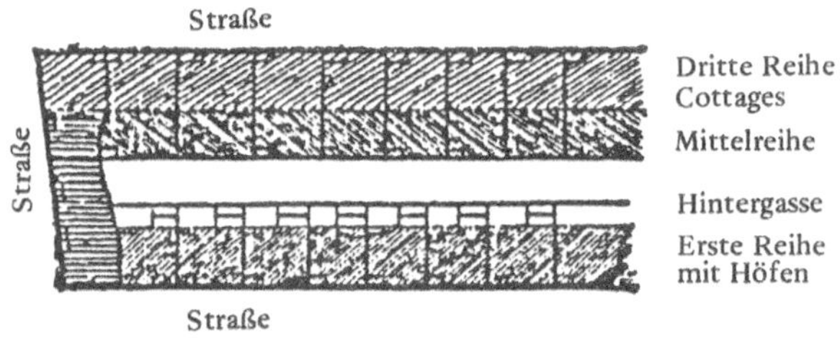

die von vornherein so angelegt wurden und zu denen verdeckte Gänge von den Straßen führen. Wenn die ganz planlose Bauart der Gesundheit der Bewohner durch Verhinderung der Ventilation schon sehr nachteilig war, so ist es diese Art, die Arbeiter in Höfe einzusperren, die nach allen Seiten von Gebäuden umschlossen sind, noch viel mehr. Die Luft kann hier platterdings nicht heraus; die Schornsteine der Häuser selbst sind, solange Feuer angehalten wird, die einzigen Abzüge für die eingesperrte Luft des Hofes. Dazu kommt noch, daß die Häuser um solche Höfe meist doppelt, je zwei mit der Rückwand zusammengebaut sind, und schon das ist hinreichend, um alle gute, durchgehende Ventilation zu verhindern. Und da die Straßenpolizei sich nicht um den Zustand dieser Höfe bekümmert, da alles ruhig liegen bleibt, was hineingeworfen wird, so darf man sich nicht über den Schmutz und die Haufen von Asche und Unrat wundern, die man hier findet. Bin ich doch in den Höfen gewesen – sie liegen an Millers Street –, die mindestens einen halben Fuß tiefer lagen als die Hauptstraße und die auch nicht den mindesten Abfluß für das bei Regenwetter sich in ihnen ansammelnde Wasser hatten!

In späterer Zeit hat man eine andre Bauart angefangen, die jetzt die allgemeine ist. Die Arbeitercottages werden jetzt nämlich fast nie einzeln, sondern immer dutzend –, ja schockweise gebaut – ein einziger Unternehmer baut gleich eine oder ein paar Straßen. Diese werden dann in folgender Weise angelegt: Die eine Front – [vgl. die Zeichnung] – bilden Cottages ersten Ranges, die so glücklich sind, eine Hintertür und einen kleinen Hof zu besitzen, und die höchste Miete bringen. Hinter den Hofmauern dieser Cottages ist eine schmale Gasse, die Hintergasse (back street), die an beiden Enden zugebaut ist und in die entweder ein schmaler Weg oder ein bedeckter Gang von der Seite her führt. Die Cottages, die auf diese Gasse führen, bezahlen am wenigsten Miete und sind überhaupt am meisten vernachlässigt. Sie haben die Rückwand gemeinsam mit der dritten Reihe Cottages, die nach der entgegengesetzten Seite hin auf die Straße gehen und weniger Miete als die erste, dagegen mehr als die zweite Reihe tragen. Die Anlage der Straßen ist also etwa so:

Durch diese Bauart wird zwar für die erste Reihe Cottages eine ziemlich gute Ventilation gewonnen und die der dritten Reihe wenigstens nicht gegen die der entsprechenden in der früheren Bauart verschlechtert; dagegen ist die Mittelreihe mindestens ebenso schlecht ventiliert wie die Häuser in den Höfen und die Hintergasse selbst stets in demselben schmutzigen und unansehnlichen Zustand wie jene. Die Unternehmer ziehen diese Bauart vor, weil sie ihnen Raum spart und Gelegenheit gibt, die besser bezahlten Arbeiter durch höhere Mieten in den Cottages der ersten und dritten Reihe desto erfolgreicher auszubeuten (...)."

Engels beschreibt damit eine spekulative Bodenausnutzung durch Wohnungseinheiten, die wir als Back-to-back-Typ eingliedern würden. Doch soll die Stadt Manchester hier nur als ein Beispiel für viele europäische Industriestädte stehen, in denen Arbeiterviertel, – oft noch vor den Toren der Städte – angelegt wurden. Heinrich Heine gibt einen ätzend-kritischen Bericht über die Wohnmisere in London. Im Jahr 1827 zählte man am Hamburger Tor in Berlin 496 Familien in 400 Stuben, von denen etwa 25% noch durch Kreidestriche unterteilt waren. 2197 Menschen lebten hier für eine Jahresmiete von 25 Reichthalern pro Stube.[65] – So könnte man viele weitere Beispiele im Europa des 19. Jahrhunderts finden.

Die Wohnmisere der Industriestädte – vor allem der englischen – forderte nicht nur Kritik sondern auch Reaktion heraus. Wenn heute die frühkapitalistischen Unternehmer häufig mit Ausbeutern der Arbeiter gleichgesetzt werden, so sollte man nicht diejenigen vergessen, denen neben der Verfolgung ihrer mit der Industrialisierung zusammenhängenden Interessen an Verdienst, Kapital, Investition und eigenem Reichtum dennoch das Wohlergehen ihrer Arbeiter ein persönliches Anliegen war. Posener[66] sieht in diesen heute als Paternalisten des Viktorianismus bekannten Unternehmern so verschiedene Einzelpersonen vereinigt wie Wohltäter, Pädagogen, Erfolgssucher und Asketen. Sie beschlossen angesichts der überfüllten Städte, mit Fabrik und Arbeitern aus der Stadt heraus aufs Land zu ziehen, um dort ein ganz neues Leben zu beginnen. Voll von den Ideen Rousseaus, beeindruckt vom einfachen Leben Robinson Crusoes, erstaunt über die Kritik an ihren Werken durch ihren revolutionären Berufskollegen Friedrich Engels, voller Furcht vor sozialistischen Umtrieben und Streiks, beseelt von Philanthropie gründeten sie neue Fabrikstädte mit besseren Wohn- und Lebensbedingungen. In der vorliegenden Veröffentlichung werden sie erwähnt, weil ihre Wohnformen einen Beitrag zur linearen Verdichtung darstellen.

Jams Silk Buckingham macht 1849 den Anfang: Er läßt das Idealprojekt Victoria entwerfen – eine Stadt für 10.000 Einwohner, die nach Klassen gegliedert werden. Der Plan erinnert an Renaissance-Gründungen. – Oberst Ackroyd verwirklichte 1861–1863 mit dem berühmten Neogotiker G. G. Scott die neue Stadt Ackroyden. Mit Absicht bevorzugt Ackroyd für seine Gründungen den gotischen Stil: Hiermit soll die arbeitende Einwohnerschaft geistig und sittlich 'gehoben' werden. Der große innere Platz ist von einer Carré-förmigen Anlage von zweigeschossigen Reihenhäusern umgeben.

Titus Salt, ein Selfmademan, der sein Vermögen der Herstellung von Alpaca-Wolle verdankte, ließ 1851 die Stadt Saltair im Stil der italienischen Renaissance erbauen. Die Fabrik plante man, in der frühen Erkenntnis schädlicher Emmissionen, im Nordosten der Stadt. Diese Siedlung besteht ebenfalls aus Reihenhäusern; ihr Lageplan weist ähnliche Strukturen wie der der Londoner Arbeiterwohnviertel auf – doch sind alle Dimensionen überschaubarer und großzügiger. Hier ist eine verdichtete Flachbausiedlung in der freien Landschaft entstanden, in die auch schon alle Folgeeinrichtungen (Spital, Kirche, Schule etc.) integriert sind. Salt schreibt im Zusammenhang mit seinem Projekt: „Ich hoffe, um mich wohlgenährte, zufriedene, glückliche Arbeiter zu versammeln (...)."

1879 folgt die neue Stadt Bournville bei Birmingham, in der der Schokoladefabrikant George Cadbury nicht nur die beim Bau von Saltair gewonnenen Erkenntnisse verwirklicht, sondern auch ganz neue soziale Ideen: Er verlangte nicht, daß nur die Arbeiter seiner Fabrik hier wohnen durften, sondern gestattete allen Bewerbern freien Zuzug. Er verfolgte das Ziel, die Gesundheit der Arbeiter durch deren Befreiung aus den städtischen Reihenhaus-Slums zu erreichen. Cadbury ließ, im Gegensatz zu Saltair, geschwungene Straßen anlegen und ordnete größere Grundstücksdimensionen an als dort. Er vermachte die Siedlung nicht seinen Erben, sondern

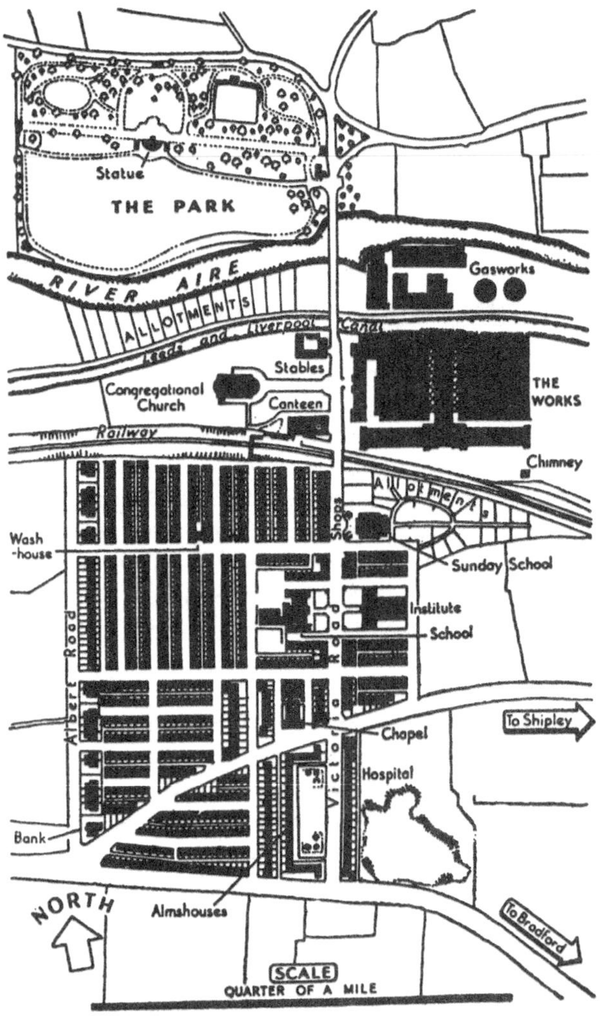

Lageplan Saltaire
Arch. Lockwood und Mawson, 1851
aus: Ebenezer Howard, Gartenstädte von morgen, Berlin 1968

In seinem Buch "Tomorrow, a Peaceful Path to Reform"[67] analysiert Howard zunächst einmal Stadt und Land mit dem Bild der drei Magneten. Mieten und Preise, schlechte Luft, enge Wohnungen stoßen die Menschen ab. Die Bevölkerung wird jedoch magnetisch angezogen durch gesellschaftliche Möglichkeiten, gute Berufschancen und schöne Straßen. Land bedeutet Mangel an Gesellschaft und Vergnügungen, sein Magnet jedoch ist Schönheit der Natur und strahlende Sonne. Magnet 3 ist die Gartenstadt, die alle Vorzüge von Stadt und Land in sich vereinigt. Howard, der von Beruf Parlamentsstenograph war, ist weniger Planer als Sozial-Reformer. Seine Grundsätze sind:

1. Das Land ist Gemeindebesitz, die Gemeinde verpachtet an Private.
2. Die Landwirtschaft ist Teil der Gesamtplanung – sie wird in einem garantiert unbebauten Landgürtel betrieben, der immer zur Stadt gehört. Die Stadt soll dem verarmten Land Aufschwung geben.
3. Die Bevölkerung wird auf 30.000, höchstens 50.000 Einwohner beschränkt. Die Stadt wird auf ca. 400 ha, das Umland auf 2000 ha begrenzt. Sobald der Grund, aber auch die gesellschaftlichen Möglichkeiten erschöpft sind, soll eine neue Gartenstadt gegründet werden.
4. Wertsteigerung und Wachstumsrate sollen allen Bewohnern zugute kommen. Stadt und Umland sollen sich wirtschaftlich selbst erhalten.
5. Es gibt keine soziale Exklusivität, also keine Bezirke für Klassen; Ziel ist eine klassenlose Stadtbevölkerung.

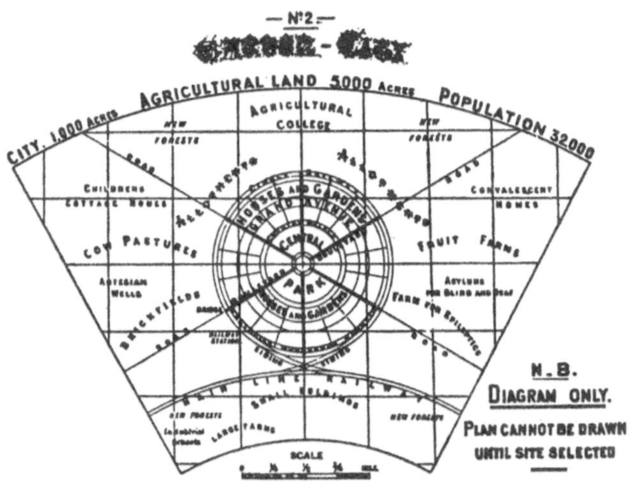

Diagramm der Gartenstadt (1898)
aus: Ebenezer Howard, Gartenstädte von morgen, Berlin 1968

den Bewohnern, die einen Trust als Sozialverwaltung gründeten.
Von den weiteren Paternalistengründungen aus dieser Zeit ist noch das durch den Seifenfabrikanten Lever gegründete Port Sunlight zu erwähnen. In Deutschland wird die Werkssiedlung von Alfred Krupp in Essen Vorbild für weitere Arbeitersiedlungen, die heute zum Gegenstand der Auseinandersetzungen über Erhaltung und Veränderung im Ruhrgebiet geworden sind.

Die Gartenstadt-Bewegung

Die Paternalisten können als Vorläufer der Gartenstadt-Bewegung betrachtet werden. Ebenezer Howard (1850–1928), von dem die Idee der Gartenstadt stammt, war ebenso von philanthropischen wie von unternehmerischen Gedanken geleitet. Er war nicht, wie Marx und Engels, Theoretiker, sondern eher Pragmatiker. Seine Ideen basieren auf keinen wissenschaftlichen Erkenntnissen, sondern auf dem Glauben an die Tüchtigkeit des arbeitenden Menschen.

Verschiedene Einzelheiten zeugen vom kreativen Geist Howards. Die Straßen sollten für Leitungen untertunnelt werden, um das dauernde Wiederaufgraben überflüssig zu machen. Eine Ringeisenbahn beliefert die an der Peripherie liegenden Betriebe – so sollten Frachtenbahnhof und Lagerhaus eingespart werden. Die Schulen sollten von der Gartenstadt betrieben werden, um von Unterrichtsbehörden unabhängig zu sein.

Schon 5 Jahre nach Erscheinen seines Buches entsteht die erste Gartenstadt *Letchworth* – nicht in der abstrakten Klarheit des Howardschen Diagramms, sondern in mittelalterlichem Stil. Die Architekten Unwin & Parker nahmen sich Rotenburg o.d.T. zum Vorbild und planten an gekrümmten Straßen Einzel- und Reihenhäuser sowie Wohnhöfe. 1920 entstand *Welwyn Garden City* (Architekt Louis de Soissons).

Fast gleichzeitig mit Howards Buch erschien in Deutschland ein Werk mit verwandten Aspirationen: Theodor Fritsch beschrieb in „Die Stadt der Zukunft"[68] ein ähnliches konzentrisches Stadtschema mit Grüngürtel. Doch in den Einzelheiten ist Howard fortschrittlicher.

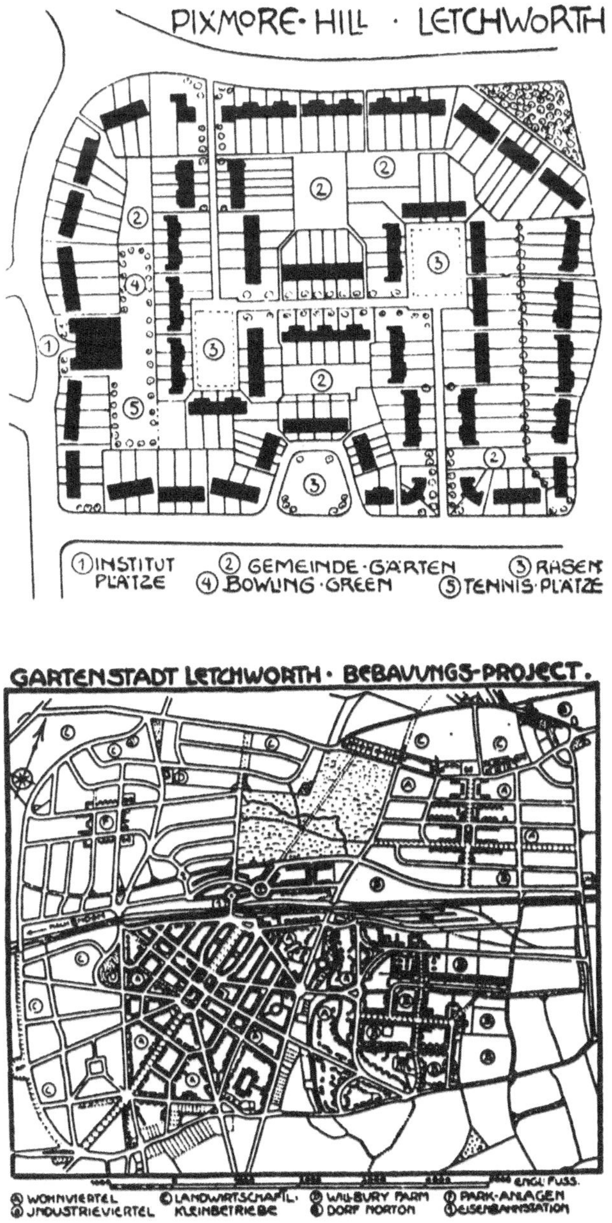

Letchworth, Hofbildungen und Lageplan
Arch. Unwin und Parker 1908
aus: Ebenezer Howard, Gartenstädte von morgen, Berlin 1968

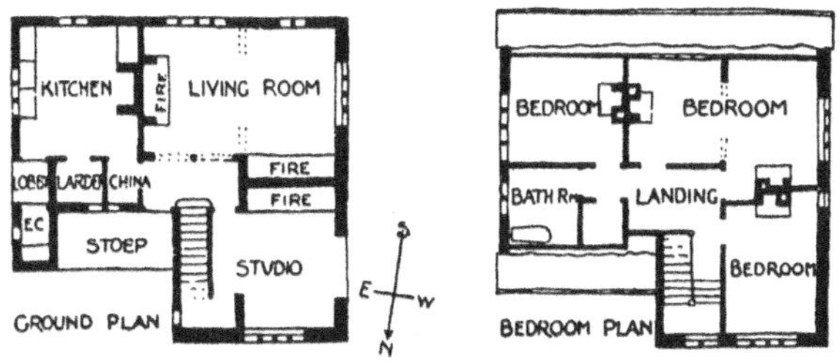

Hausgrundriß in Letchworth
Arch. Unwin und Parker, 1908
aus: Ebenezer Howard, Gartenstädte von morgen, Berlin 1968

Fritsch verlangt rassistische Einschränkungen und soziale Klassierungen: Die Arbeiter sollen am Stadtrand in der Nähe der Betriebe wohnen, der Mittelstand in der mittleren Zone, die reichen Leute im Zentrum.

Howards Buch fand große Verbreitung. In England nahm die Gartenstadtbewegung Einfluß auf ein gänzlich anderes Regionalplanungskonzept als in den deutschsprachigen Ländern. Während die letzteren das Bevölkerungswachstum durch Erweiterungen vorhandener Städte zu bewältigen suchten, planten die Engländer neue Städte. Auf der Gartenstadtbewegung basieren sowohl die "Homes for the Heroes" als auch die "New Towns".

Bedeutende Verbreitung fand Howards Idee auch im deutschen genossenschaftlichen Wohnungsbau (Gartenstädte Karlsruhe-Rüppurr 1907–1914, Hellerau bei Dresden 1906, Leipzig-Marienbrunn 1913).

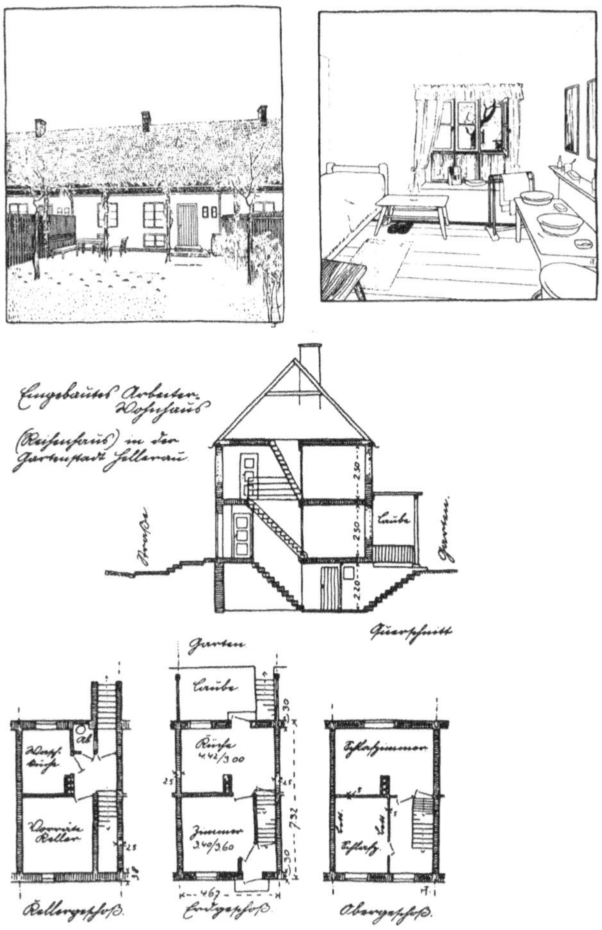

Zeichnungen zum Thema Gartenstadt von Heinrich Tessenow
aus: G. Wangerin, G. Weiss, Heinrich Tessenow, Essen 1976

Der Architekt Heinrich Tessenow hat gerade in Hellerau und Hohensalza bei Posen einen bedeutenden Beitrag zu einem schlichten Hausbaustil geleistet,[69] wenn auch hier eher Garten*vor*städte als neue Gartenstädte im Sinne von Howard entstanden.

Die Stadterweiterung nach dem Ersten Weltkrieg

Die Gartenstadtbewegung konnte in den armen Jahren nach dem Ersten Weltkrieg kaum einen Beitrag zur Lösung der Probleme des sehr großen Nachholbedarfes an Wohnungen leisten. Zu sehr war man spätromantischen Hausformen verhaftet, und zu groß war der Grundstücksbedarf. Initiatoren der neuen Siedlungen waren weniger die Genossenschaften als die Stadtverwaltungen selbst, die mit neuen Organisationsformen das notwendige große Siedlungsprogramm zu bewältigen suchten. Während sich die Stadt Wien für den Bau großer, mehrgeschossiger Wohneinheiten entschied, beschloß Frankfurt im Rahmen seines 10-Jahres-Programms zur Beseitigung der Wohnungsnot, seine Stadterweiterungen im Flachbau durchzuführen. 1925 wurde der Frankfurter Ernst May (1886–1970)[70] zum Dezernenten des Hochbau- und Siedlungsamtes ernannt. May, der als junger Mann bei Unwin an der Planung der Gartenstadt Hampstead gearbeitet hatte, war bis dahin Leiter der Schlesischen Heimstätten in Breslau gewesen. Vom Siedlungsbau Berlages (Amsterdam) und Ouds (Rotterdam) beeindruckt, erhob er die Reihung der zwei-, höchstens dreigeschossigen Wohneinheiten zum Prinzip seiner Planungen. In einer nur 5 Jahre währenden Tätigkeitsperiode baute May, der als einer der größten deutschen Städtebauer des 20. Jahrhunderts[71] in die Baugeschichte eingegangen ist, die neuen Siedlungen. Durch die Zeitschrift „Das Neue Frankfurt" (Architektur, Kunst, Film, Typographie) fanden die durch Grünland von Frankfurt getrennten Vororttrabanten schnell Verbreitung und wurden von vielen europäischen Städten als Vorbild anerkannt.
May ging 1930 (–1933) mit seinen Mitarbeitern als Stadtplaner in die Sowjetunion, bis die Gruppe zerfiel und die Stalinära alle modernen Ideen aus der sowjetischen Architektur verbannte. Er verbrachte 20 Jahre als Farmer und Architekt in Afrika und war ab 1954 wieder in Deutschland tätig.
May und seine Mitarbeiter – darunter waren Mart Stam und Walter Schwagenscheidt – hatten erkannt, daß derartig große Bauvorhaben nicht mehr mit handwerklichen Methoden zu realisieren waren. Im Zuge der Rationalisierung des Bauvorganges führte er die Vorfertigung brüstungshoher Elemente ein. Normküchen (Frankfurter Küche), Einbauschränke und begehbare Flachdächer waren einige der typischen Maßnahmen seines Siedlungsbaues.
Typisierte Türen und Stahlzargen, industriell hergestellte Beschläge, einfache ornamentlose Öfen und Lampen wurden von Ferdinand Kramer, dem Leiter des neuen Amtes für Typisierung, beigesteuert.

Mays Siedlungen haben oft Kurven im Straßenablauf, die von abgerundeten Hauseinheiten begleitet werden. Akzentuierungen besonders langer Reihen erzielen manchmal bastionartigen Charakter. Mit dem Motto „Licht, Luft und Sonne" setzte er dem spekulativen Wohnbau der Gründerzeit mit seinen Lichthöfen eine neue Wohnarchitektur entgegen, die ein freieres Lebensgefühl versprach. Mays Haustypen sind sparsam, schlicht und unplastisch. Das Haus wird Element einer Gesamtform und ist ohne sie unbeachtlich. Viele Reihenhaustypen sind von großer Sparsamkeit. Die geringe Deckenspannweite des 5 m breiten Typs, die in der Dunkelzone an der Brandmauer liegende einläufige Treppe gewährleisten den in den Nachkriegsjahren erforderlichen Minimumstandard.

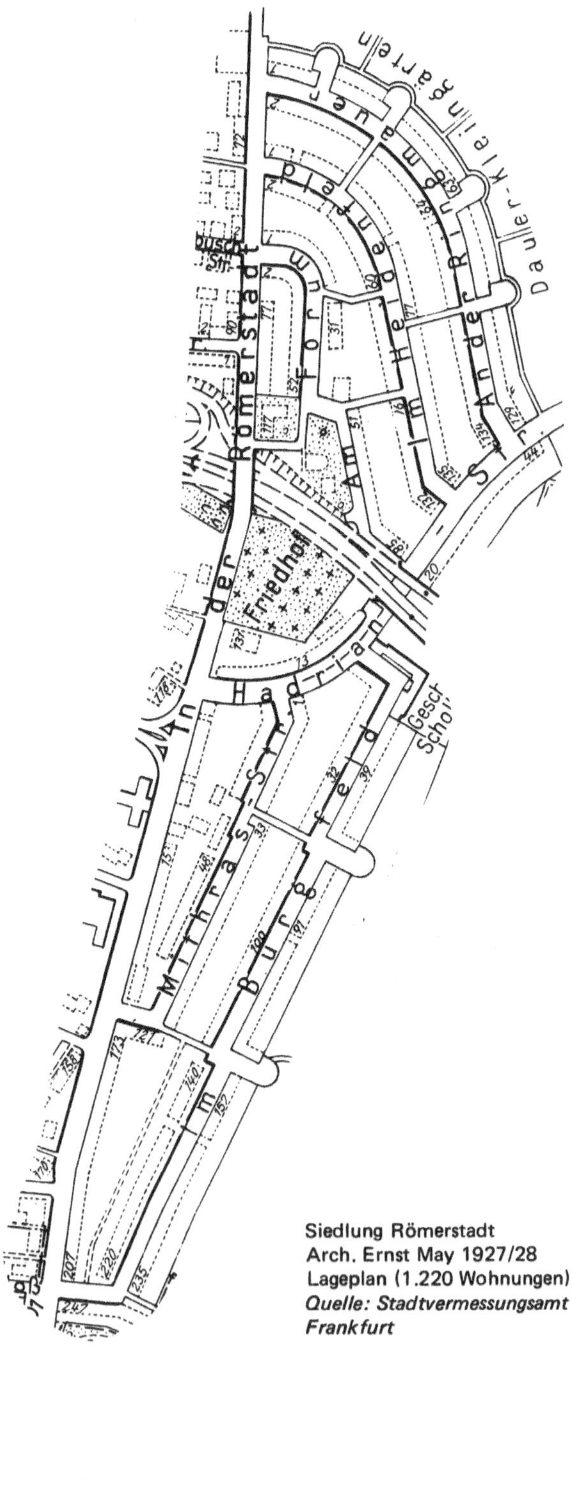

Siedlung Römerstadt
Arch. Ernst May 1927/28
Lageplan (1.220 Wohnungen)
Quelle: Stadtvermessungsamt Frankfurt

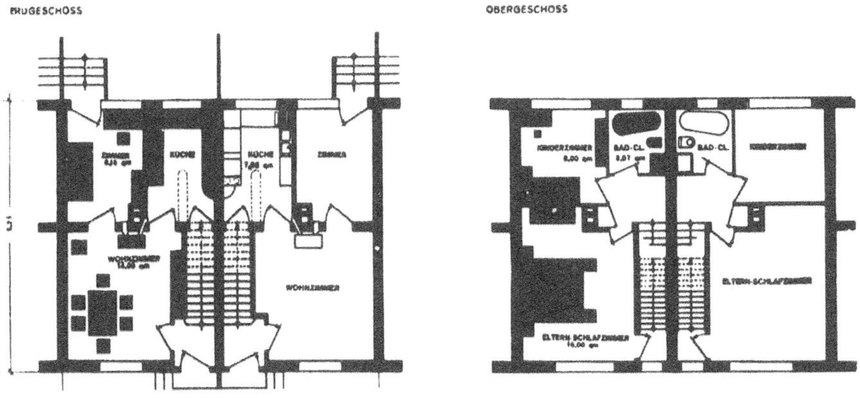

Siedlung Frankfurt-Praunheim
Arch. Ernst May, 1928/29
Reihenhausgrundrisse
aus: Das Neue Frankfurt, 1/1930

Andere Initiativen zum Wohnungsbau kamen vom Deutschen Werkbund (gegründet 1907). In der Stuttgarter Weißenhofsiedlung[72] (1927) erhielten seine Mitglieder Gelegenheit, ihren Beitrag zum Wohnbau zu manifestieren. Von dieser kleinen Siedlung gingen einige Impulse für den verdichteten Flachbau aus – die wertvollsten hierzu stammen von den holländischen Gastarchitekten Jakobus Pieter Oud und Mart Stam. Die städtebauliche Planung der Siedlung lag bei Ludwig Mies van der Rohe, der eine von der Stuttgarter Tradition – Giebel senkrecht zum Hang – abweichende Konzeption vorlegte. Die flachen Baukörper sollten parallel zu den Gefällelinien des Hanges liegen und sich dem Verlauf ihrer Krümmungen anpassen. Der ausgeführte Plan läßt allerdings nur einen schwachen Vergleich mit dem ursprünglichen Projekt zu. Die Teilnehmer einigten sich auf eine Tendenz ihrer Planung, die Mart Stam formulierte: Die Häuser sollten als Gebrauchsgegenstand dienen, nicht zur Repräsentation des Bürgers. Außer den genannten Architekten waren noch Victor Bourgeois, Peter Behrens, Le Corbusier, Richard Döcker, Josef Frank, Walter Gropius, Ludwig Hilbersheimer, Hans Poelzig, Adolf Rading, Adolf Schneck, Hans Scharoun und Max Taut – überwiegend mit Einfamilienhäusern – tätig. Eine einheitliche konstruktive Tendenz ist nicht feststellbar. Die Siedlung mußte in der ungewöhnlich kurzen Zeit von rund 6 Monaten (Februar bis Juli 1927) errichtet werden. Mies van der Rohe, der die „Stadtkrone" der Siedlung – ein dreigeschossiges Mehrfamilienhaus mit flexiblen Grundrissen, baute, konstruierte seinen Bau folgerichtig in Stahl mit Trockenausfachung. Auch Gropius errichtete sein Objekt in dieser Schnellbauweise. Le Corbusier kombinierte – wie bei seiner Villa bei Poissy – Stahl- und Betonbau, Oud ließ alle Wände einheitlich in Beton ausführen.

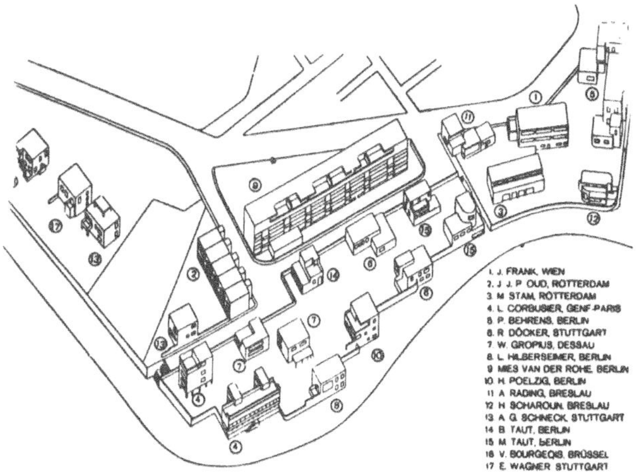

Werkbundsiedlung Weißenhof in Stuttgart
Arch. Mies van der Rohe, 1927
Lageplan
aus: Stein, Holz, Eisen, 24. Woche, 41. Jg., Juni 1927

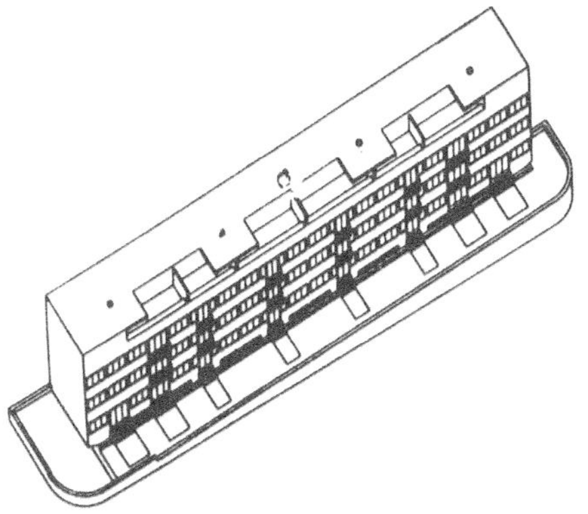

Weißenhofsiedlung in Stuttgart
Arch. Mies van der Rohe, 1927
Wohnblock
Grundriß und Vogelperspektive
Erster flexibler Stahlbau
aus: Der Deutsche Werkbund, Katalog München 1975

Seine zwischen zwei Wegen liegenden fünf Reihenhäuser zeigen einen auf drei Ebenen angelegten, 6 m breiten Typ, bei dem die beiden Zugangsmöglichkeiten für eine Trennung der Bereiche Wirtschaften und Wohnen ausgenützt sind. Alle Wohn- und Schlafräume sind zur Sonne hin orientiert. Der kleine Wirtschaftshof ermöglicht eine sehr tiefe (12 m) Ausnützung des Grundstückes. – Einen wesentlich schlichteren Typ entwarf Mart Stam; die an der Außenwand liegende, geknickte Treppe ist ihr – nicht gerade rationell erdachtes – Kennzeichen. Die Weißenhofsiedlung war in den prosperierenden 60er Jahren dem Verfall nahe, bis sie unter Denkmalschutz gestellt wurde.

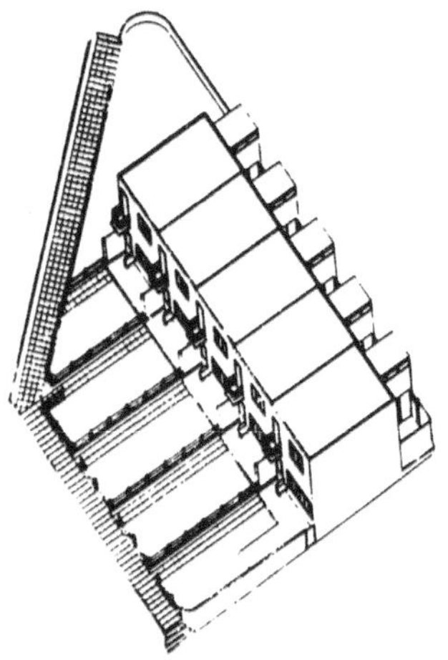

Weissenhofsiedlung in Stuttgart
Arch. J. P. Oud
Reihenhäuser
aus: Der Deutsche Werkbund, Katalog München 1975

einige beachtliche Daten auf: 22 % wurden für öffentliche Flächen verbraucht, pro Wohnung wurden nur 149 qm Grundfläche aufgewendet. Von den insgesamt 671 Wohneinheiten liegen 380 in Reiheneinfamilienhäusern.[73]

Einheitliche Gestaltungs- und Konstruktionsprinzipien wurden beim Bau der Werkbundsiedlung in Wien XV (1930)[74] angewendet: Der Magistrat schrieb verputzten Mauerbau vor, bestimmte die Art der Einfriedigung und koordinierte die Art der Flachdachkonstruktion. Lediglich die Farbgebung blieb den Architekten überlassen. Außer den einheimischen Architekten Neutra, Plischke, Hoffmann, Loos, Strnad, Frank und Holzmeister holte man Ausländer wie Lurçat, Häring und Rietveld dazu. In dieser Siedlung finden wir einige bemerkenswerte Beiträge zum Typ des dreigeschossigen Reihenhauses: Von Rietveld stammt ein mit einer sparsamen Wendeltreppe erschlossener Typ, Lurçats ebenfalls dreigeschossige Reihe schließt die Siedlung wie eine Mauer gegen die verkehrsreiche Veittingergasse ab. Auch Adolf Loos steuert einen dreigeschossigen Typ bei, in dem er eines seiner Lieblingsthemen anwendet: zweigeschossige Wohnräume mit Galerie – mit einem darüber liegenden sehr rationellen Schlafgeschoß. Häring und Hoffmann entwarfen eingeschossige Reihenhäuser, A. Brenner ein kleines und wohnliches Hofhaus. Neutras Einzelhaus und Strnads zweigeschossiges Reihenhaus sind beachtliche, formal ambitionierte Beiträge.

Zwei Jahre später initiierte der Werkbund einen Wettbewerb für die Stadtrandsiedlung Dammerstock bei Karlsruhe. Preisträger war der im Siedlungsbau erfahrene Bauhausdirektor Walter Gropius – das Preisgericht bescheinigte ihm, daß sein „Bebauungsplan von großer Klarheit" sei. In der Tat ist der Dammerstock-Lageplan unvergleichlich rationaler als Gropius' und Hannes Meyers Siedlung Dessau-Törten (1926–1928). Bis auf die viergeschossige Randbebauung sah sein Plan von Wohnwegen erschlossene zweigeschossige Reihenhauszeilen in Gärten vor. Vorherrschendes Gestaltungsmittel sind der rechte Winkel und die Nord-Süd-gerichtete Parallelität, die Gropius mit einer rationellen Baustelleneinrichtung erklärt. Restparzellen in Randlagen sind für Folgeeinrichtungen und Einfamilienhäuser vorgesehen. Gropius formulierte als Ziel seiner Planung die Schaffung von gesunden und praktischen Gebrauchswohnungen, die dem sozialen Standard der Durchschnittsfamilie von heute entsprechen und trotz solider technischer Durchführung und anmutiger Gestaltung für das Durchschnittseinkommen erschwinglich sind". Gropius baute seinen Entwurf in Gemeinschaft mit weiteren Preisträgern – eine frühe Form der von ihm später propagierten Team-Arbeit (Fischer, Haesler, Merz, Riphahn, Rössler). Seine Reihenhaustypen gehören in die gleiche sparsame Kategorie wie die von Ernst May; die quer liegende Innentreppe erfordert allerdings eine Mindestbreite von 6 m. Diese entromantisierte Gartenstadt weist

Werkbundsiedlung Karlsruhe-Dammerstock
Arch. W. Gropius, 1929
Lageplan
aus: Katalog Dammerstock, Karlsruhe 1929

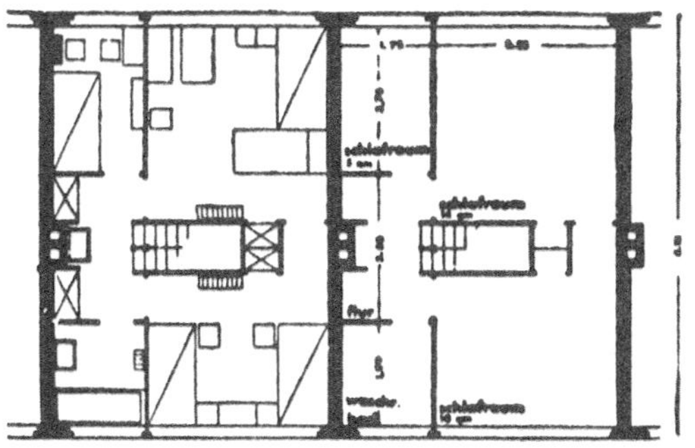
Obergeschoß

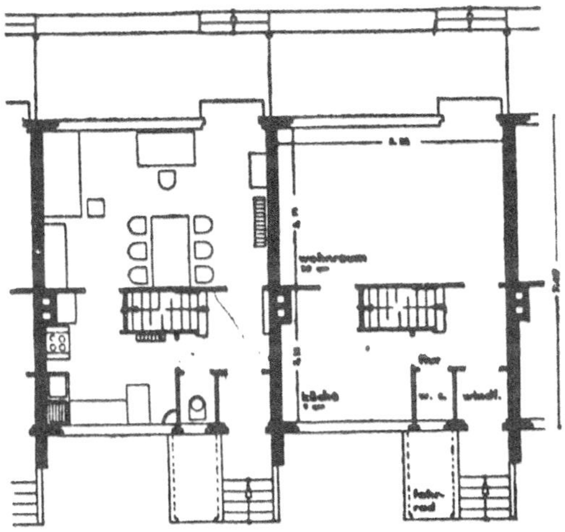
Erdgeschoß

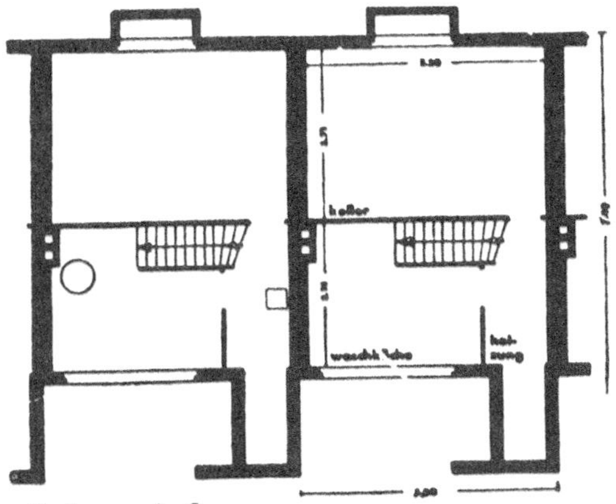
Kellergeschoß

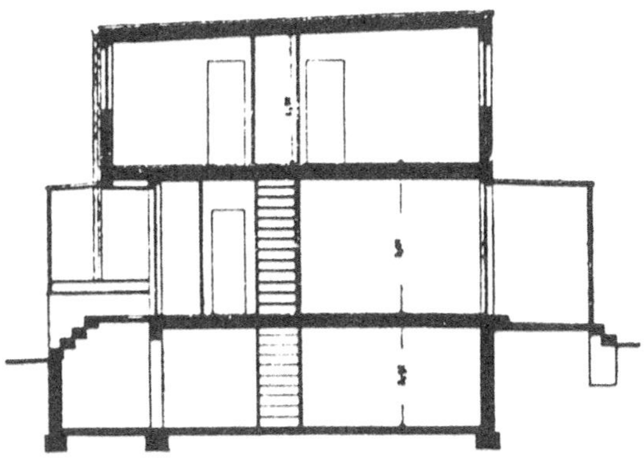
Querschnitt

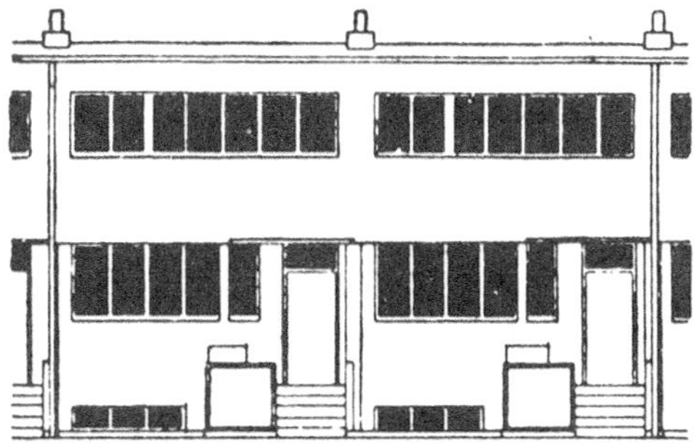
Ansicht von Westen

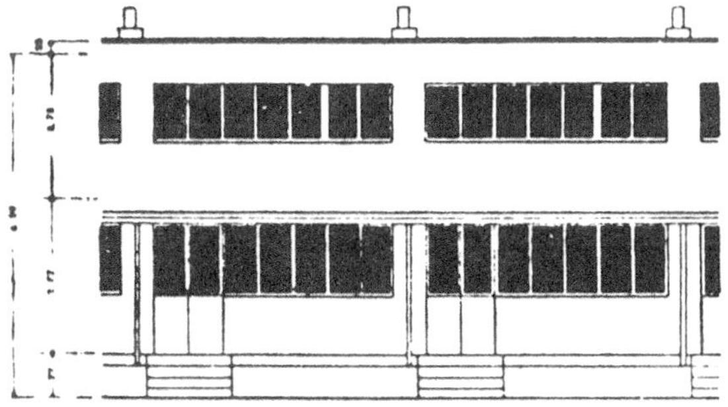
Ansicht von Osten

Werkbundsiedlung Karlsruhe-Dammerstock
Arch. W. Gropius, 1929
Einfamilienhaus
aus: Katalog Dammerstock, Karlsruhe 1929

Der aus der Zwangssituation eines Grundstückswechsels entstandene Lageplan erweist sich heute mit seinem stark gekrümmten Wegesystem als für die Wohnruhe außerordentlich förderlich. Dem kleinen, mittleren Platz gibt Rietvelds Bau seinen Akzent.
Eine weitere Werkbundsiedlung entstand anläßlich der Ausstellung „Wohnung und Werkraum" 1929 in Breslau.[75] Die bemerkenswertesten Bauten sind hier nicht Reihenhäuser, sondern neue Formen des Wohnens. „Gemeinschaftshaus" nennt Adolf Rading sein viergeschossiges Wohnhaus. Scharoun versucht in seinem „Ledigenheim" den rationellen Grundriß mit schwungvollen Kurven zu bereichern. Das Wirken des 1933 „gleichgeschalteten" und erst 1947 wiedergegründeten Werkbundes soll hier nicht weiter verfolgt werden – hier mag vor allem auf seinen Beitrag zum Wohnen in verdichtetem Flachbau hingewiesen sein.
Außerhalb Deutschlands muß in den 20er Jahren als führend für unser Thema Holland bezeichnet werden. Ouds Arbeitersiedlung in Hoek van Holland (1924–1929)[76] ist berühmt geworden. Nach den (sozial-) romantischen Backstein-Siedlungen von Michel de Klerk und Pieter Lodewijk Kramer (Ronnerplein 1920, Zaanstraat 1917)[77] lieferte auch die Amsterdamer Schule ihre wirtschaftlichen Beiträge: Die Gartenstadt Watergraafsmeer in Amsterdam (1926) von D. Greiner – von den Amsterdamern Betondorf genannt – zeigt das Bemühen, kubische Formen und hohe Dächer, Romantik und Rationalität, Reihung und Platzbildung zu vereinen.

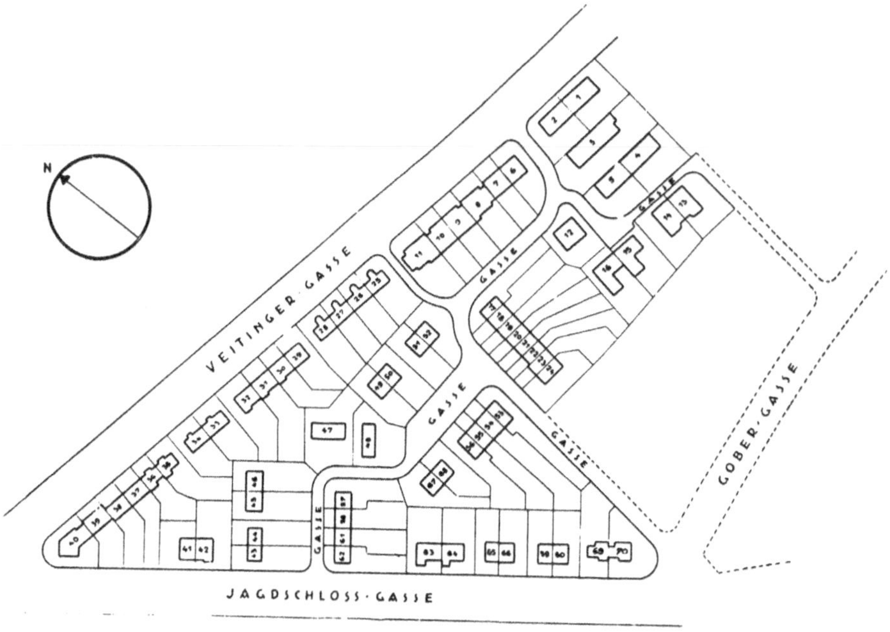

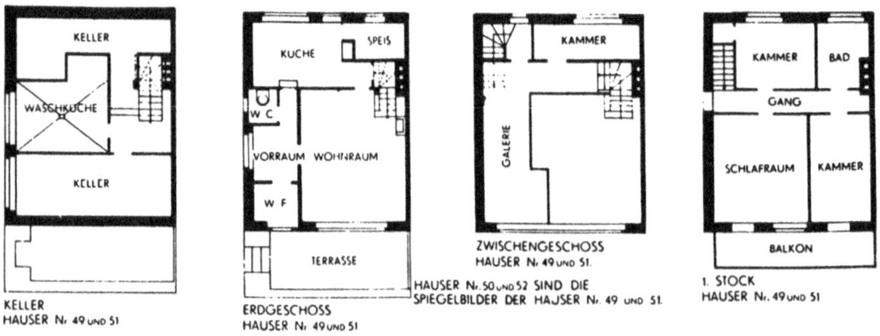

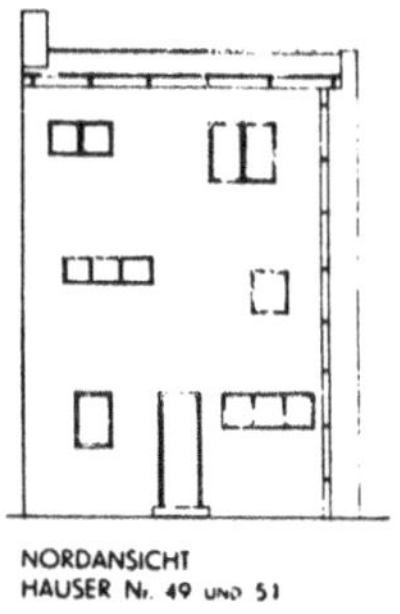

Verbaute Fläche pro Haus 47 m^2

1 Zimmer mit Galerie	4.70 x 3.95 m^2
1 Zimmer	3.80 x 3.50 m^2
1 Kammer	3.80 x 2.10 m^2
1 Kammer	2.70 x 2.30 m^2
1 Kammer	3.30 x 1.25 m^2
1 Küche	3.25 x 2.25 m^2

Windfang, Vorraum, Speis, Bad, Waschküche, Keller, Balkon, Gartenterasse

Haus 49 und 51, Adolf Loos

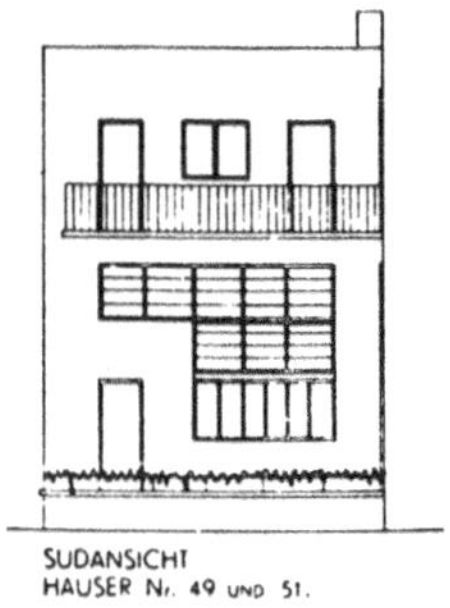

Werkbundsiedlung Wien
Arch. Josef Frank 1932
Lageplan
Südansicht
aus: Frank, J.
Werkbundsiedlung Wien 1932, Wien 1932

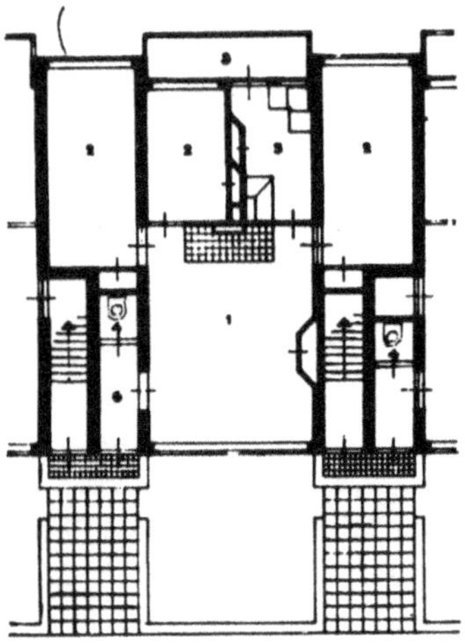

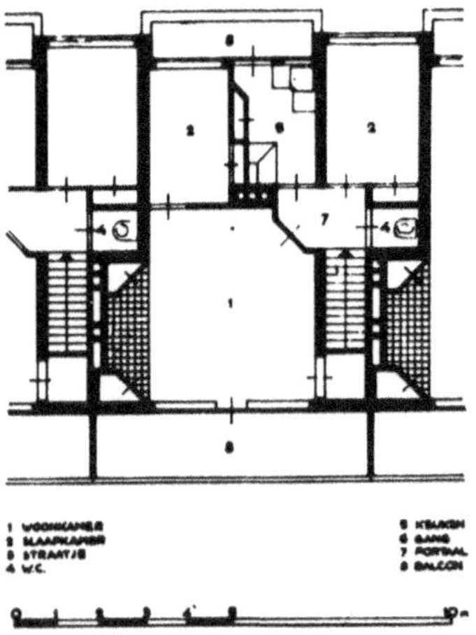

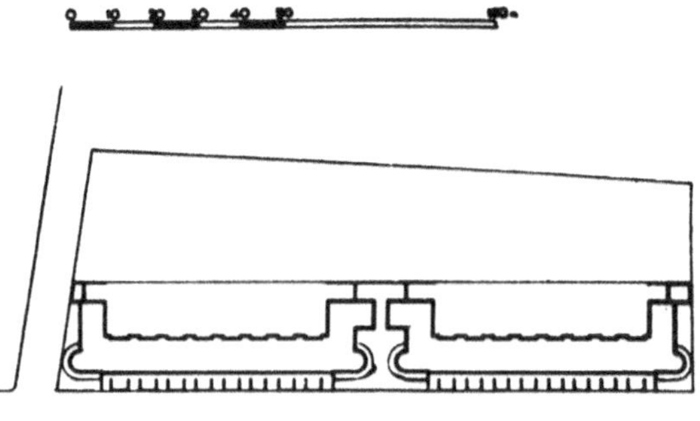

Reihenhaussiedlung in Hoek van Holland
Arch. Jacobus Pieter Oud
Grundriß und Lageplan
aus: Baukunst in den Niederlanden, Amsterdam 1965

Die Siedlung Neubühl[78] am Stadtrand von Zürich (1930–1932) – Initiative des schweizerischen Werkbundes – ist ein heute noch gültiger Beitrag zum zweigeschossigen Reihenhaus am Hang.
Versuche, den rationellen Reihenhaustyp zu romantisieren, wurden in Deutschland vom Nationalsozialismus erzwungen. Die Werkbundsiedlungen der Rationalisten wurden als „entartet" gebrandmarkt, die Weißenhofsiedlung in Stuttgart z.B. wurde als „Klein-Mekka" tituliert und bewußt dem Verfall preisgegeben. Moderne Architekten wurden verfemt. Ein sogenannter Heimatstil wurde verordnet – eine handwerklich orientierte Architektur, die Gestaltungsdetails wie Steildach, Sprossenfenster, Gesimsbildung, Stufenprofile, etc. aufzuweisen hatte. Eine ganze Kategorie von Architekten wurde durch diese Forderungen ausgeschaltet.
Beispiele einer Übergangsform sind die Siedlungen von Franz Schuster – „Neustraßäcker" und „Am Wasserturm" in Wien.[79] Ihre Pläne sind stark von englischen Gartenstädten beeinflußt, sie weisen gekrümmte Straßen, Plätze, Alleen, Fluchtwechsel, Hofbildungen auf und Haustypen, deren kubischem Körper ein markantes Steildach aufgestülpt wurde. Der Heimatstil blieb nicht auf Deutschland und Österreich beschränkt, auch ideologiefreie Länder wie die Schweiz wurden hiervon beeinflußt.
Als Beispiel für die Entwicklung der linearen Reihung außerhalb des Machtbereiches des Dritten Reiches soll eine finnische Siedlung stehen, in der der Einfluß des rationalen Siedlungsbaues der 20er Jahre spürbar in regionale Formen umgesetzt wird. Hier liegen die Quellen für einen Neubeginn, der erst in den 50er Jahren möglich wurde. Alvar Aalto begann die Werksiedlung der Papierfabrik Sunila[80] 1936 und vollendete sie 1954.

Auf einem felsigen und hügeligen, mit Kiefernwald besetzten Grundstück entstand eine Struktur, die nicht von der rationellen Kranbahn diktiert wurde, sondern sich nach den topographischen Gegebenheiten richtete. Aalto bebaute nur die Südhänge der Hügel mit Wohngruppen und überließ die Täler den Verkehrsadern und Gärten. Die bewaldeten Nordhänge blieben unberührt. Die Gruppenbildung kam dem Bau in mehreren Abschnitten entgegen. In der nächstfolgenden Gruppe konnte man die Erfahrungen der vorhergegangenen verwerten. So baute man im 1. Bauabschnitt Häuser ohne Balkone – das Argument war, daß bei Zweigeschossigkeit keine Balkone nötig seien. Im 2. Bauabschnitt baute man 3-geschossige Häuser mit kleinen

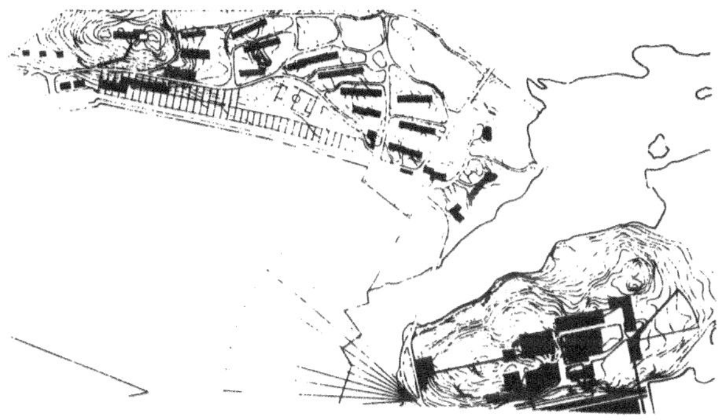

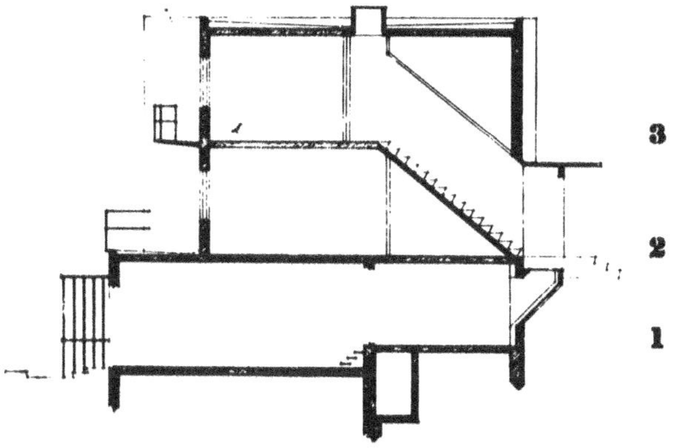

Siedlung Sunila bei Kotka/Finnland
Arch. Alvar Aalto, 1951–54
Lageplan
Dreigeschossiges Reihenhaus, Grundriß und Schnitt
aus: Alvar Aalto, Zürich 1963

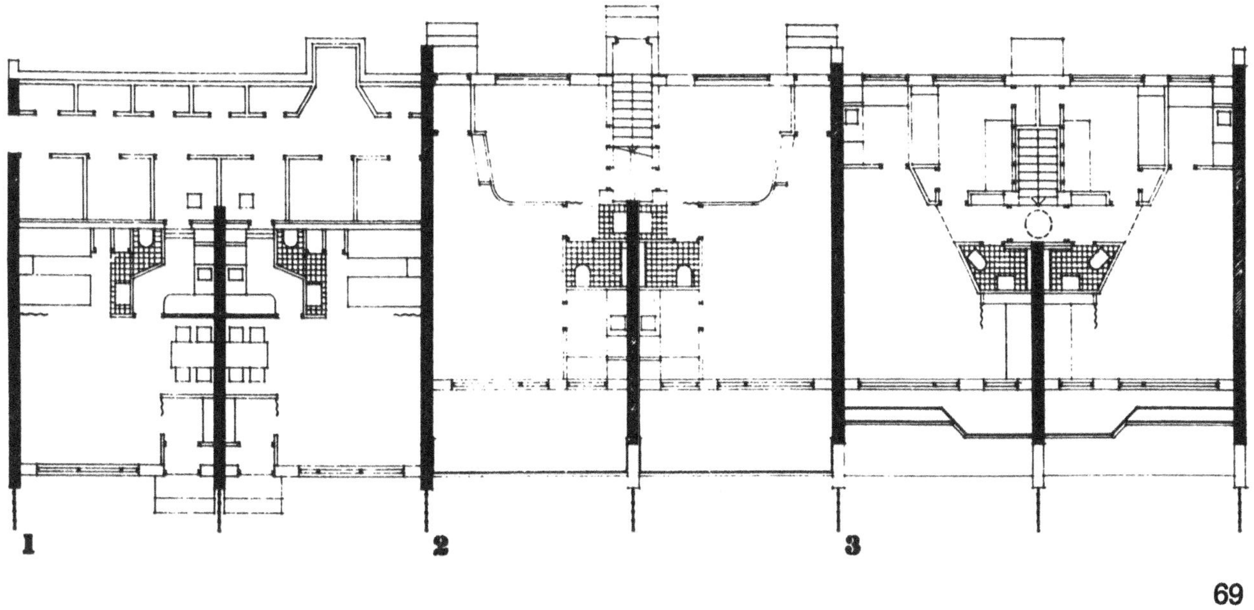

Balkonen, im 3. Bauabschnitt einen dreigeschossigen Terrassentyp mit großen Balkonen. Hier werden einige Planungsprinzipien des Organikers Aalto offenbar, die von einer humanistischen Einstellung zeugen; hier wird das Suchen – und Finden – des Gleichgewichts zwischen selbstbewußter, funktionsgeladener Bauform und dominanter Umwelt, zwischen rationeller und sparsamer Herstellung und irrationalem Bedarf der Bewohner sichtbar. Ein genialer Architekt steht am Beginn seiner Entwicklung.

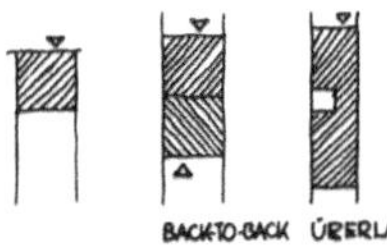

BACK-TO-BACK ÜBERLANG
EINGESCHOSSIGE REIHENHAUSTYPEN

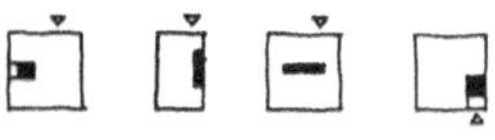

LAGE DER TREPPE IN
ZWEIGESCHOSSIGE" REIHENHAUSTYPEN

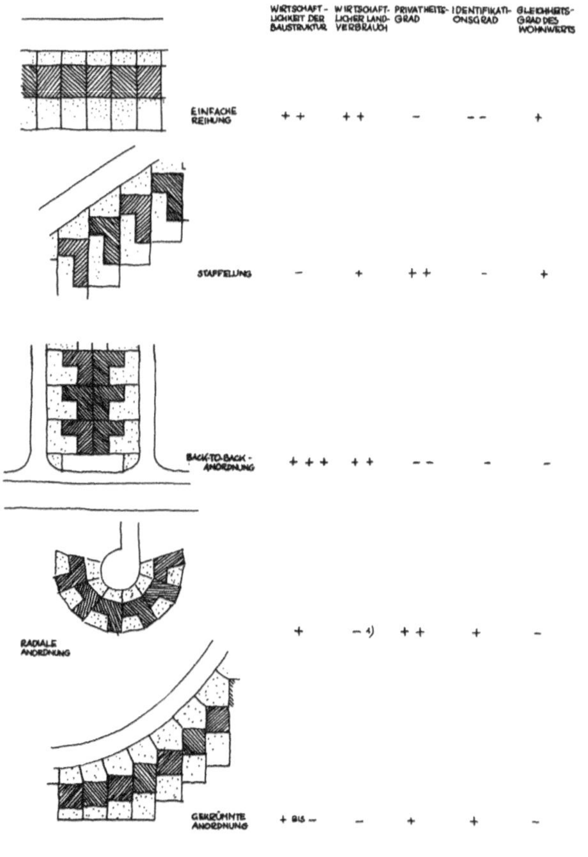

REIHENHAUS-LAGEPLÄNE, TYPOLOGIE NACH ERSCHLIESSUNGSFORMEN

1) ANSCHLUSSPARZELLEN KÖNNEN NICHT WIRTSCHAFTLICH ZUGESCHNITTEN WERDEN

Entwicklungstendenzen

Bis in die 60er Jahre kann man in mitteleuropäischen Flachbausiedlungen die Idee der Gartenstadt verfolgen. Das Stichwort heißt *Auflockerung* durch Privatgärten und öffentliche Grünanlagen.[81] Die Ausnutzung ist gekennzeichnet durch eine Geschoßflächenzahl von 0,5. Als Image der Flachbausiedlungen wird meistens Dörflichkeit angestrebt, wenn nicht städtische Formen in lockerer Anordnung in die Landschaft eingefügt werden. Fast immer wird der Versuch gemacht, die Siedlungen in die grüne Umwelt einwachsen zu lassen.
Das ändert sich spätestens mit der Siedlung Halen bei Bern (Architekten Atelier 5). Hier wird der Versuch unternommen, die – 1960 neue – Idee der *Verdichtung* auf den Flachbau zu übertragen. Mediterrane Ortsbilder im allgemeinen und Bauformen von Le Corbusier im besonderen sind die Vorbilder. Der Charakter der Siedlung ist nicht mehr dörflich, sondern steinern städtisch. Eine Kontrastierung von konzentriertem Bau mit der unberührten Landschaft löst das „Einwachsen" ab. Die Gärten bzw. Terrassen werden klein dimensioniert. Die Ge-

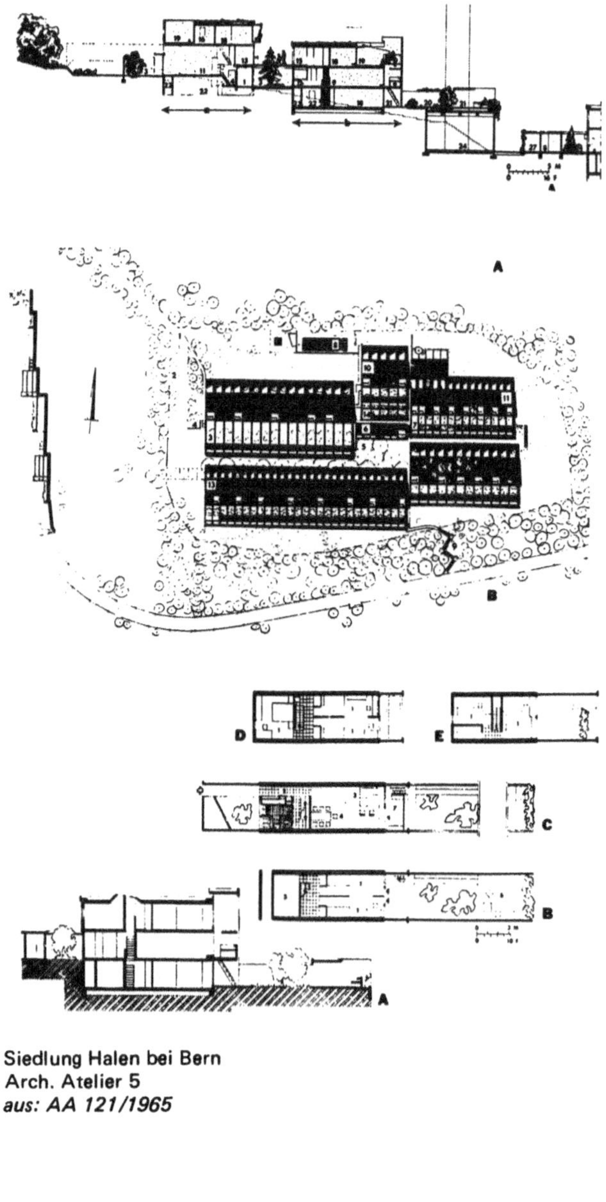

Siedlung Halen bei Bern
Arch. Atelier 5
aus: AA 121/1965

schoßflächenzahl beträgt nun nahezu 1,0. Die Autos sind in einer Sammelgarage unter Gartenparzellen untergebracht.
Zehn Jahre später verlagert sich der beispielhafte Flachbau nach England. Um noch höhere Geschoßflächenzahlen zu erhalten, werden in Hammersmith 2 Reihenhäuser übereinandergestapelt. Die Erschließungsebene wird dazu benutzt, um gleich zwei Reihen zu erschliessen – dieser Erschließungsweg wird gelegentlich (wie in Peckham) noch querüberbaut. Die Autos werden in den Bau integriert.
Verdichtung nicht ohne Differenzierung, low rise – high density, interessantes, kleinmaßstäbliches Environment, Mischung von ein-, zwei- und dreigeschossigen Typen – das sind die Forderungen an den Reihenhausbau der Zukunft.

1 Hof
2 Wohnraum
3 Küche
4 Gerätehaus
5 Bad
6 Schlafzimmer

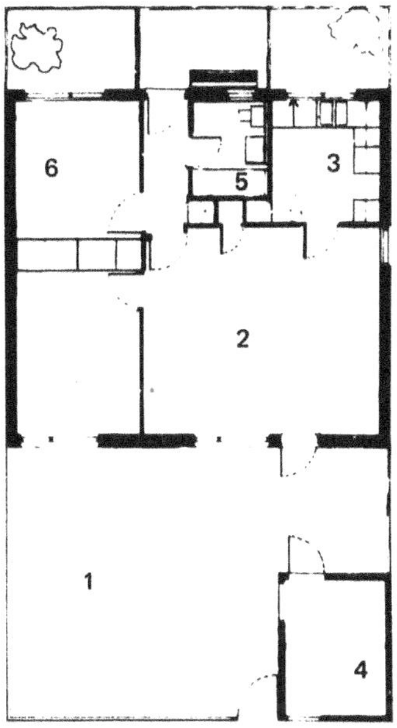

Siedlung Killingworth
Arch. Peter Phippen, 1966
Eingeschossige Reihenhäuser
aus: Baumeister 1/1975

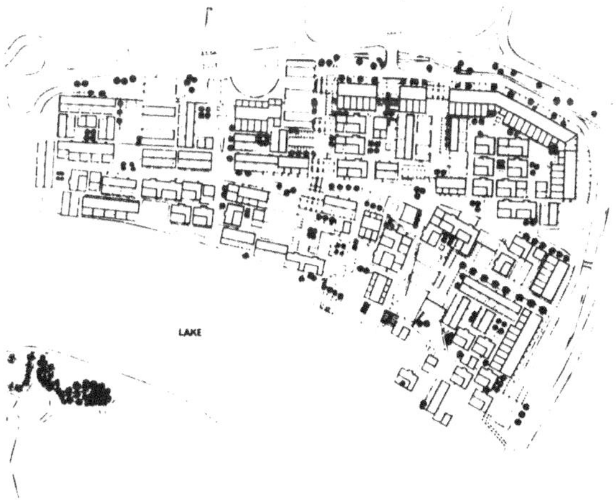

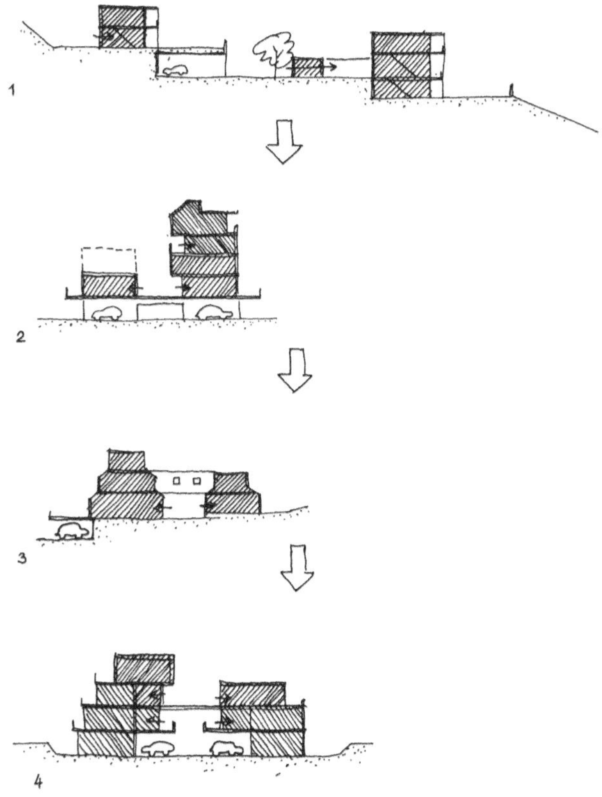

ENTWICKLUNGSTENDENZ DER LINEAREN VERDICHTUNG ANHAND VON SYSTEMSCHNITTEN

1 HALEN 1961
2 THAMESMEAD 1970
3 PECKHAM 1970
4 REPORTON ROAD HAMMERSMITH 1970

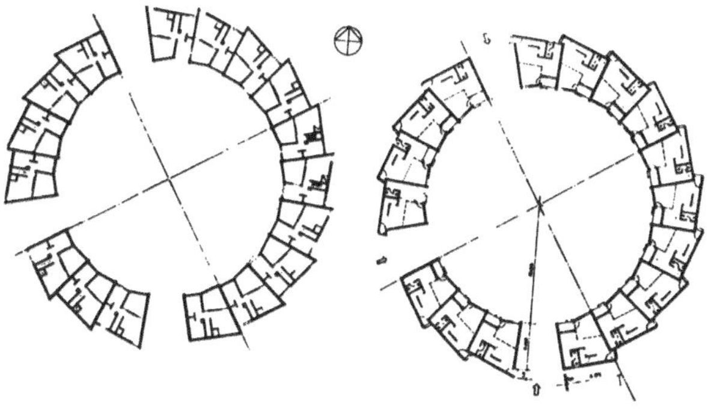

La Cité du Soleil, Avignon/Frankreich
Arch. G. Candilis
aus: AA 120/1965

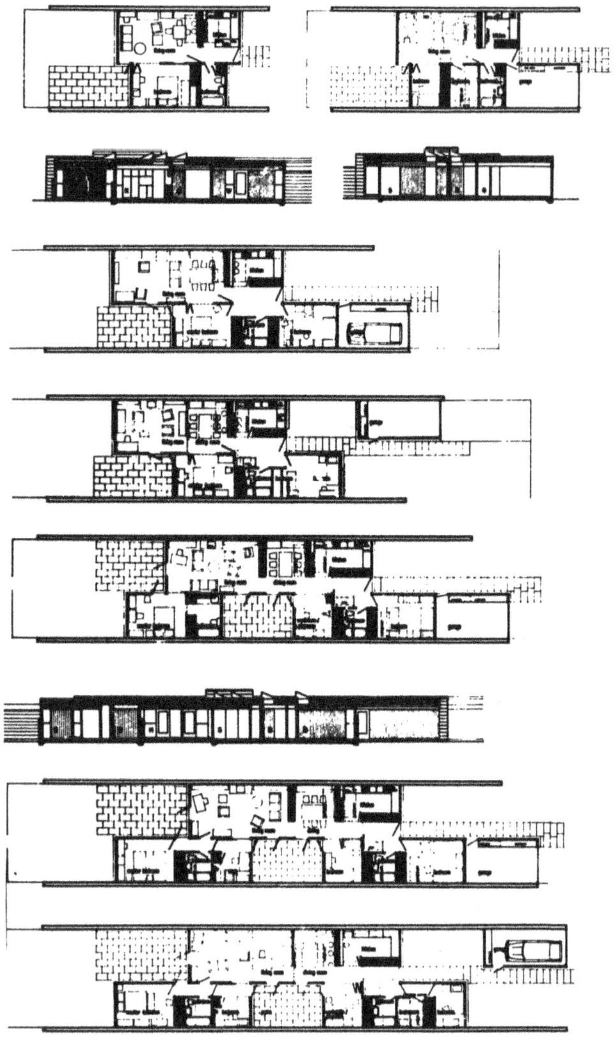

Atriumhäuser in Hatfield/GB
Arch. Peter Phippen, 1966
Eingeschossige Reihenhaussiedlung mit wachsendem Haustyp
aus: Baumeister 5/1967

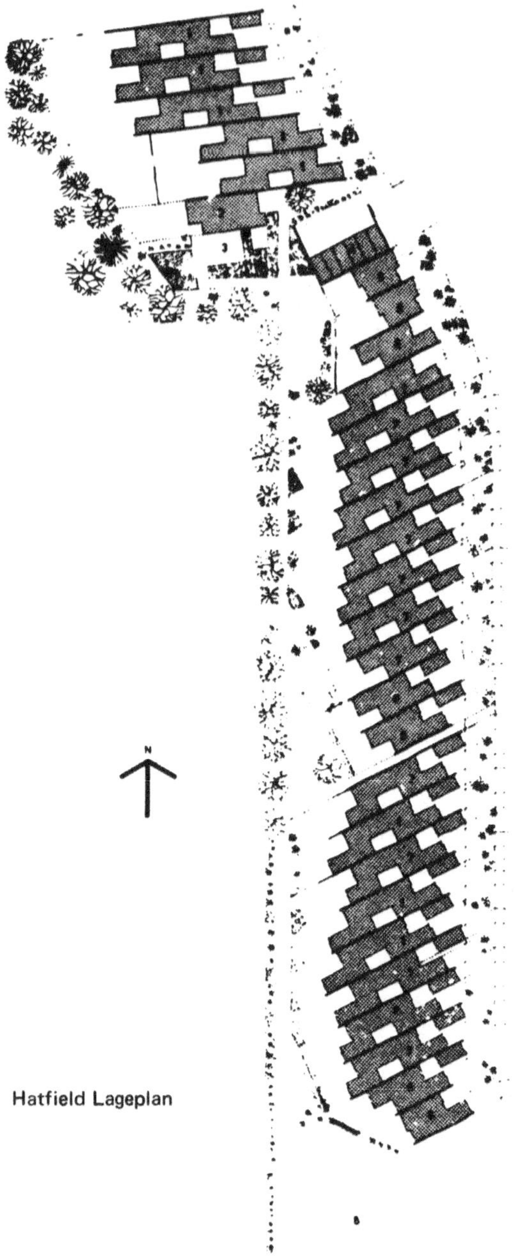

Hatfield Lageplan

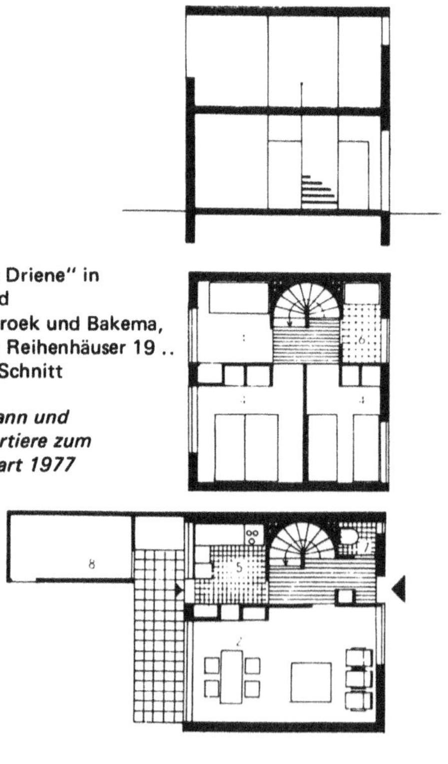

Siedlung „Klein Driene" in
Hengelo/Holland
Arch. van den Broek und Bakema,
Zweigeschossige Reihenhäuser 19 . .
Grundrisse und Schnitt
Schnitt
aus: Kirschenmann und Muschalek, Quartiere zum Wohnen, Stuttgart 1977

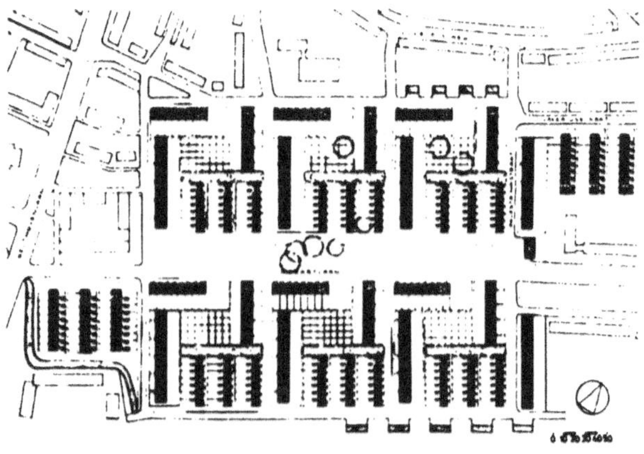

Hengelo Lageplan

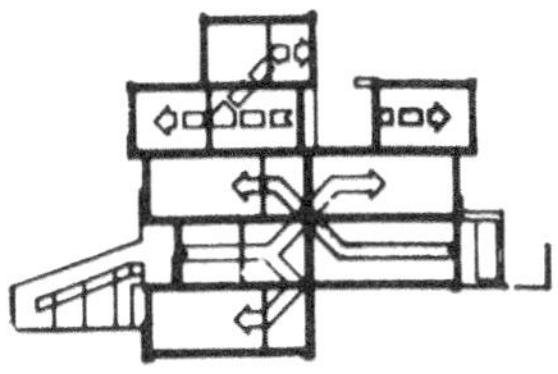

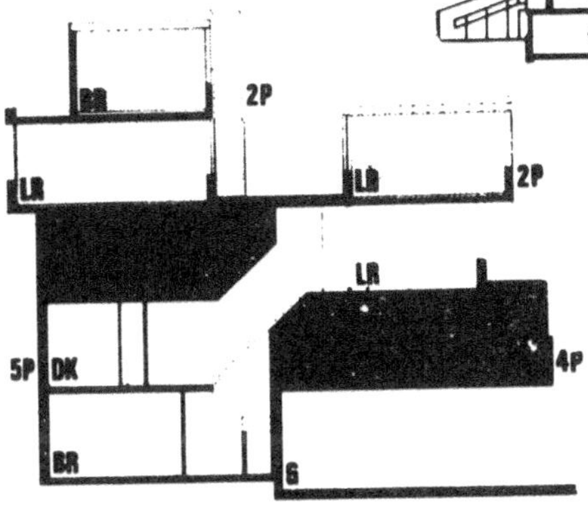

Schnitt durch typischen 4–5 geschossigen Block

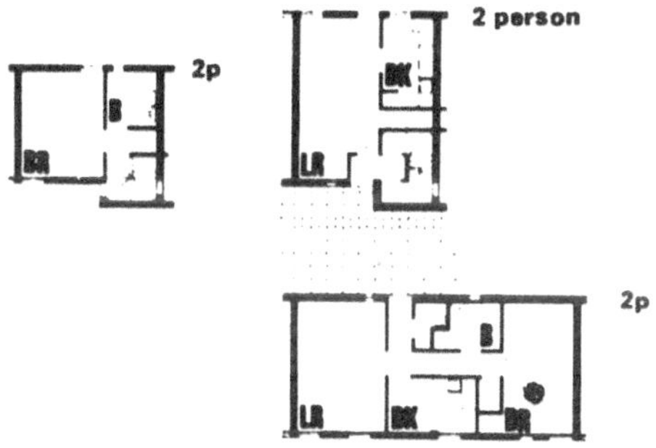

Grundriß von 2-Personen-Wohnungen

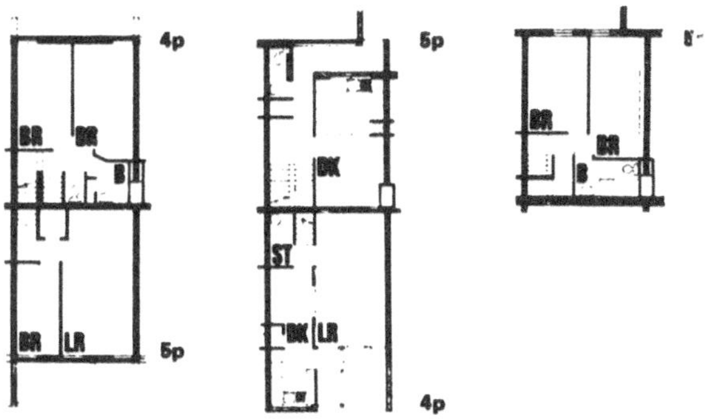

Grundriß von 4- und 5-Personen-Maisonettes

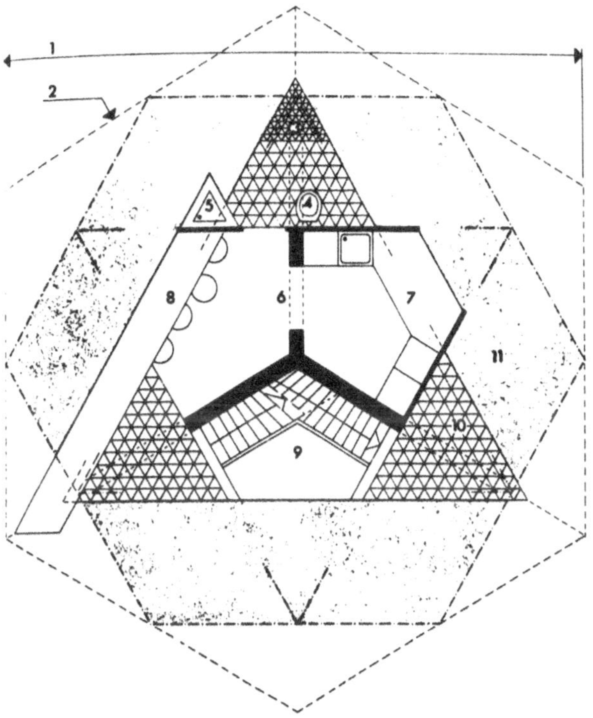

Zentrumsverbauung Helmond
Arch. Piet Blom
Ansicht von Osten und Schnitt,
Aufgeständerte, verdichtete Reihenhaussiedlung mit Gemeinschaftszentrum (Theater)
aus: Bauwelt 1974, Heft 37

Wohnanlage Marquess Road, Islington, London
Arch. Darbourne & Darke
Zur Weiterentwicklung der linearen Verdichtung
aus: Arch. Review Nr. 931, Sept. 1974, S. 144

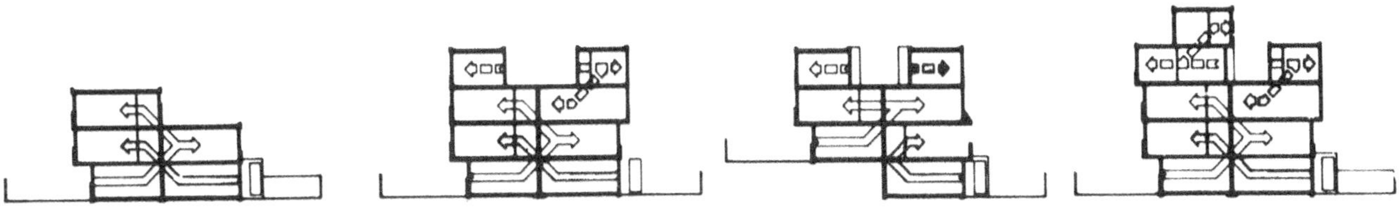

3. Multiple Anwendung von Wohnungstypen im Terrassenbau

Wann wird ein der Geschoßwohnung zugeordneter Balkon nutzbar? Der aus der Fassade vorkragende Balkon wird keinen hohen Nutzbarkeitsgrad erreichen – er bildet keinen Raum, er ist ein ausgesetztes Bauelement, ein Muster an Ungeborgenheit. Die überwiegende Mehrheit aller Wohnungsbalkone wird infolgedessen nicht oder nur als Abstellplatz genutzt. Auch große Balkone, die aber schlechte und unbrauchbare Proportionen haben (Tiefe unter 1,80 m, Länge über 4,0 m), werden von den Bewohnern nicht angenommen. (Ein führender Wohnbaupolitiker erklärte mir, daß Balkone an sich unnötig seien, doch würden sie als Zugeständnis für die Architekten gebaut, damit die Fassaden interessanter würden!) Die zwei- bis dreiseitig umbaute und überdeckte Loggia erzeugt schon eher Geborgenheitsgefühle, vor allem, wenn sie mit im Verband des Wohnzimmers liegt und mindestens 7 qm groß und nutzbar proportio-

niert ist. Ihr häufiger Nachteil ist die Verschattung der dahinter liegenden Räume.
Gesteigert wird die Nutzbarkeit der Freifläche eines Terassenhauses, wenn diese – ähnlich wie beim Atriumhaus der Innenhof – mindestens 25 qm groß ist und möglichst viele Wohnräume auf sie orientiert sind. Sie wird besonders beliebt sein, wenn sie teilweise überdeckt ist und einen Abstellraum besitzt. Eine solche Terrasse kann dem Stadtbewohner Gartenersatz sein, ein intimer Freiraum, der im Sommer als zusätzlicher Wohnraum genutzt wird.
Das Charakteristikum aller Terrassenhäuser: *Das Dach der unteren Wohnung dient der zurückgesetzten oberen Wohnung als Terrasse.* Wir unterscheiden Hangterrassenhäuser und freie Terrassenhäuser. Hangterrassenhäuser nützen die natürliche oder künstliche Topographie eines mindestens 30 Grad geneigten Hanges aus, freie Terrassenhäuser sind von der Topographie unabhängige, abgetreppte Bauformen.[82]

Hangterrassenhäuser

Im Gutachten „Regionalplanung Schweiz 1972" wird das Hangterrassenhaus als die optimale Wohnform für die Schweiz bezeichnet. Man kann ergänzen: Dies gilt für jedes Land mit ähnlicher Topographie. Die Begründung hierfür ist, daß sich private und öffentliche Interessen bei keiner anderen Wohnform gleich gut verflechten lassen. Privatheit wird durch die intime Terrasse und den Abstand vom Nachbarn gewährleistet. Der öffentliche Nutzen besteht aus der optimalen Verdichtung bei minimalem Grundstücksverbrauch. Auch bisher als unbebaubar geltende Hänge sind mit Terrassenhäusern zu nutzen. Terrassenhausbauten implizieren Ordnung der Baumassen und der Wohneinheiten. Die Abhängigkeit von der Landschaftsstruktur regt zu einer maßstäblichen Baustruktur an. Auch Landschaften können ihren Maßstab durch Terrassenbauten erhalten. So verschiedene Landschaftsbauwerke wie Weinberge in Mitteleuropa, Reisterrassen in China und der Erzberg in der Steiermark sind künstliche Landschaftsformen, die unser Bewußtsein als präarchitektonische, schon fast „natürliche" Formen einordnet. Aber auch vom Wohnbau geprägte Landschaften – die heilige Stadt Machu Picchu in Peru, ein arabisches Dorf in Israel, ein Dorf auf einer ägäischen Insel – nehmen wir als „natürliche" Bebauungen an, ja, wir lassen uns von ihnen zu „modernen" Wohnformen anregen.
Beim Versuch, Terrassenhaustypen zu ordnen, kommt man auf drei verschiedene Anlagen:

1. Die senkrecht zum Hang gestellte Terrassenzeile wird durch einen Weg oder eine Treppe nur vertikal erschlossen. Der lagerhafte Charakter, den wir von Terrassenhäusern im Landschaftsbild erwarten, kann mit einfachen Zeilen nicht erreicht werden. Erst mit Doppelzeilen bzw. mehreren nebeneinander gestellten Doppelzeilen mit breiten Wohneinheiten kann dieser

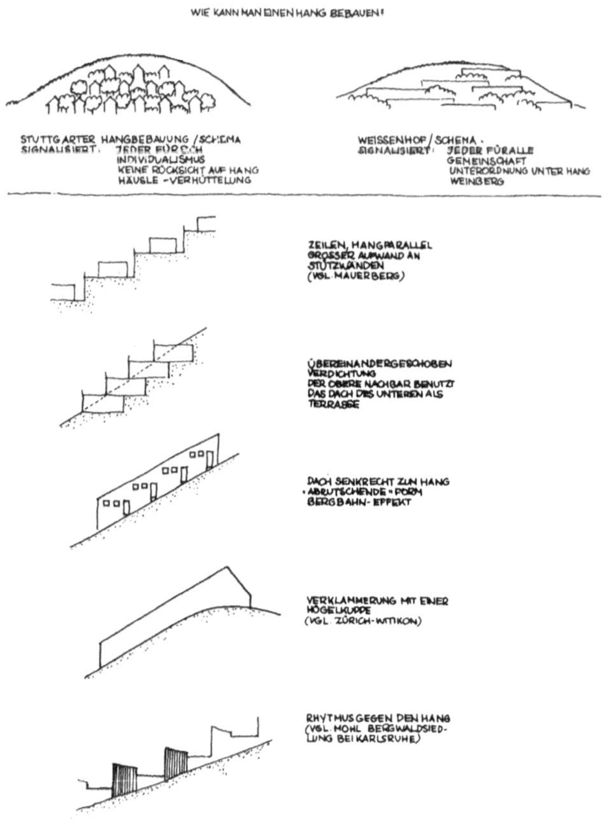

Eindruck vermittelt werden. Die Erschließung ist bei diesem Typ sehr sparsam – ein Grund dafür, ihn immer wieder anzuwenden.

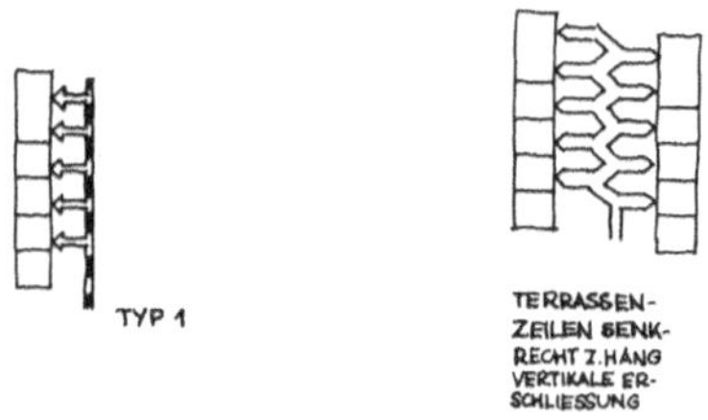

2. Die parallel zum Hang liegende Terrassenzeile bedarf einer primären Vertikal- und einer sekundären Horizontalerschließung. Das bedeutet ein System von Gängen, die höchstens mit Kopf-Fenstern belichtet werden können. Dieser Typ birgt das Moment der Schematisierung in sich. Erst abgeknickte Gänge oder

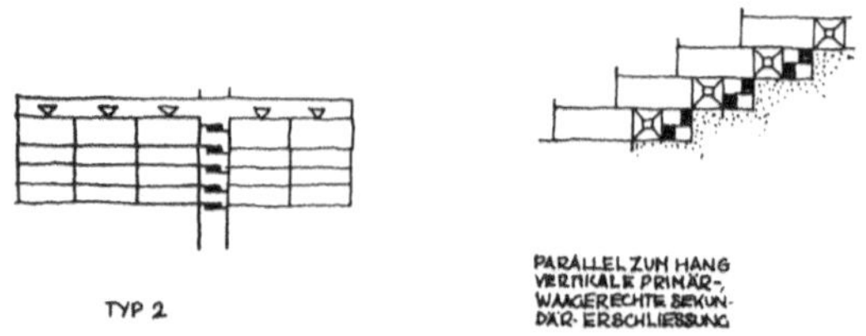

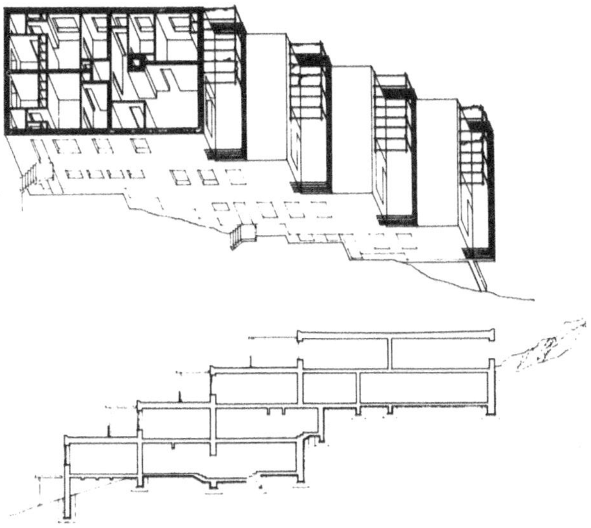

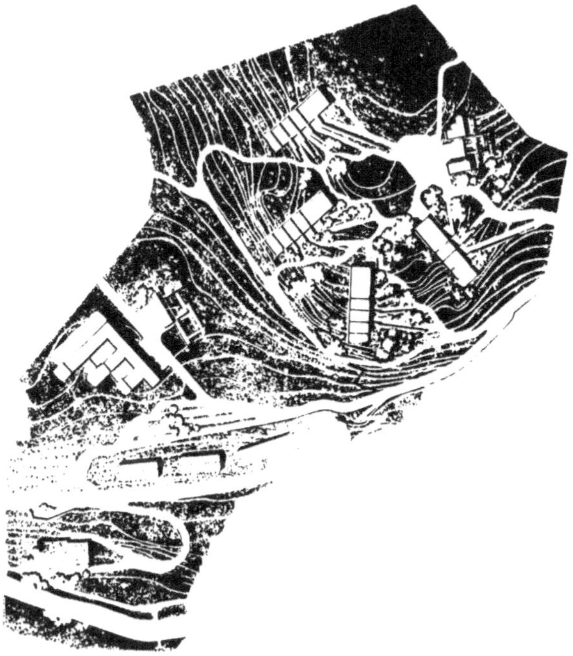

Siedlung und Wohnhaus Kauttua
Arch. A. Aalto, 1938/40
links: Schnitt und Isometrie
rechts: Lageplan, Beispiel Typ 1
aus: A. Aalto, Stuttgart 1963

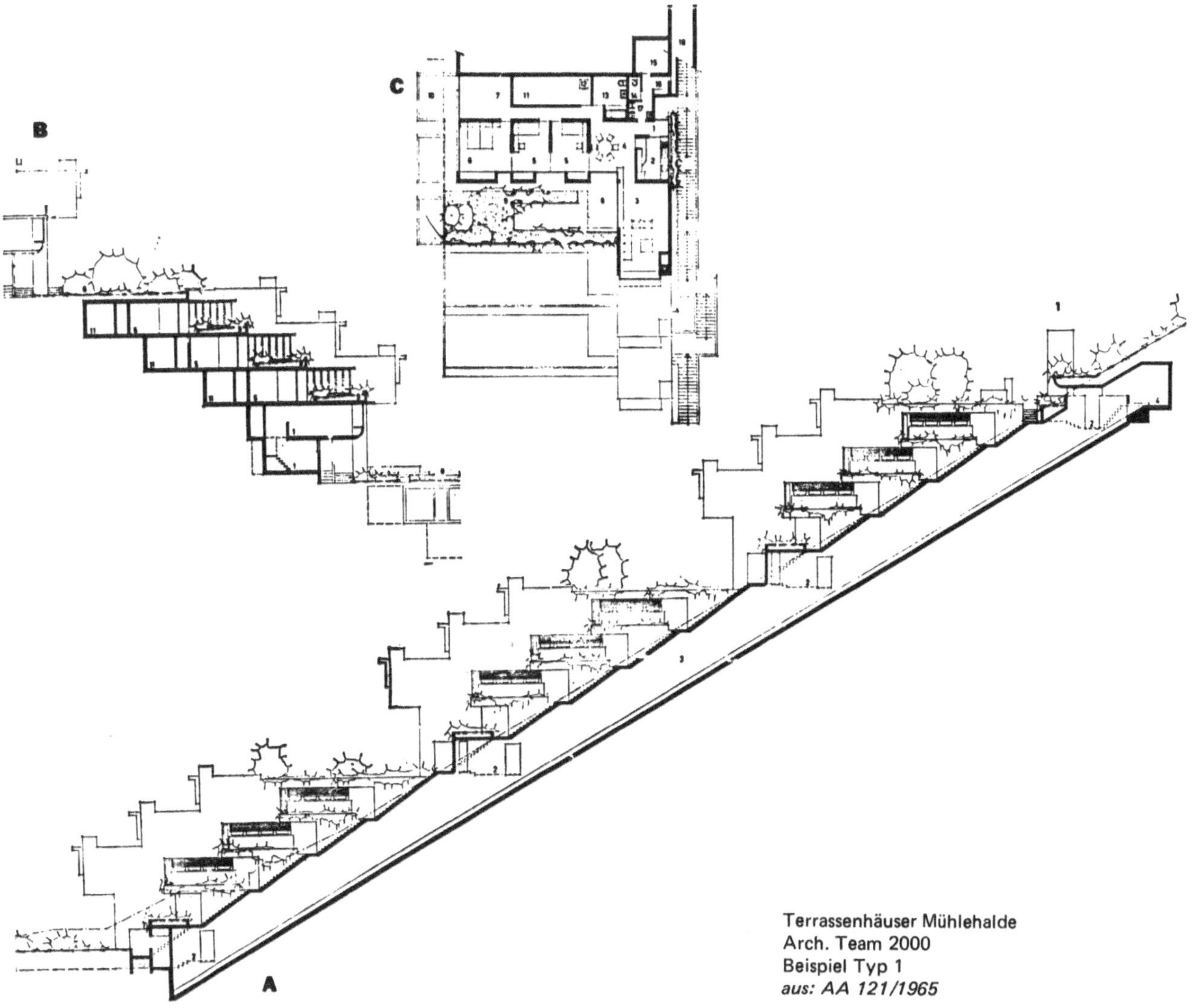

Terrassenhäuser Mühlehalde
Arch. Team 2000
Beispiel Typ 1
aus: AA 121/1965

Systemschnitt

Terrassenhäuser in Baden-Baden
Arch. Reinhard Gieselmann, 1971
Grundriß und Schnitt, Beispiel Typ 1
aus: Prolegomena 16/17, Wien 1976

Der Entwurf berücksichtigt die Umgebung. Es handelt sich um ein Villenviertel aus der Gründerzeit. Die Volumen der Terrassenhäuser entsprechen denen der alten Villen.

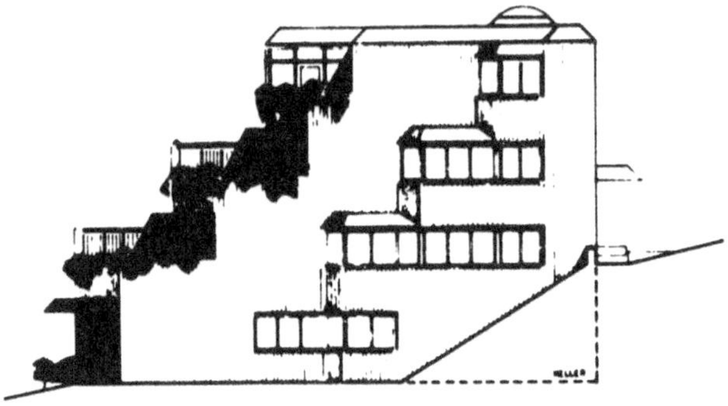

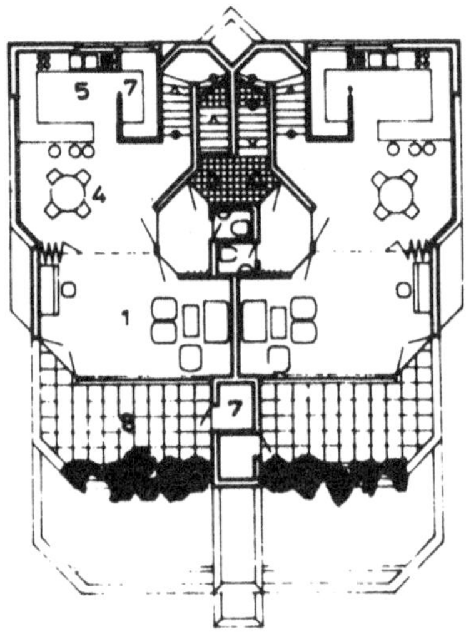

2. Obergeschoß

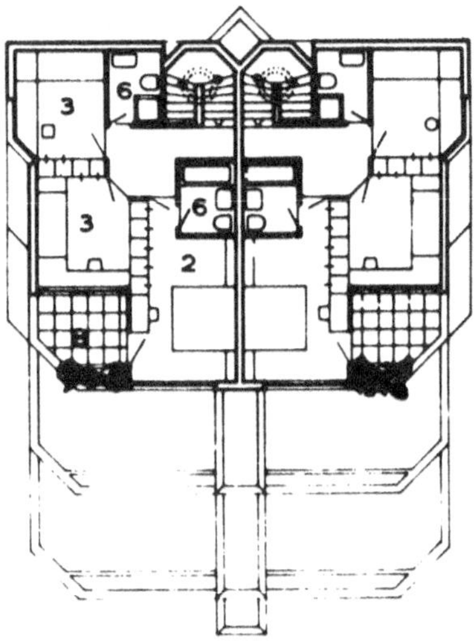

Dachgeschoß

Erdgeschoß

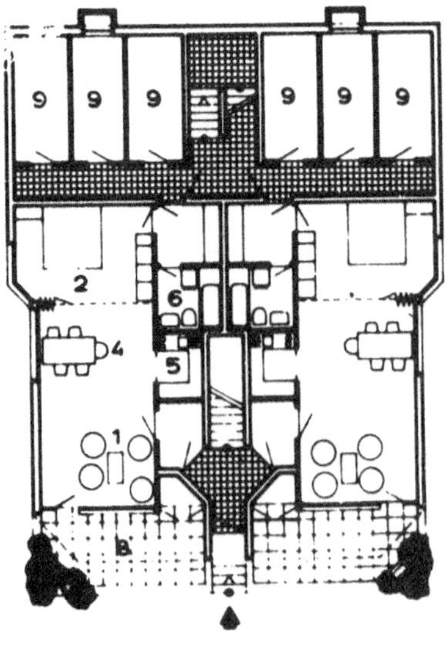

1. Obergeschoß

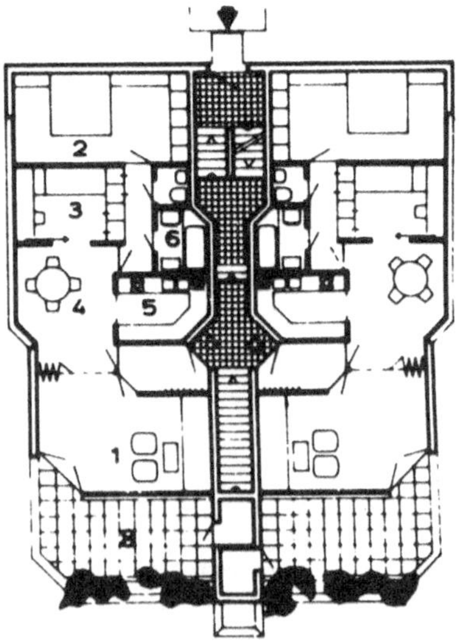

1 Wohnraum
2 Elternschlafzimmer
3 Kinderzimmer
4 Eßplatz
5 Küche
6 Bad, WC
7 Abstellraum
8 Terrasse
9 Keller

die Einführung eines anderen Winkelsystems – möglicherweise durch die Topographie angeregt – bewirken eine Differenzierung. Der lagerhafte Charakter kann mit diesem Typ erreicht werden. Das Erschliessungs-System ist sehr aufwendig.

3. Eine Variation des 2. Typs ergibt sich durch die Zweigeschossigkeit der an den Gängen liegenden Wohnungen. Hierdurch werden Gänge nur pro eineinhalb Geschosse notwendig. Es ergibt sich die Möglichkeit der Belichtung und der gelegentlichen Ausweitung der Gänge. Die tertiäre Erschließung ist die interne Wohnungstreppe; bei der Kalkulation der Erschließungsflächen wird man diese mitberechnen müssen, so daß nicht viel gespart werden kann. Doch werden mit diesem Typ gegenüber Typ 2 die öffentlichen Erschließungsflächen auf ein normales Maß reduziert.

Terrassenhausbau wird in großem Stil vor allem in der Schweiz betrieben. Terrassenhäuser prägen heute das Ortsbild verschiedener Städte (z.B. Zug, Zürich).[83]

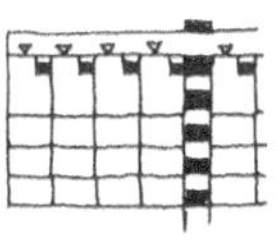

TYP 3

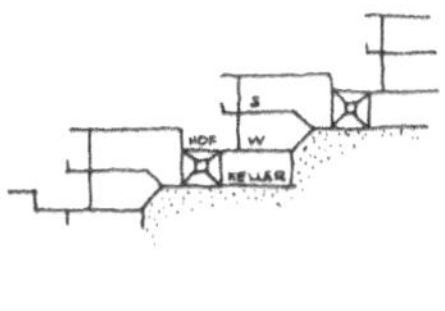

WIE TYP 2, JEDOCH ZWEIGESCHOSSIGE WOHNUNGEN

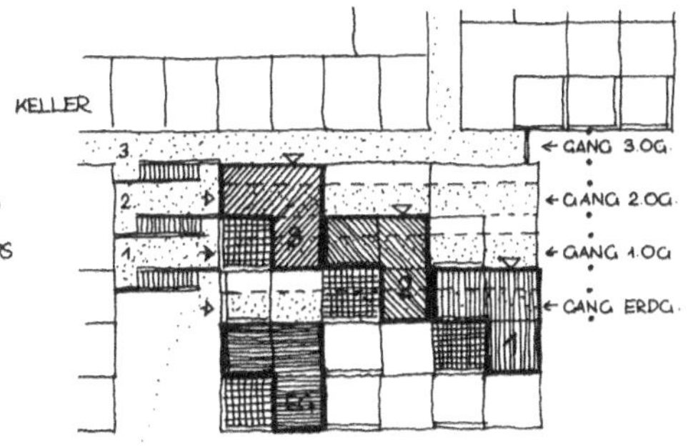

LAGE DER WOHNUNGEN UND GÄNGE IM TERRASSENHAUS (TYP 2)

Schweizerische theoretische Untersuchungen zum Thema sind daher maßgebend geworden. Vor allem die 1966 in der Zeitschrift „Werk" publizierte Optinierung des Zusammenhangs zwischen Hangneigung, Baulandbedarf und Erschließungstypen gibt uns über die ökonomischen Erwartungen an das Terrassenhaus Aufschluß.[84]

Die Schlüsse hieraus sind:

- Terrassenbau ist sehr wirtschaftlich in der Auswertung des Baulandes. Diese liegt bei 70–138 % für reine Wohnzwecke.
- Bei steilerer Neigung nimmt der Baulandbedarf ab. Wir müssen ergänzen: Bauen am Hang verursacht mit zunehmender Neigung steigende Kosten.
- Straßenkosten steigen ebenso bei zunehmender Geländeneigung an. Schrägliftkosten nehmen bei zunehmender Neigung ab.
- Stellt man den Lärmanfall einer mittleren Erschliessungsstraße in Rechnung, so werden Schräglifts wegen des höheren Wohnwertes bei zunehmender Steigung diskutabel.
- Die optimale Hangneigung liegt bei 30°.

Die nachstehende Tabelle[85] mag den Vergleich von Flächen- und Längendaten zwischen Terrassenhäusern und Einfamilienhäusern bieten. Dieser bezieht sich auf eine Terrassenhausanlage mit 35 Wohneinheiten und vorgelagerten 30 Wohneinheiten in freistehenden und Reihenhäusern in Mödling bei Wien. Es handelt sich um das erste Österreichische Terrassenhaus (1969 von Architekt Prof. Eugen Wörle erbaut).

Vergleich der verschiedenen Nutzungsdaten:

	Terrassenhaus (36 WE)	Einfamilienhäuser (30 WE)
Ges. Bruttobauland	6000 m2	9600 m2
Ges. Nettobauland	4700 m2	6100 m2
Ges. Wohnnutzfläche	3700 m2	3050 m2
Durchschnittliche Wohnnutzfläche	102 m2	102 m2
Bruttobauland/WE	166 m2	302 m2
Nettobaland	130 m2	203 m2
Laufmeter Wege	30 m	100 m
Laufmeter Straßen	–	330 m

Vergleich für ein Grundstück von 50 m Breite, ein Haustyp von 140 qm und 55 qm Terrasse und 30 qm Keller.

nach Werk, Zürich, 6/1966

	Hangneigung 15 Grad		*Hangneigung 30 Grad*	
	Aufschließung mittlere Hangstraße	Aufschließung Schrägaufzug	Aufschließung mittlere Hangstraße	Aufschließung Schrägaufzug
Baulandfläche in m2	149 X 50 = 7450	160 X 50 = 8000	99,5 X 50 = 4975	110,5 X 50 = 5525
Nutzung in WE	11 T + 1 D = 24	10 T + 4 D = 28	11 T + 3 D = 28	13 T + 4 D = 34
Bruttobauland pro WE	310 m2	285 m2	177 m2	163 m2
Erschließungskosten/WE	15.000 S	(68.000 S)	17.100 S	(41.300 S)
Erschließungskosten vermindert um Baulanddifferenz bei 400 S/m2		58.100 S		35.700 S

Freistehende Terrassenhäuser

Maisons à Gradins
Arch. Henri Sauvage, 1920
Entwurf eines Wohnquartiers mit Stufenhäusern
aus: Werk 2/1965, S. 47

Auch bei freistehenden Terrassenhäusern dient das Dach der darunterliegenden Wohnung der zurückgesetzt darüberliegenden als Terrasse, doch folgen sie keinen topographischen Prämissen. Freistehende Terrassenhäuser haben ihre Tradition:
Älteste Stufenbauten sind die altbabylonischen Zikkurate, gestapelte Pyramidenstümpfe, die als Tempel zur Verehrung der Götter gebaut wurden. Ihre Terrassen dienten den regelmäßigen astronomischen Beobachtungen durch die Priester, die oberste quadratische Terrasse war den Göttern selbst vorbehalten. Auch der Turm von Babel war eine siebenstöckige Zikkurat. Blasphemische Menschen bauten ihn so hoch, nicht um den Göttern eine Terrasse zu bieten, sondern um selbst bis in den Himmel hinauf kommen zu können. Sieben Stockwerke in den sieben Farben mit den Namen von sieben Himmeln entsprachen den sieben Planeten und den sieben Metallen. Die Terrassen waren gärtnerisch angelegt. – Das ganze Experiment des Turmbaus zu Babel ist als ein erster aufgeklärter Versuch zu werten, mit der geballten Potenz des Irdischen den Himmel zu erobern. In einem mythischen Zeitalter mußte das scheitern.[86]
Semiramis, jene sagenumwobene assyrische Königin des 9. Jahrhunderts, baute eines der sieben Weltwunder: die hängenden Gärten, über die Xenophon berichtet hat. P. Atanasius Kircher (17. Jahrhundert) stellte diese hängenden Gärten als einen terrassierten Palast mit herrlichen Gärten auf den Dachterrassen dar. Xenophon hat sie als „Paradeisos" bezeichnet, um ihre Schönheit hervorzuheben. Isolierung und Dämmung der Dächer sind überliefert. Sie bestanden aus (von unten nach oben): Balkenlage, Steinquadern, Schilf, Asphalt, 2 Ziegelschichten, Bleidecke, Erdschicht. Diese schwere und aufwendige Konstruktion mag uns heute daran erinnern, daß der Bau von Terrassenhäusern vor allem konstruktive Voraussetzungen erfüllen muß. Außer der Isolierung gegen Oberflächen- und Schwitzwasser ist es wichtig, die Wärmespannungen der teils im Freien, teils im Haus liegenden Betondecken aufzufangen. Hier kann nicht genug Perfektion getrieben werden.
Wenn die Geschichte des Terrassenhauses immer wieder Unterbrechungen erfährt, so ist das auch auf die Kosten der Konstruktion zurückzuführen.
Abgesehen von einem Hinweis auf anonyme Wohnbauformen (Pueblo-Indianer 16. Jhdt. in New Mexico)[87] soll hier nur kurz auf Terrassenhäuser unseres Jahrhunderts eingegangen werden. Einer der interessantesten Wohnbauarchitekten des beginnenden Jahrhunderts war Henri Sauvage, der 1912 ein Miethaus an der Rue de Vavin in Paris baute, 1925 ein weiteres in der Rue des Amiraux. Kennzeichnend für Sauvage ist die schwach artikulierte Staffelung der insofern nicht sehr tiefen Terrassen. Gegen die horizontalen Brüstungsbänder wirken die Treppentürme als Vertikalakzente.
Auf den Häusern bei Gradins (Projekt 1920) werden die Terrassen so breit angelegt, daß auch Straßen darauf geführt werden können, dazu Spielterrassen für Kinder und Lauben für jede Wohnung. 1929 folgte ein Projekt für Paris mit zwei 16-geschossigen Hügelhäusern. Seine Bauten und Tony Garniers Planungen mögen Le Corbusier, vielleicht aber auch Adolf Loos beeinflußt haben, der verschiedene terrassierte Häuser plante und baute (Hans Dr. Scheu in Wien-Hietzing 1912). Loos plante

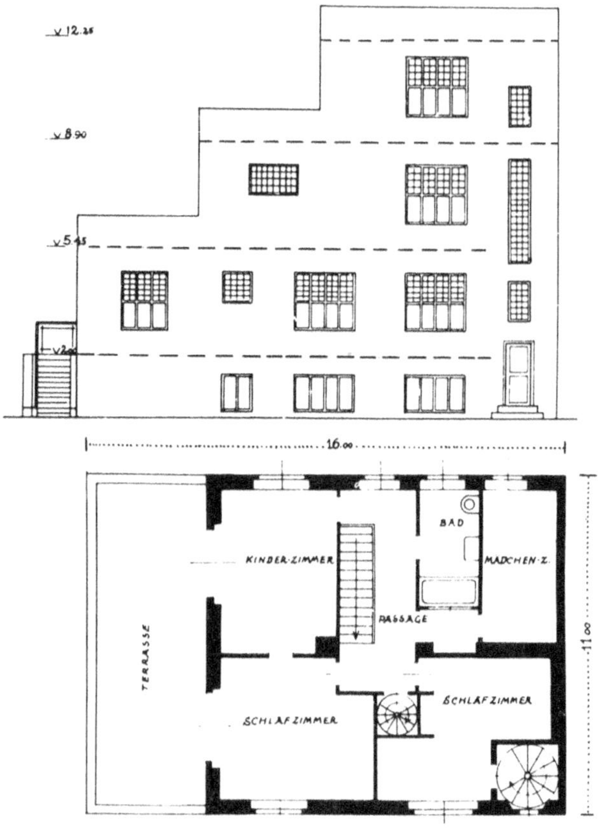

Haus Scheu
Arch. A. Loos, 1912
Grundriß des ersten Stockwerks und Aufriß der Straßenseite
aus: Münz und Künstler, Der Architekt Adolf Loos, Wien 1964

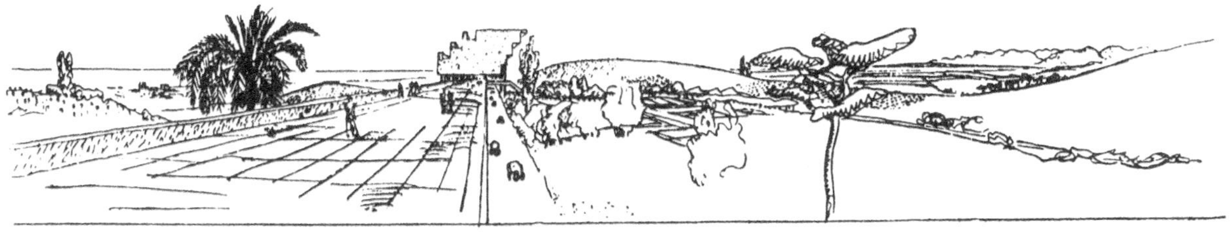

Ansicht in der Landschaft

Schnitte

Terrassenhaus für Algier/Algerien
Arch. Le Corbusier, 1934
aus: W. Boesiger, Le Corbusier 1929–34, Zürich 1947

1923 zwanzig Villen in Dachgärten an der Riviera und das Grandhotel Babylon – ebenfalls als Hügelhaus.[88] Auch sein Zeitgenosse Oskar Strnad hinterließ das Projekt einer terrassierten Wohnanlage, die in Form eines großen Ovals mit nach innen terrassierten Wohnungen einen Hof umschließt.[89]
Endlich bietet uns Le Corbusier mit seinem 1933 projektierten Terrassenhaus für Algier den Ansatz einer Typologie. Sein Bau ist ein *einhüftiges* Haus mit doppelgeschossigen Wohnungen. Die Schwierigkeit dieses Typs liegt in der formalen wie statischen Bewältigung der Auskragung der Gangseite. Hierdurch wird er auch in der Höhe beschränkt bleiben. Dieser Typ ist mit geschoßweisen Gangflächen relativ selten, da die Erschließungsflächen teuer sind. Er wird in den letzten Jahren vor allem mit Gängen gebaut, die Wohnungen auf mehr als einer Ebene erschließen. Einbündige Terrassenhäuser und Außenganghäuser können heute als ein Bautyp betrachtet werden – so selten sind nichtterrassierte Gangtypen geworden.

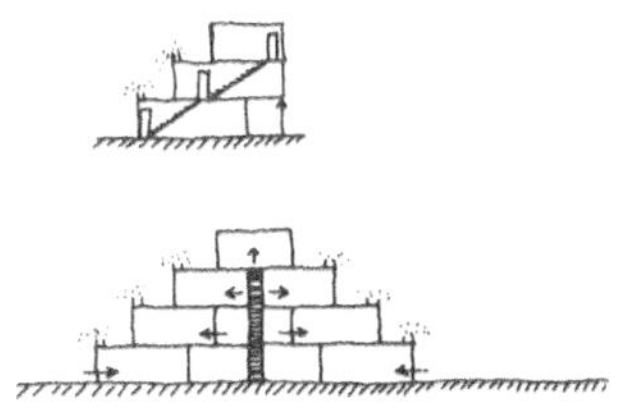

EIN- UND ZWEIBÜNDIGE TYPEN DES FREISTEHENDEN TERRASSENHAUSES

Der zweibündige Typ mit seinen Terrassierungen nach zwei Seiten wird durch Treppenhäuser und Innengänge erschlossen. Die äußere Abstufung der Wohneinheiten impliziert im Inneren sehr tiefe – und daher schlecht belichtete – Volumina oder große Leerräume, die als Hallen Verwendung finden können. Es scheint, daß die Innen-Volumina diesem Typ die Höhenbeschränkung

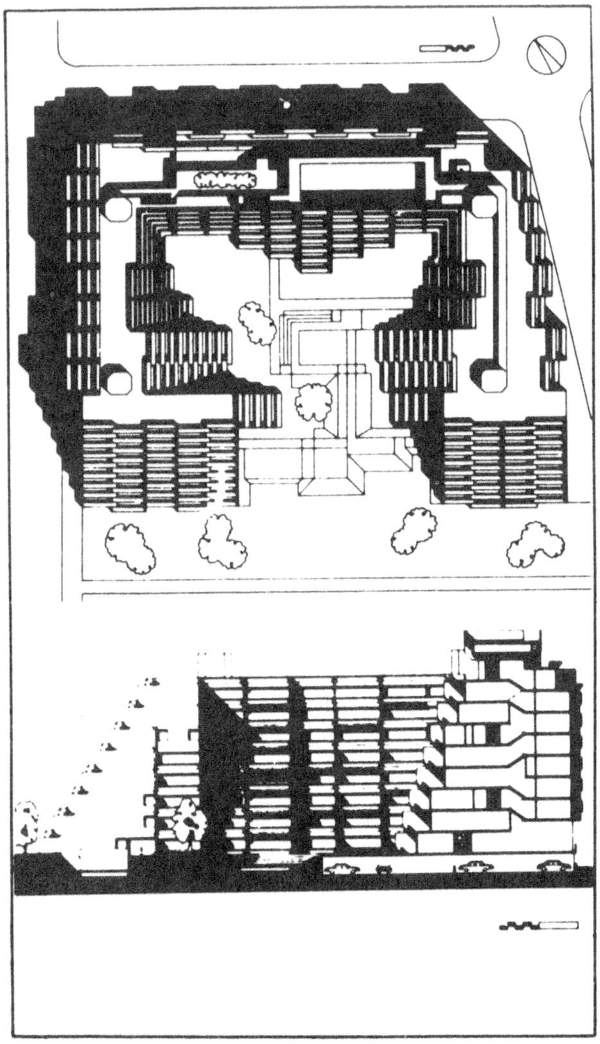

Wohnanlage Inzersdorfer Straße in Wien/Österreich
Arch. Harry Glück
Draufsicht und Schnitt
aus: Stadtplanung Wien, Mai 1975

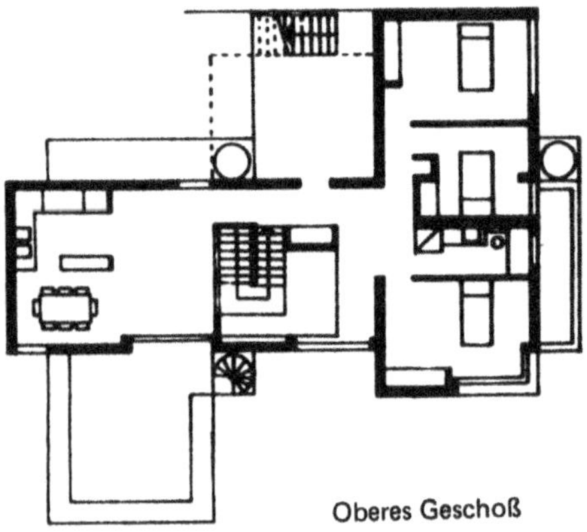

Oberes Geschoß

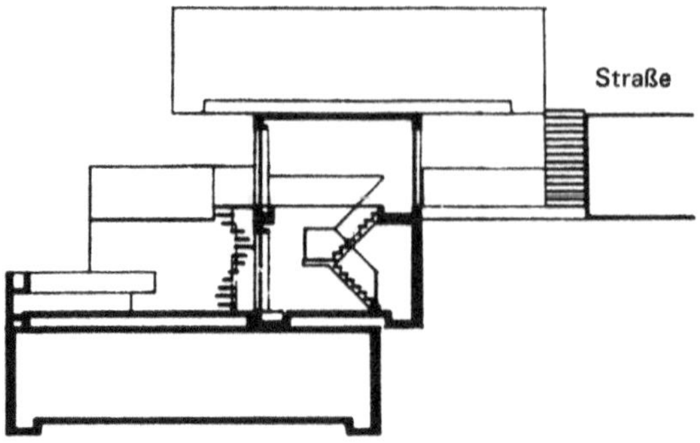

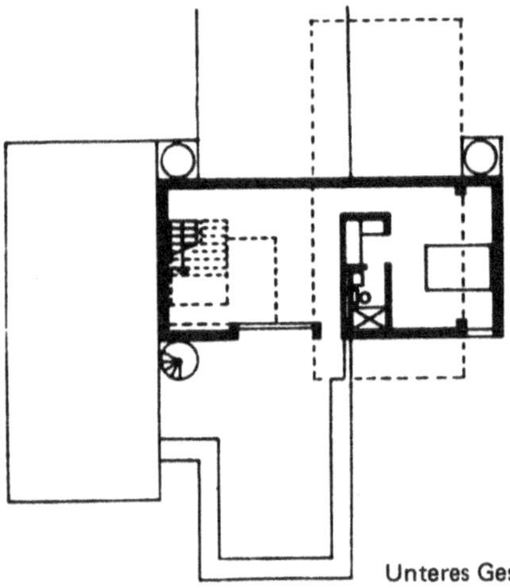

Unteres Geschoß

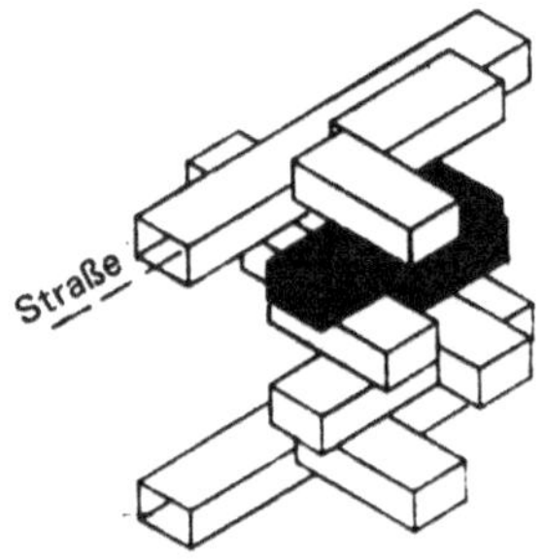

Typ III - 4 - B

Wohnung aus 3 Elementen mit 4 Schlafräumen. Zugang von oben

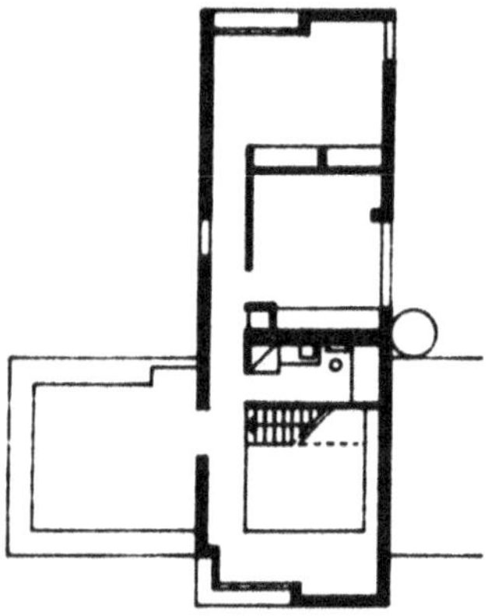

Oberes Geschoß
III 3 P

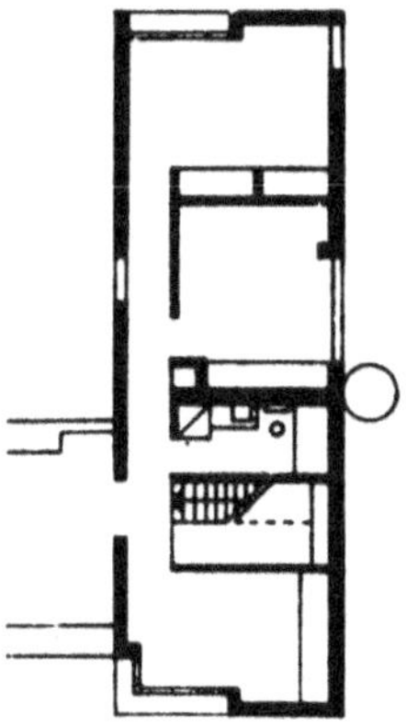

Variante
III 4 P

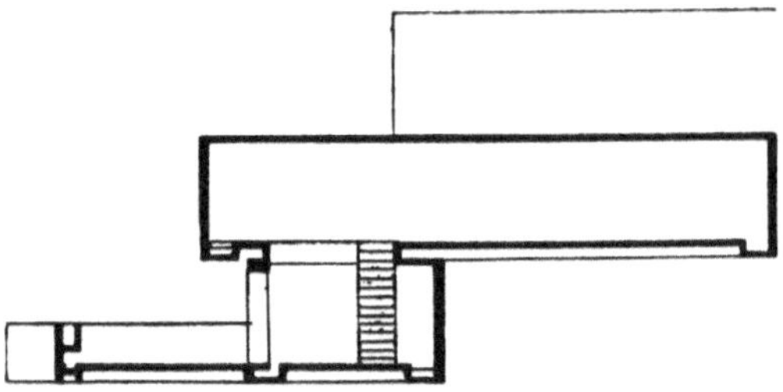

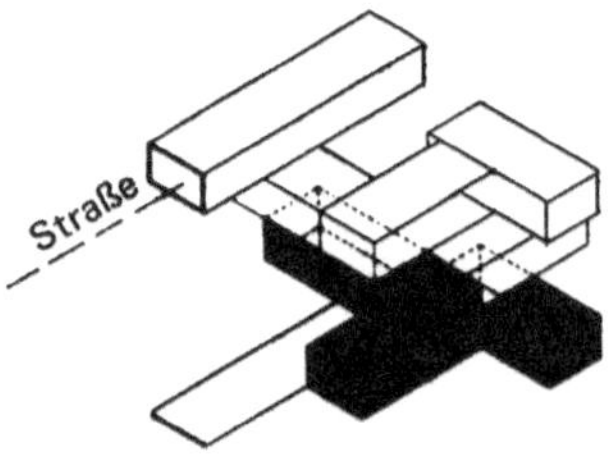

Typ III - 3 - P und III - 4 - P

Wohnungstyp aus 3 Elementen mit 3 bzw. 4 Schlafräumen. Zugang von oben

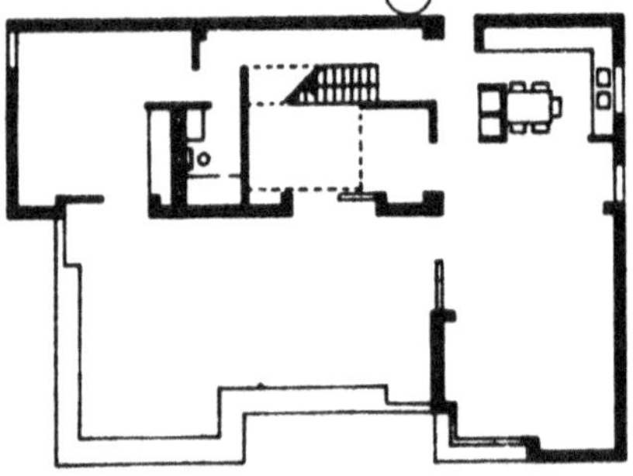

Unteres Geschoß

Habitat '67 Montreal
Arch. Moshe Safdie, 1967
Wohneinheiten aus Raumzellen in Schwerbeton
aus: Baumeister 7/1967

auferlegen: ab 4 Geschosse Bauhöhe nimmt die Wirtschaftlichkeit ab. Eine Kombination von Hochhausscheiben, die nur bis zu dieser Höhe zweiseitig abgetreppt werden, ergibt einen derzeit häufig gebauten Typ. Die Beschränkung auf die zwei abgetreppten Seiten hat allerdings eine einseitige Ausrichtung der Wohnungen zur Folge. In den unteren Geschossen sind durch die ganze Baublocktiefe durchgehende Wohnungen nicht möglich.

Ein mehrseitig abgestuftes Terrassenhaus ist schließlich als dritter Typ denkbar. Die Architekten Frey und Schröder, die erstmalig 1963 einen solchen kreierten, nannten ihn Hügelhaus. Von hier ist es nur ein kleiner Schritt zur Pyramide.

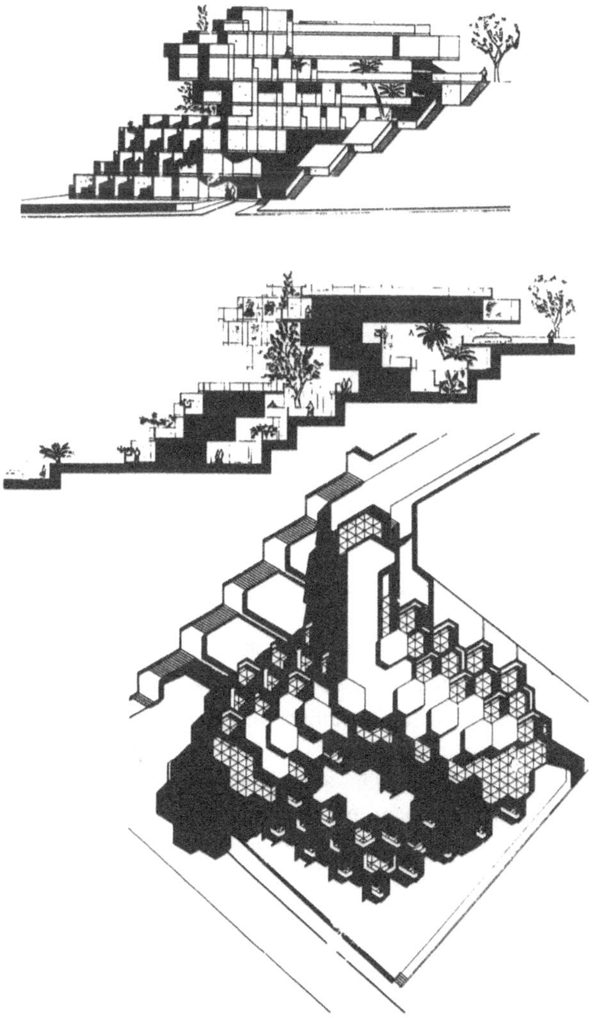

Wohnanlage Ramat Gan
Arch. Hecker, Neumann, Sharon
Hexagonale Grundriß-Systematik, Schnitte u. Aufsicht
aus: World Architecture 3, London 1966

Terrassenhäuser und Hügelhäuser stellen besondere Anforderungen an dreidimensionales, strukturelles Entwerfen. Durch das gestufte Ansteigen des Gebäudes ergibt sich ein ablesbarer menschlicher Maßstab – gute Voraussetzung für die Überwindung monumentaler Architektur.

4. Vertikale Stapelung multipel angewendeter Wohnungstypen

Auf der 1927 abgehaltenen CIAM-Tagung mit dem Thema „Das Existenz-Minimum" vertrat Ernst May den Flachbau als die beste aller Arbeiterwohnungen.[90] Er befand sich im Gegensatz zu Gropius, der als Verfechter des Wohnhochhauses auftrat, aber auch zu den Wienern, die gerade angefangen hatten, ihre großen Wohnhöfe zu bauen. Diese Auseinandersetzung hat sich bis heute fortgesetzt, und – bezeichnend für eine Epoche äußerst ökonomischen Denkens – der Geschoßbau hat gesiegt.

„Vertikale Stapelung" ist nicht abwertend gemeint – mit diesem Terminus soll die Wohnform gekennzeichnet werden, auf die man sich hinsichtlich der rationellsten Erledigung der Aufgabe geeinigt hat. Es ist die Konvention des Wohnens, nicht die am meisten begehrte, sondern die am meisten praktizierte. In unserer Epoche der hochindustrialisierten Technik erliegen die Architekten der vertikalen Stapelung immer wieder der Versuchung, industrielle Herstellungs- und Verpackungsmethoden direkt auf den Wohnbau zu übertragen. „Systembau" und Wohnbau werden gelegentlich gleichgestellt, und niemand kommt auf die Idee, das Gemeinte mit „Menschbau" zu bezeichnen. Umgekehrt wird es nicht möglich sein, die Wohneinheiten wie Individuen zu behandeln, wie die Individuen, die darin leben. Die Probleme der Massengesellschaft sind nicht individuell zu lösen. Die Konvention erheischt Nivellement, dem sich der Gewohnheitsmensch unterordnen läßt.

Der gestapelte Wohnbau hat überwiegend rationale Motive: Billiger als im viergeschossigen Haus kann man nicht wohnen. Die viergeschossige Zeile ist die billigste Wohnbaumethode. Eine Verdichtung auf 210 Einwohner/ha mit einer GFZ von 1,0–1,4 ist eine Größenordnung, an die sich der Bewohner gewöhnen kann bzw. will, um sich auch ein Auto leisten zu können. Der Bautyp ist sparsam im Landverbrauch – wenn auch nicht so sparsam wie Hangterrassenhäuser – sparsam in den Bau-, Erschließungs- und Bewirtschaftungskosten. Eine Hausfrau wird letzteres vielleicht nicht berechnen, doch sie wird empirisch wissen, wie einfach und sparsam eine Wohnung im 3. Obergeschoß zu pflegen ist.

Wenn auch die Bezahlbarkeit oberstes Kriterium für diese Wohnform darstellt, so wollen wir versuchen, auch irrationale Motivationen abzuleiten. Ein viergeschossiger Bau läßt einen Kollektivitätsgrad erwarten, an den sich viele Menschen gewöhnen können, den sie möglich und wünschenswert finden.

Hierzu gehört die Mitplanung gemeinsamer Einrichtungen, die aus dem Individualitätsrepertoire herausgenommen werden können und eine besondere Wartung erfordern: Antenne, Waschautomat und Schwimmbad zählen dazu, aber auch Folgeeinrichtungen, wie Läden, Spielplätze, Garagen, um im weiteren die Anbindung des Wohngebäudes an den Verkehr, ja mehr

als das: die Kontinuität von Erschließungs- und Wohnbauwerk zu realisieren und die Verbindung mit öffentlichen Gebäuden (Verkehrs-, Arbeits-, Erholungsstätten) herzustellen.
Es muß — im Kontrast hierzu — soviel Privatheit wie möglich geschaffen werden. Das wird konkret mit besonderen Vorkehrungen für Schalldämmung, mit nicht einsehbaren Fenstern und Terrassen und mit einer Ausbildung des Schwellenbereiches erreicht. Auch durch die Grundrißplanung des gesamten Blocks kann man Privatheit fördern. Dazu ist es nötig, die Wohnung im Verband mit den daneben und darüberliegenden Wohnungen so zu entwerfen, daß ruhige Räume (Schlafzimmer) und laute (Wohnzimmer) jeweils benachbart werden. Balkone und Terrassen dagegen sollten möglichst voneinander separiert werden.
Privatheit kann auch durch Mitbestimmung bei der Planung oder beim Umbau erreicht werden. Die Wahl eines genügend flexiblen Bausystems ist daher wichtig.

Bauträger

Der Architekt beklagt beim Bau des Wohnblocks die Anonymität des Bauherrn. Während er den Entwurf eines individuellen Einfamilienhauses oder einer Hausgruppe in ständiger Auseinandersetzung mit den künftigen Bewohnern erarbeitet, ist dies bei Größenordnungen über 20 Wohneinheiten nicht mehr möglich. Organisation muß das persönliche Gespräch ersetzen. Wenn die Bewohner schon im Planungsstadium bekannt sind, und viel Zeit zur Verfügung steht, kann ihre Partizipation grundsätzlich mitorganisiert werden. Entsprechende Versuche kennen wir von der Planung der Stadterweiterung Hamburg–Steilshoop.[91]
Die Organisierung der Durchführung, Finanzierung und Vermietung eines Geschoßbauvorhabens wird bei uns überwiegend von Wohnungsbaugesellschaften übernommen, selten von Privatleuten. Wohnungsbaugesellschaften können öffentlich (staatlich, kommunal) oder privat (Banken, Industrien, Bauunternehmungen u.ä.) strukturiert und finanziert sein. Ein Aufsichtsrat mit Vertretern des Geldgebers entscheidet über das Geschäftsgebaren, das von der kaufmännischen und technischen Leitung initiiert wird. Der Mitarbeiterstab besteht in aller Regel aus Architekten, Kaufleuten und Juristen.
Das Tätigkeitsfeld einer Wohnungsbaugesellschaft ist breit gefächert: Grundstückserwerb, Planung, Kalkulation, Vergabe, Bauleitung und Abrechnung gehören ebenso dazu wie Werbung, Vermietung, Verkauf und Verwaltung. Die Trennung in Bauherr, Architekt und Hausverwalter oder -besitzer ist aufgehoben. Wenn dann noch die Aufgaben des Bauunternehmers bzw. Generalunternehmers dazu kommen, entsteht hier eine wirtschaftliche Konzentration, die die Position des freien Architekten eher als die einer Randfigur erscheinen läßt. Wohnungsbaugesellschaften können das Prädikat „gemeinnützig" erhalten und haben dadurch wichtige Steuererleichterungen. Sie müssen sich in diesem Fall verpflichten, ohne Gewinn zu arbeiten bzw. die Überschüsse in weiteren Wohnungsbau zu investieren.

Kosten und Mieten

In der freien Marktwirtschaft gilt das Prinzip der Kostendeckung einschließlich eines angemessenen Gewinns bei jeder Investition durch den aus ihr resultierenden Ertrag. Übertragen auf den Wohnbau müßten nach diesem Prinzip die Mieten so berechnet werden, daß sie für die Verzinsung und Amortisation der Baukosten wie auch für Betrieb und Verwaltung kostendeckend sind. Durch dieses „kapitalistische" Prinzip würde ein Teil der Bevölkerung von der Versorgung mit angemessenen Wohnungen ausgeschlossen — einfach, weil er sich die „Ware Wohnung" nicht leisten kann. Es gibt daher ein ganzes System von Stützungen der Mieten, Förderung des Wohnungsbaus durch die öffentliche Hand etc. So verschieden die Maßnahmen im einzelnen sind (Objektförderung, Subjektförderung, Zuschüsse, Zinsverbilligungen usw.), so allgemein ist der Grundsatz, dem sozial Schwächeren das Wohnen zu subventionieren. Aus dieser Notwendigkeit heraus ist der „Soziale Wohnungsbau" entstanden. Nach dem 2. Weltkrieg wurde der Soziale Wohnungsbau in der BRD großteils durch die Gewährung von Steuererleichterungen (§ 7c) stimuliert. Inzwischen ist der kommunale und der staatlich geförderte Wohnungsbau mehr in den Vordergrund gerückt. Die finanziellen Regelungen auf diesem Gebiet sind einem steten Wandel unterworfen — das Ziel bleibt immer die angemessene Miete für den sozialen Durchschnitt. Der zumutbare Prozentsatz für Mietaufwendungen liegt zwischen 10—20 % des Realeinkommens.
Die Mietpreisbildung wird zusätzlich erschwert durch die inflationäre Wirtschaftsentwicklung. Von ganz verschiedenen Richtungen wird versucht, die Kostensteigerung einzubremsen. In den 60er Jahren setzte man große Hoffnungen in eine *Industrialisierung* des Bauens. Die in dieser Hinsicht in den Fertigteilbau gesetzten Erwartungen haben sich nicht erfüllt — auch hier war eine Verteuerung (Lohn-Preis-Spirale) nicht aufzuhalten. 1975 mußten die Bauherren von Thamesmead, der großen Londoner Stadterweiterung, die Konsequenzen ziehen, in den letzten Bauabschnitten auf Fertigteilbauweise verzichten und wieder auf konventionelle Baumethoden zurückgreifen.[92] — Heute versucht man, die Kosten durch das Fortlassen des Finish zu senken. Halbfertige, unausgebaute Wohnungen sollen dem Mieter/Käufer zum Selberfertigmachen übergeben werden. Von einer echten Einsparung der Kosten kann hier nicht die Rede sein — höchstens von einer Abwälzung.
Eine bessere Möglichkeit, Kosten zu sparen, liegt in der Grundrißbildung: durch einer Verminderung der Erschließungsflächen kann der Planer entscheidend zur Kostenminderung beitragen.

Geschichtliche Entwicklungen in Berlin und Wien (Exkurs)

Sehr genau spiegelt die Bautypologie der vertikalen Stapelung des 19. Jahrhunderts die soziologischen Strukturen. Anhand der vergleichenden Entwicklung in den beiden Städten Berlin und Wien soll dieser Zusammenhang beispielhaft für andere Städte dargestellt werden.

In Berlin

Bis Mitte des Jahrhunderts war der Einbruch der Industrie in die Großstädte soweit vollzogen, daß Wohnraum in unvorstellbarem Maße knapp wurde.[93] Für die vom Lande hereinströmenden nachgeborenen Bauernsöhne und verelendeten Kleinbauern, die in den neuen Industrien Arbeit suchten, war kein Platz. Sie mußten in Dachkammern, Kellerstuben, Hinterhofbauten unterkommen, solange keine Arbeiterwohnungen gebaut wurden. Im Jahr 1853 wird vom Polizeipräsidenten von Berlin die erste Bauordnung für Berlin erlassen, die nicht zuletzt als eine Ursache für die nun einsetzende Bau- und Bodenspekulation betrachtet werden muß. In der Stadt und in den Außenbezirken wurden 5-geschossige Bauten erlaubt. Es wurden Hinterhöfe, Seitenflügel und Quergebäude gestattet, und die Hofgröße hatte sich einzig nach dem Wenderadius der Feuerspritze zu richten. Die Grundrisse waren ähnlich den „Bassena"–Häusern in Wien. Die Zimmer verschiedener „Wohnungen" lagen an einem gemeinsamen Gang. WCs waren oft genug als Pavillonbauten in den schmalen Höfen angeordnet. Die Berliner Bauordnung blieb bis 1887 in Kraft und dient vielen deutschen Stadtverwaltungen als Vorbild.

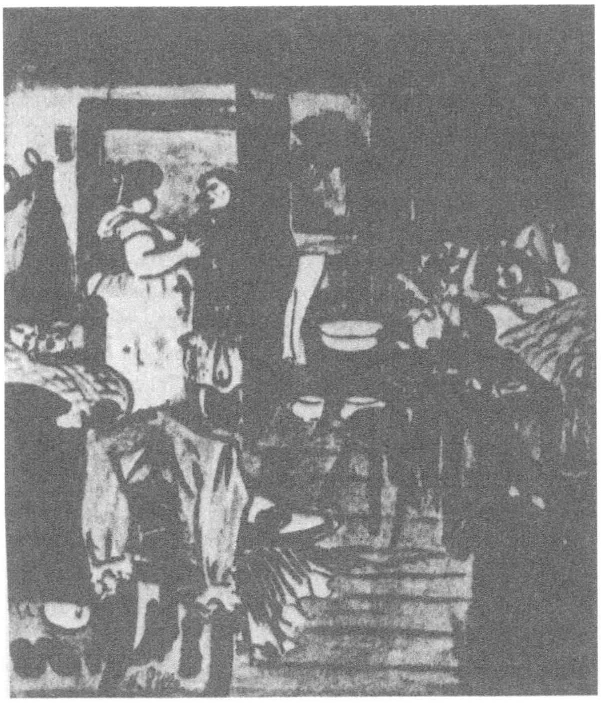

Heinrich Zille „Mein Milljöh"
aus: Meier-Obrist, Kulturgeschichte des Wohnens, Hamburg 1956

Die Belegungsdichte wuchs. 1849 wohnten durchschnittlich 1,5–3 Personen in einem Zimmer. Die Zimmer waren 15–30 qm groß. Eine höhere Dichte wurde nie mehr registriert. Das Berliner Industrieproletariat, d.h. 88 % der Bevölkerung Berlins wohnte in schlechtesten Wohnverhältnissen, 8,4 % der Berliner Bevölkerung kann sich 1875 nur ein Bett, eine „Schlafstelle" leisten, die nur nachts benutzt werden darf. Diese „Schlafburschen" halfen, die Miete der ohnehin eng lebenden Arbeiterfamilien aufzubessern.
Der Stadtplan des Berlin der 80er Jahre bietet von Nordwesten bis Südosten ein unübersehbares Gewirr von Miethäusern mit kleinen Hinterhöfen. Nur in dem von Bürgern bewohnten Südwesten und Süden waren die Wohnverhältnisse besser. In diesen Jahren wurde am Wohnungsbau immer wieder Kritik geübt. 1874 erschien in Leipzig das Buch „Die Großstädte in ihrer Wohnungsnot und die Grundlagen einer durchgreifenden Abhilfe". Die Verfasserin, Gräfin Adelheid Dohna-Poninski mit dem Pseudonym Arminius trat für einen Grüngürtel, Gärten für das Familienleben und für Kindergärten und Feierabendstätten ein. Sie nahm damit deutlich Stellung gegen Bismarcks Verachtung des Arbeiterstandes und setzte sich für eine Reform des Wohnungswesens des Proletariates ein. Weitere Kritik kam von dem Entdecker der Cholera- und TBC-Erreger Robert Koch, der Luft und Licht für *jede* Wohnung forderte, als ihm die unhygienischen Zustände der Mietkasernen bekannt wurden.
Die Überfüllung der Innenstadt Berlins mit Arbeiterwohnungen führte in den 90er Jahren zum Bau von Arbeiter-Vorortsiedlungen: Tegel, Spandau, Reinickendorf und Köpenick wurden in dieser Zeit ausgebaut.
Mit Beginn des 20. Jahrhunderts ist eine gewisse Entspannung im Mietwohnungsbau festzustellen. Als Vorläufer einer positiven Nachkriegsentwicklung werden einige Versuche gemacht, die eine sozialere Einstellung zum Thema deutlich werden lassen: Bruno Taut und Hermann Muthesius beginnen ihre Bautätigkeit. Muthesius baut 1908 zwei dreigeschossige Wohngebäude mit ausgebautem Dach. Die Wohnungen haben keine Einzelküchen, sondern für alle Bewohner zusammen wurde eine Gemeinschaftsküche errichtet.
Der 1914 beginnende Weltkrieg setzt der Bautätigkeit ein vorläufiges Ende und schafft damit eine – notwendige – Zäsur im Wohnungsbau.

In Wien

Die Zustände in Wien waren im 19. Jahrhundert nicht viel anders als in Berlin. Mitte des Jahrhunderts wurden viele Fabriken gegründet, was einen ungeheuren Zustrom von Menschen in die Stadt zur Folge hatte. Kaiser Franz-Joseph ordnete 1856 die Schleifung der Basteien und die Überbauung der Glacis mit Wohnungen an. Die gesamte Wohnbautätigkeit wurde in private Hände gelegt, die große Spekulation begann. Auch in Wien war der Mietzins so hoch im Verhältnis zum Einkommen, daß Betten an Schlafburschen, hier „Bettgeher" genannt, abver-

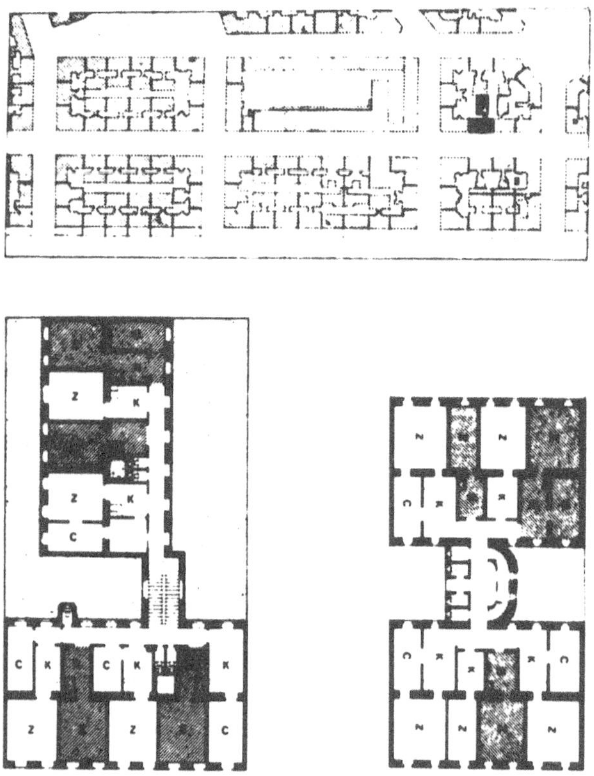

Wiener „Bassena"-Haus (Ende 19. Jh.)
Gangerschließung, WC und Waschbecken am Gang
Zimmer-Küche-Wohnungen
aus: Aymoniono, Fabbri, Villa, La Città Capitale del XIX secolo, Rom 1975

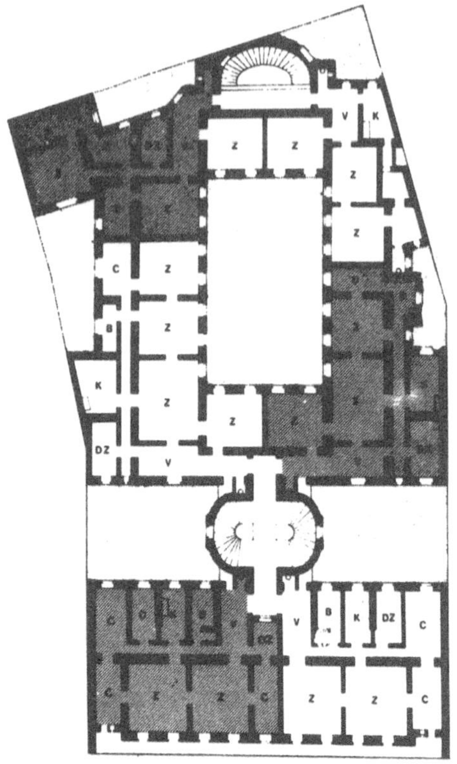

Haus an der linken Wienzeile, Wien
Arch. O. Wagner, 1898/99
aus: Aymonino, Fabbri, Villa, La Città Capitale del XIX secolo, Rom 1975

mietet werden mußten. Der Mietzins betrug durchschnittlich 1/3 bis 1/2 des Einkommens. Der Nationalökonom Philippovich charakterisiert die unglaublichen Zustände folgendermaßen: „Man kann Wohnung für Wohnung abschreiten – es fehlt alles, was wir als Grundlage gesunden, bürgerlichen Wohnens zu sehen gewöhnt sind. Die Wohnung ist nur eine Schutzdecke vor den Unbilden der Witterung, ein Nachtlager, das bei der Enge, in der sich die Menschen drängen, bei dem Mangel an Ruhe, Luft, Reinlichkeit NIE dem erschöpften Körper zur Ruhestätte werden kann. Wer in diese Wohnungen hinabgesunken ist oder hineingeboren wurde, muß körperlich und geistig verkümmern oder verwelken oder verwildern".[94]

Das Mieterschutzgesetz von 1917 war eine erste Maßnahme dagegen. Gleichzeitig entstanden Wohnungen des Großbürgertums, die von hoher Wohnkultur zeugen, und die die scharfen Klassengegensätze dieser Zeit verdeutlichen. Es ist die Zeit des Jugendstils in Wien, der Art Nouveau und Art Deco in Paris. Otto Wagner baute 1898 seine Miethäuser am Rennweg 7. Haus 3 richtete er selbst ein und nannte es Palais Wagner. 1898 entstanden die eher spekulativ angelegten Wohn- und Geschäftshäuser an der Wienzeile 38a–40 mit floraler Fassadenornamentik, und 1910–11 das Miethaus in der Neustiftgasse 40 mit seinem einfachen Schmuck aus Majolikaplatten.[95] Auf Wagners Zeitgenossen Hector Guimard/Paris (1867–1942) und Antoni Gaudi/Barcelona (1852–1928) sei hier lediglich hingewiesen.

Nach dem Ersten Weltkrieg in Wien

In der desolaten Nachkriegszeit fehlte es den privaten Bauträgern an Kapital. Obwohl alle Neubauten durch das Mieterschutzgesetz 30 Jahre lang von Gemeindesteuern befreit und vom Mieterschutz ausgenommen waren, konnte der Wohnbau jahrelang nicht anlaufen. Das Wohnungselend nahm durch den Zustrom von Flüchtlingen zu. In dieser Situation verabschiedete im Jahre 1923 der Wiener Gemeinderat, der nach dem Krieg erstmals eine sozialistische Mehrheit hatte, eine Gesetzesvorlage zum Bau von 25.000 Wohnungen in 5 Jahren.[96] Daraus wurde schließlich ein großes Wohnungsbauprogramm von 64.000 Wohnungen von 1923–1934. Die Zielvorstellung war:

„Jede Familie hat Anspruch auf eine eigene Wohnung. Jede Familie hat Anspruch auf eine ihrer Größe entsprechende Wohnung. Jeder Mensch hat das Recht auf ein eigenes Bett (jede Wohnung muß genügend Schlafmöglichkeiten bieten).

Jede Wohnung muß ein eigenes Klosett und Wasser im Wohnungsverschluß haben.

Jede Wohnung muß einen geeigneten Vorraum besitzen.

Jeder Wohnraum muß direkt belichtbar sein.
Jede Wohnung muß in enger Verbindung mit der Natur stehen. Die Miete einer aus sozialen Gründen erbauten Wohnung muß in einem sinnvollen sozialen Verhältnis zu ihrer Größe und Ausstattung stehen. Jedermann hat die Verpflichtung, für die von ihm benützte Wohnung, wenn sie aus öffentlichen Mitteln erbaut oder gefördert wurde, einen entsprechend angemessenen und tragbaren Teil seines Einkommens zu ihrer Wohnlichhaltung aufzuwenden."[97]

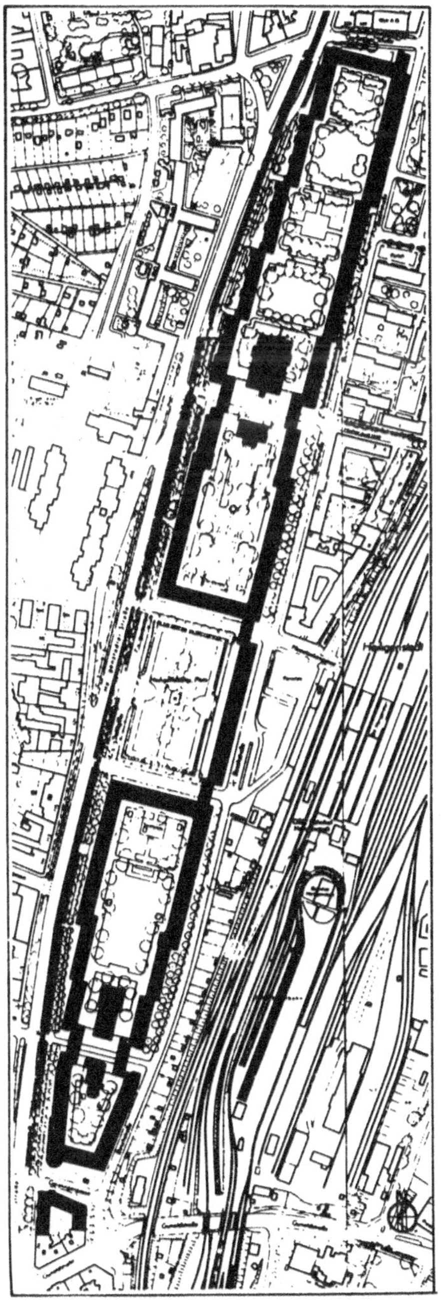

Karl-Marx-Hof Wien
Arch. Karl Ehn, 1928
aus: Mang, Kommunaler Wohnbau in Wien

Es sollten Großwohneinheiten gebaut werden. Die Idee der Gemeinschafts-Wohnanlage erwies sich stärker als die des eigenen Hauses. Diese Großanlage sollte symbolhaftes Zeichen für die Kraft der sozialistischen Idee werden. Der Bau wurde zum Medium der politischen Werbung. In den „roten Festungen" oder „Superblocks" — wie sie im Wiener Volksmund genannt wurden — wurden sehr viele und sehr kleine Wohnungen zusammengefaßt. Die Dramatik der Fassaden wird durch Details wie Torbogen, Fahnenmasten, Türme und durch das Kompositionselement der Symmetrie erreicht.
Ihre soziologische Struktur ist die einer Stadt in der Stadt. Fast alle Folgeeinrichtungen werden integriert — in den Blocks: Läden, Bibliotheken, Restaurants, Wäschereien, Badeanstalten — in den Höfen: Kindergärten, Spielplätze, Parkanlagen. Niemand braucht den Block zu verlassen. Das fast geschlossene System dieser Umwelt macht den Bewohner weitgehend unabhängig von der weiteren Nachbarschaft (es fehlen allerdings Schulen). Eine einheitliche Weltanschauung wurde durch Arbeitervereine, Theaterringe usw. angestrebt. Arbeiterräte sorgten dafür, daß sich niemand ausschloß.
Diese Superblocks waren Zentrum der Sozialisten, 1934 auch Zentren des bewaffneten Widerstandes, als Bundeskanzler Dollfuß die Partei verbot.
Die Stilistische Entwicklung der Wiener Großwohnanlagen zeigt drei Perioden: die Straßenbebauung einer romantischen Auffassung (1923–1926) war die frühe Form (Sandleiten). Der Superblock (1926–1933) entsprach der Auffassung von der Großform, die die Schüler Otto Wagners vertraten (Karl-Marx-Hof). Und der „aufgelockerte Superblock" (1930) bildet den etwas abgewandelten weniger strengen Abschluß der Entwicklung (Washington Hof).[98]
In der Wahl der Stilformen entschied man sich gegen die glatten kubischen Formen und für eine Art Expressionismus, einem Sezessions-Stil, der in der Nähe der gleichzeitigen englischen und der Backsteinarchitektur der Amsterdamer Schule angesiedelt werden kann. Für die Finanzierung dieser riesigen Vorhaben, die meist auf ehemaligen Kleingartenarealen realisiert wurden, wurde die Wohnbausteuer eingeführt.
Die größte Anlage dieser Art ist der Karl-Marx-Hof in Heiligenstadt mit 1325 Wohnungen an fünf Höfen, die der Architekt und Oberbaurat Karl Ehn 1927 fertigstellen konnte. Die Wohnungsgrößen betragen 38 bis maximal 48 qm für Zimmer, Küche, WC und Vorplatz.
Die Wiener Wohnhöfe wurden schon in den 20er Jahren teilweise bewundert, teilweise kritisiert. Die Wohnungs*größen* vor allem waren Gegenstand der Kritik — 75 % waren 38 qm groß, 25 % hatten 45–48 qm. Nach 1927 dimensionierte man sie mit 40–57 qm. Die Ausnutzungsziffer lag zuerst bei 85 %, später — z.B. im Karl Marx Hof — bei 30 %. Die Belagsdichte bewegte sich um 3,15 Einwohner/Wohneinheit.
Heute kritisieren wir außer den geringen Wohnungsgrössen das Mißverhältnis zwischen dem Einzelelement der Wohnung und dem Supermaßstab der Gesamtanlage. Das Festungshafte der Bauten mag dem gefährdeten Zustand des damaligen Sozialismus entsprochen haben — unser heutiges Selbstverständnis wäre durch offenere Bauformen besser gekennzeichnet. Manchen Gemeinschaftseinrichtungen mögen wir heute nachtrauern — sie entsprechen indessen nicht mehr dem Entwicklungs-

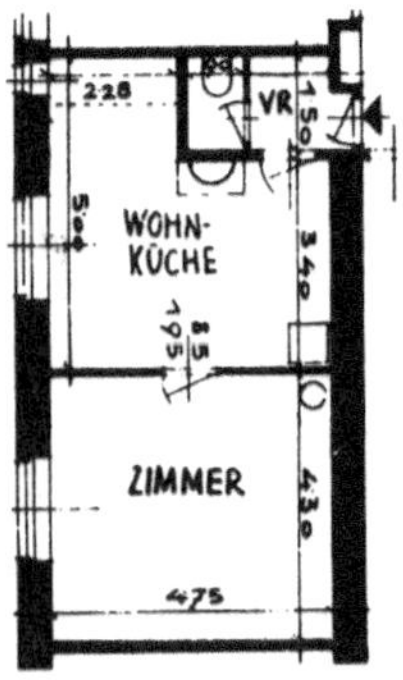

Wohnungstyp 45 qm

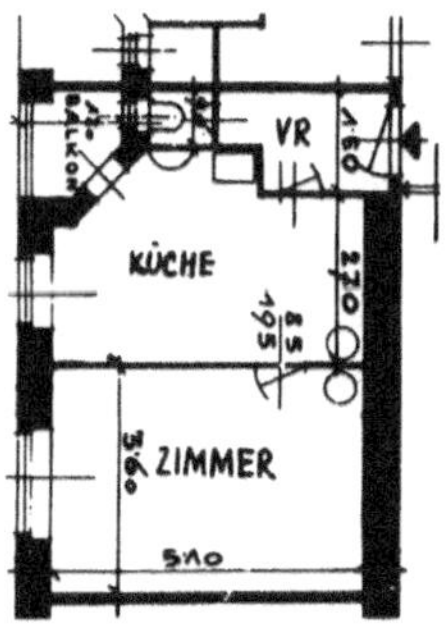

Wohnungstyp 38 qm

Kristallhaus und Hof der neuen Schule
Arch. Bruno Taut
aus: Die gläserne Kette, Berlin 1963

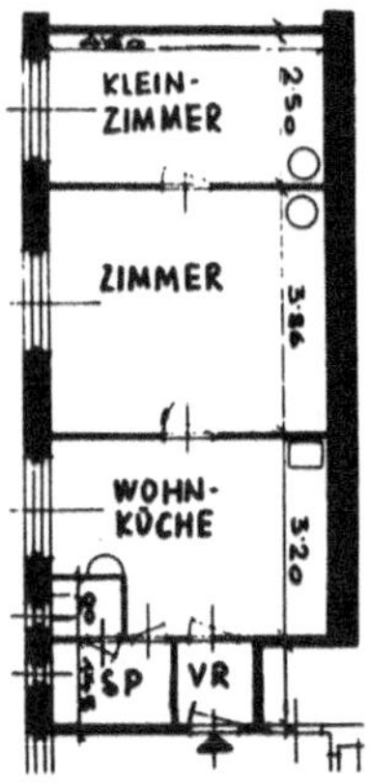

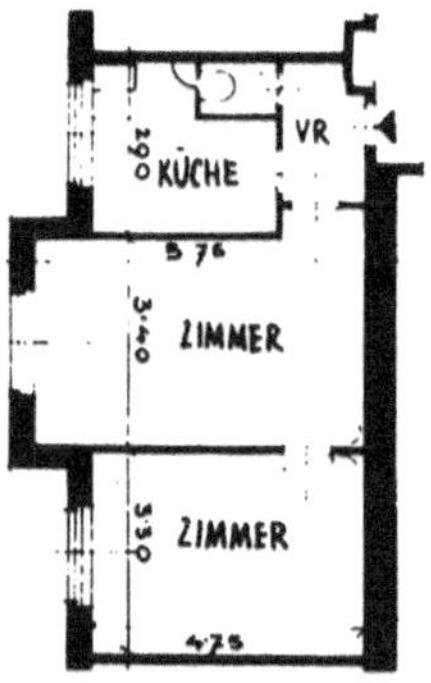

Wohnungstyp 48 qm

Karl-Marx-Hof Wien
Arch. Karl Ehn, 1928
Einzelgrundrisse
aus: Prolegomena 7/8, Wien 1973/74

stand unseres Wohnens: die Gemeinschaftsbäder und die Waschhäuser der Superblocks waren Kommunikationszentren erster Ordnung – sie werden abgelöst durch Wohnungsbäder und Waschmaschinen, und ein Ersatz für die dabei verloren gegangene Kommunikation wird nicht angestrebt. Die Höfe behalten ihren Wert vor allem in unserer immissionsproduzierenden Zeit. Mit ihren groß gewordenen Bäumen dienen sie nach wie vor der Entspannung der Bewohner und dem Spiel der Kinder.[99]

Die große Zeit des Wiener Arbeiterwohnbaus endete 1934. Der bald darauf erfolgte „Anschluß" und der Krieg verhinderten weiteren Massenwohnungsbau.

..... und in Berlin

Ähnlich wie in Wien ruhte in den ersten Nachkriegsjahren die Wohnbautätigkeit. Der Nachholbedarf war groß, die Mittel fehlten. Die aus dem Krieg heimgekehrten Architekten hatten keine Aufträge und nutzten die Zeit zur Erarbeitung von ideellen Konzepten. Eine pragmatischere Vorbereitung des kommenden Siedlungsprogrammes traf Alexander Klein, der Besonnungswinkel und Grundrißtypologien von Massenwohnungen studierte.

Erst 1924 konnte mit dem Siedlungsbau begonnen werden. Die Architekten, die die Rundbriefe der „Gläsernen Kette" geschrieben hatten, waren die gleichen, die im Sinne einer funktionellen Architektur denken und bauen konnten. Der Stil war kubisch, glattflächig, rational, die lange Zeile das Kompositionselement. Auch Hans Scharoun, der in den Kriegsjahren seine phantastischen Architekturen aquarelliert hatte, rationalisierte seine Berliner Wohnbauten.

Die Berliner Siedlungen sind nicht befrachtet mit der Ambition, politische Manifeste zu bauen. Frei von Ideologien decken sie vor allem – mit rationellen Methoden – auf der Suche nach dem Existenz-Minimum den Bedarf nach dem Motto „Licht, Luft und Sonne".

Dies waren erste Themen der 1928 gegründeten Vereinigung CIAM (Congrès Internationaux d'Architecture Moderne), in der sich führende Wohn- und Städtebauer wie Le Corbusier, May, Häring, K. Moser, Berlage, Rietveld, Stam, Gropius, Frank u.a. zum Erfahrungsaustausch trafen.

Die 30 Jahre lang bestehende Vereinigung verfaßte 1928 die „Charta von Athen", in der man die Trennung der Funktionen in der Stadt forderte (Wohnen, Arbeiten, Verkehr, Erholung).[100]

Bis zu diesem Kongreß hatten die Berliner bereits reiche Erfahrung im Siedlungsbau: der vielseitige Bruno Taut hatte die Siedlung Britz – in der Form eines großen Hufeisens – gebaut. Der große Hof ist nicht wie in Wien gemeinschaftlicher Nutzung zugeführt sondern in Kleingärten aufgeteilt. Auch die langen Zeilen von „Onkel Toms Hütte" standen schon. Deren Rationalismus wird in der Siemens-Stadt Anfang der dreißiger Jahre weitergetrieben. Die parallelen Zeilen bekannter Architekten (Gropius, Häring, Forbat) stehen senkrecht zur Göbelstraße, deren leichter Kurvung der „lange Jammer" von Otto Bartning nachfährt. Hans Scharoun baut im Zusammenhang damit seine mit Kreisformen angereicherten Wohngebäude und Folgeeinrichtungen am Siemensdamm. Die Liste der im Berliner Wohnungsbau tätigen Architekten weist bedeutende Namen auf: Salvisberg, Schmitthenner, Tessenow, Mendelsohn. Unter der Leitung von Stadtbaurat Martin Wagner wurde das große Programm mit den Stilformen des Funktionalismus bewältigt: weiße Kuben ohne plastische Elemente sind die eine Tendenz, Backsteinbänder mit plastisch vorgewellten Balkonen die andere. Scharouns Gefühl für Rhythmus und Plastizität ist gebändigt und bringt ihn zu einem ersten Höhepunkt seines Schaffens.[101]

angestiegen. Die Miete wurde mit 2 % der Baukosten angesetzt, d.i. 3,5–4.–S/m2. Man rechnete mit 12–14 % des Durchschnittseinkommens.

Bis 1957 ist keine einheitliche Tendenz in der Siedlungsform festzustellen. Erst 1958 werden die freien Stadtrandgebiete nach einem einheitlichen Konzept (sog. Rainer-Plan) aufgefüllt. 4- und 9-geschossige parallele Zeilen, die im Fertigbausystem Camus hergestellt werden, prägen den Charakter der Stadterweiterungen nördlich der Donau (Kagran) der 60er Jahre. Wie die Baublocks werden auch die Wohnungen auf wenige Typen beschränkt. Es dominieren 2- und 3-Zimmer Wohnungen. Das Problem der Wohnungsbedarfsdeckung wird auf mechanistische Weise gelöst – quantitativ zur Zufriedenheit aller.[103]

Reaktion auf die Verwechselbarkeit und Langweiligkeit dieser Siedlungen mag die Ursache zum Plan der mit Beginn der 70er Jahre erstellten Großfeldsiedlung gewesen sein. Das Typengemenge reicht vom zweigeschossigen Reihenhaus bis zum 17-geschossigen Hochhaus in einem an heterogenen Formen reichen Lageplan.

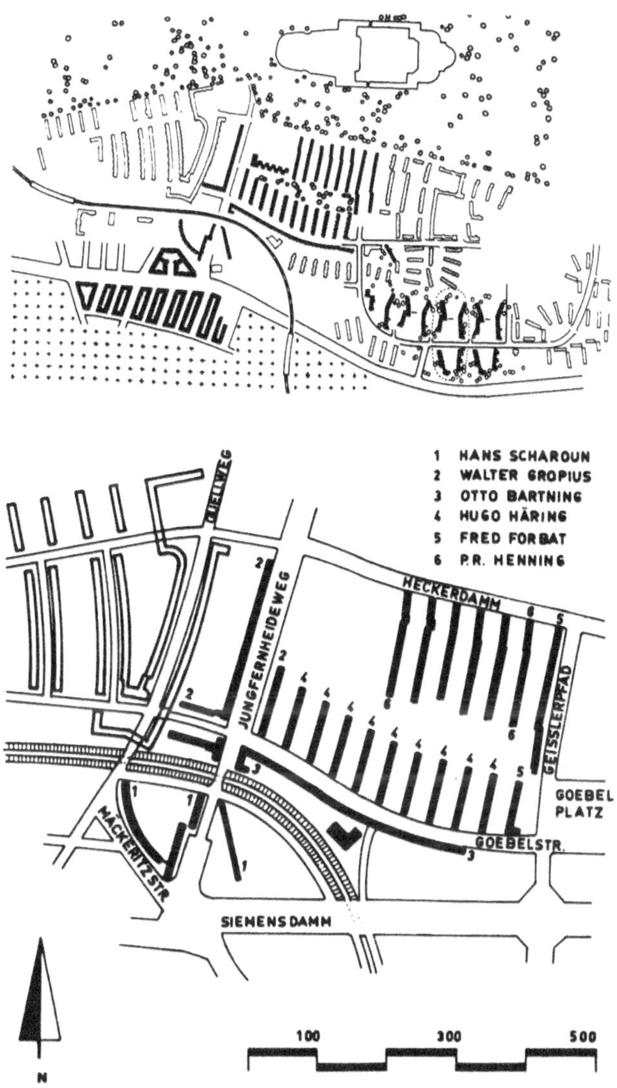

oben: Die Phasen der Bebauung von Berlin-Siemensstadt um 1900, 1930, 1960
unten: Lageplan 1929–31
aus: Frühe Moderne in Berlin, Werk-Buch 1, Winterthur 1967

Insgesamt wurden zwischen 1925 und 1934 187.456 neue Wohnungen in Berlin gebaut.[102]

Die Machthaber des Dritten Reiches setzten dieser fruchtbaren Entwicklung ein Ende. Martin Wagner und andere Architekten mußten auswandern.

Nach dem Zweiten Weltkrieg in Wien

Der Aufwand für den Wiederaufbau der kriegszerstörten Wohnungen Wiens entsprach dem Neubau von 30.000 Wohnungen. Außer diesen Aufwendungen mußte auch der in der Kriegszeit angewachsene Bedarf an Wohnungen schnell gedeckt werden. Bereits 1947 begann man mit schwedischer Hilfe den Bau der Per-Albin-Hansson-Siedlung West. 1032 Wohneinheiten in 2–3 geschossigen Zeilen und Hofformen mit geneigten Dächern wurden errichtet. Die Wohnungsgröße betrug 1950 durchschnittlich 47 m^2. Bereits 1960 war sie auf 62 m^2

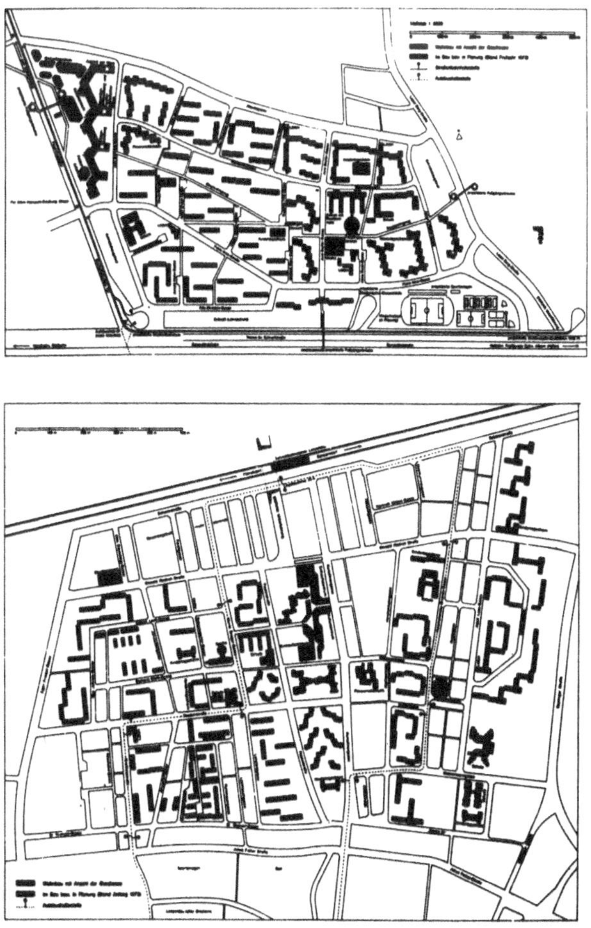

oben: Per-Albin-Hansson-Siedlung Ost 1977
unten: Großfeldsiedlung Wien, 1975
Lageplan
aus: Der Aufbau, 9/10, Wien 1972

In der Per-Albin-Hansson-Siedlung Ost (1975 begonnen) wird nun ein ungleich anderer Maßstab realisiert wie im ersten Bauabschnitt. Das trifft auch auf die Höfe der

Trabrenngrund-Siedlung zu. Derzeit entsteht in der Siedlung am Schöpfwerk eine bahnbrechende Anlage, in der die Hofformen der 20er Jahre wiederaufleben.[104]
Stadterweiterung muß dann zu einem Ende kommen, wenn die Infrastruktur überlastet ist. Der Zeitpunkt scheint nicht mehr fern. So liegt es nahe, sich um die Sanierung bestehender Wohngebiete zu kümmern – noch immer gibt es mehr als hunderttausend Gründerzeitwohnungen ohne Wasser und WC. Zahlreiche Planungen liegen vor, doch bisher wurde ein großes Sanierungsprogramm noch nicht gestartet. Bemerkenswerte Einzelbauten zeugen von der Virulenz des Themas „Vertikale Stapelung".
Bei Durchführung eines großen Sanierungsprogrammes wird die Schaffung von Ersatzwohnungen für die von Sanierungsmaßnahmen betroffenen Bewohner schwierig, wenn man auf Stadterweiterungen verzichten will. Alle vorhandenen Ressourcen müssen herangezogen werden. So entstand die Verdichtungsplanung für die Fertigteilsiedlungen, die oft eine GFZ von ca. 0,6–0,8 aufweisen. Die parallelen Zeilen werden durch Zubauten zu Höfen und Halbhöfen zusammengefügt. Eine größere Höhenbewegung der bisher ausschließlich 4- und 9-geschossigen Baukörper trägt zur Aufhebung der Monotonie bei. Entsprechend wird das Wohnungsgemenge mit größeren und kleineren Wohnungen – um den Zuzug junger Leute zu stimulieren – angereichert.[105]

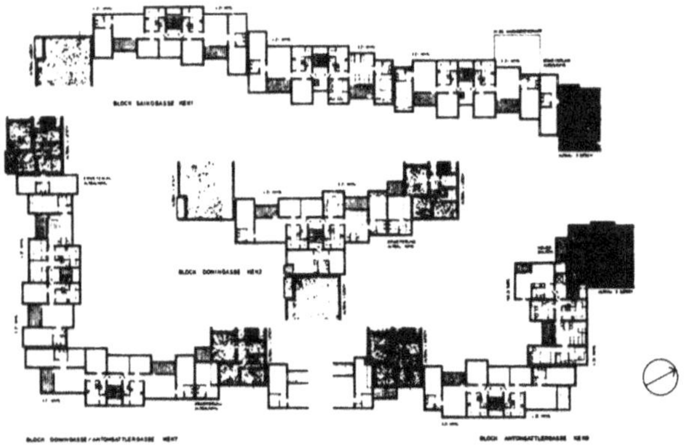

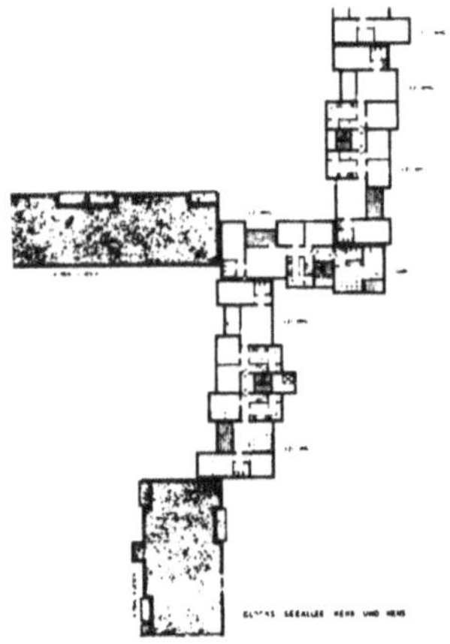

△△ Kopplungselement 3–7 Geschosse: Anwendungsgrundrisse/Normalgeschoß

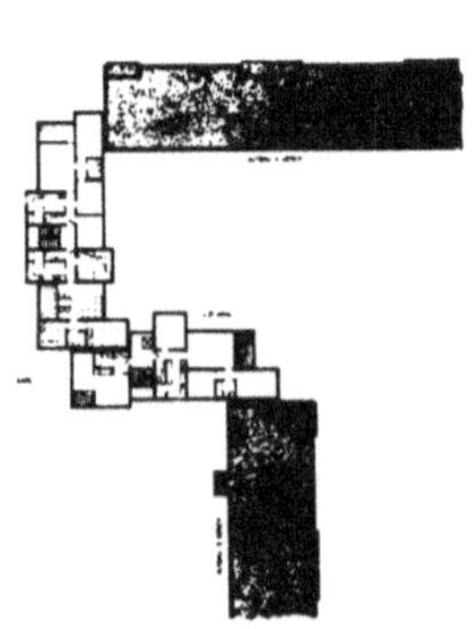

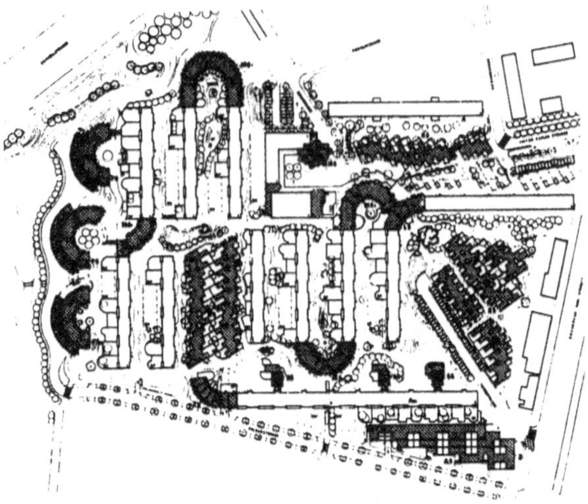

Sanierung Wien-Neu Kagran I
Arch. Reinhard Gieselmann, 1975
Verdichtung und Verbesserung von Wohnvierteln mit Fertigteilbauten
aus: Aufbau 9/11, Wien 1976

Sanierung Wien-Neu Kagran 2
Arch. Reinhard Gieselmann, 1975
aus: Baumeister, 1/1976

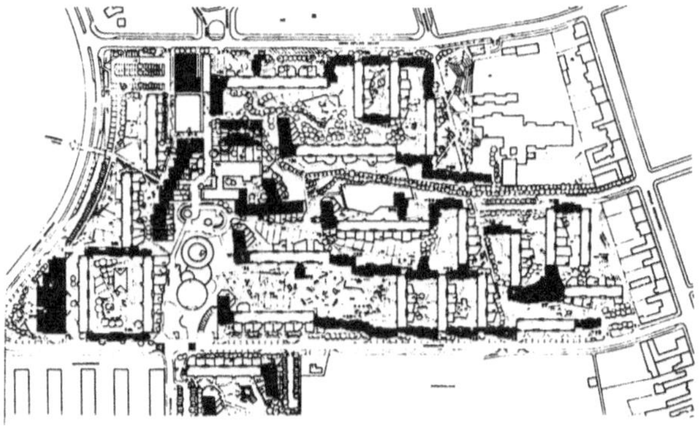

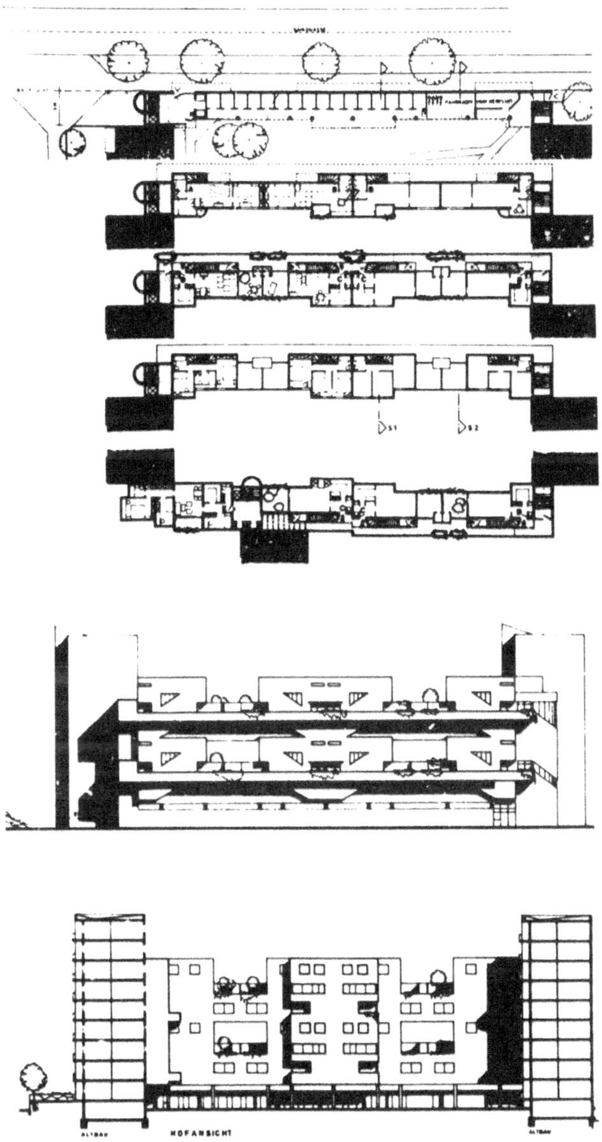

Sanierung Wien-Neu Kagran 2
Arch. Reinhard Gieselmann, 1975
Schließung von zwei achtgeschossigen Scheibenzeilen mit zwei Wohnwänden zum Großhof (vgl. Lageplan)
aus: Baumeister, 1/1976

..... und in Berlin

Die Bomben des 2. Weltkrieges hatten den Wohnbau in Berlin wie in anderen Städten stark dezimiert. Die Situation wurde durch die Rückkehr der Soldaten und den Zuzug von Flüchtlingen noch verschärft. Die Zerstörung der Städte bot eine Umwelt, die entweder zum Selbstmord verleiten oder alle Kräfte aktivieren konnte. Damals schätzten Experten, daß der Wiederaufbau allein der vorher vorhandenen Substanz 25 Jahre dauern würde – in Wirklichkeit war er nach 10–12 Jahren praktisch abgeschlossen.

Ein wesentlich umfangreicheres Wohnbauprogramm als nach dem ersten Weltkrieg sah 1950 den Bau von 250.000 Wohnungen im Programm des Sozialen Wohnungsbaues vor. Tatsächlich wurden 360.000 Wohnungen gebaut.

Auf Grund dieser Voraussetzungen entstand – wie in Wien und wie in allen vom Krieg betroffenen Großstädten Mitteleuropas – zunächst eine Bauweise, die vor allem Bedarfsdeckung zum Ziel hatte.

Einfache Zeilenblocks mit 2–3 Wohnungen an einem Treppenpodest, mit direkter Gangerschließung aller Räume, mit schmalen Balkonen werden in Nord-Süd-Richtung aufgestellt. Stilistische Unsicherheit kennzeichnet die Situation: soll man geneigte Dächer bauen? Muß auch ein Hochhaus ein Dach haben? Kann man 5 Geschosse ohne Aufzug bauen? Die Stadtplaner verfolgen das Ziel der Entkernung der Städte. Die Bombenlöcher hatten Platz und damit Anregung geschaffen: durchgrünte Innenstädte mit schwacher Verdichtung werden propagiert. Die Blocks stehen nun – Erbe des Funktionalismus – senkrecht zur Straße und lassen Luft – aber auch jedes Jahr mehr Autolärm – herein. Der Hinterhof ist tot.

Wenn auch das Bauvolumen im Vergleich zu dem der Zeit nach dem 1. Weltkrieg größer war, die Aufbruchsstimmung, die Experimentierlust, die geistige Vorarbeit waren nicht vergleichbar. Ideen wurden ersetzt durch Organisation, Phantasie durch Pragmatismus. Eine Architektengeneration von Machern, die, wie Rudolf Schwarz damals polemisch schrieb, „nicht denken können", tritt an.

Erst mit der Internationalen Bauausstellung in Berlin 1957 ist ein Moment der Besinnung gegeben. Die Stadt Berlin hatte die Initiative ergriffen und die Stararchitekten jener Zeit (Aalto, van den Broek & Bakema, Eiermann, Gropius, Jaenecke & Samuelson, Ludwig, Niemeyer, Senn) um einen praktischen Beitrag zum Wiederaufbau des zerstörten Hansaviertels gebeten. Le Corbusier erhielt für seine Unité d'habitation ein Grundstück außerhalb zugewiesen.

Schon das städtebauliche Konzept zeigt die Differenzen in den Auffassungen und den nun beginnenden Pluralismus. Offenbar hatte man sich auf eine fischgrätartige Anordnung von Großwohneinheiten an der das Grundstück unverändert durchschneidenden Altonaer Straße geeinigt, dies jedoch nicht konsequent durchgehalten. So entstand eine Sammlung interessanter großer Einzelobjekte in weiten Grünräumen mit wenigen Flachbauobjekten. Zwei Arbeiten blieben von dauerhafter Wirkung: der frei geformte Bau von Alvar Aalto mit „Hofgrundrissen" und das Punkthaus von Otto Senn mit einer zentralen Erschließung und dreiseitig orientierten Wohnungen.

1956 hatte Hans Scharoun die Erweiterung der Siemensstadt gebaut und seine Idee der „Wohnhöfe" – freilich in ganz anderer Form als die Wiener Wohnhöfe der 20er Jahre – mit einem erstmalig sehr großen Gemenge von Wohnungstypen gebaut. 1962 wurde die vom Gropiusteam TAC geplante Siedlung Britz-Buckow-Rudow errichtet.[106]

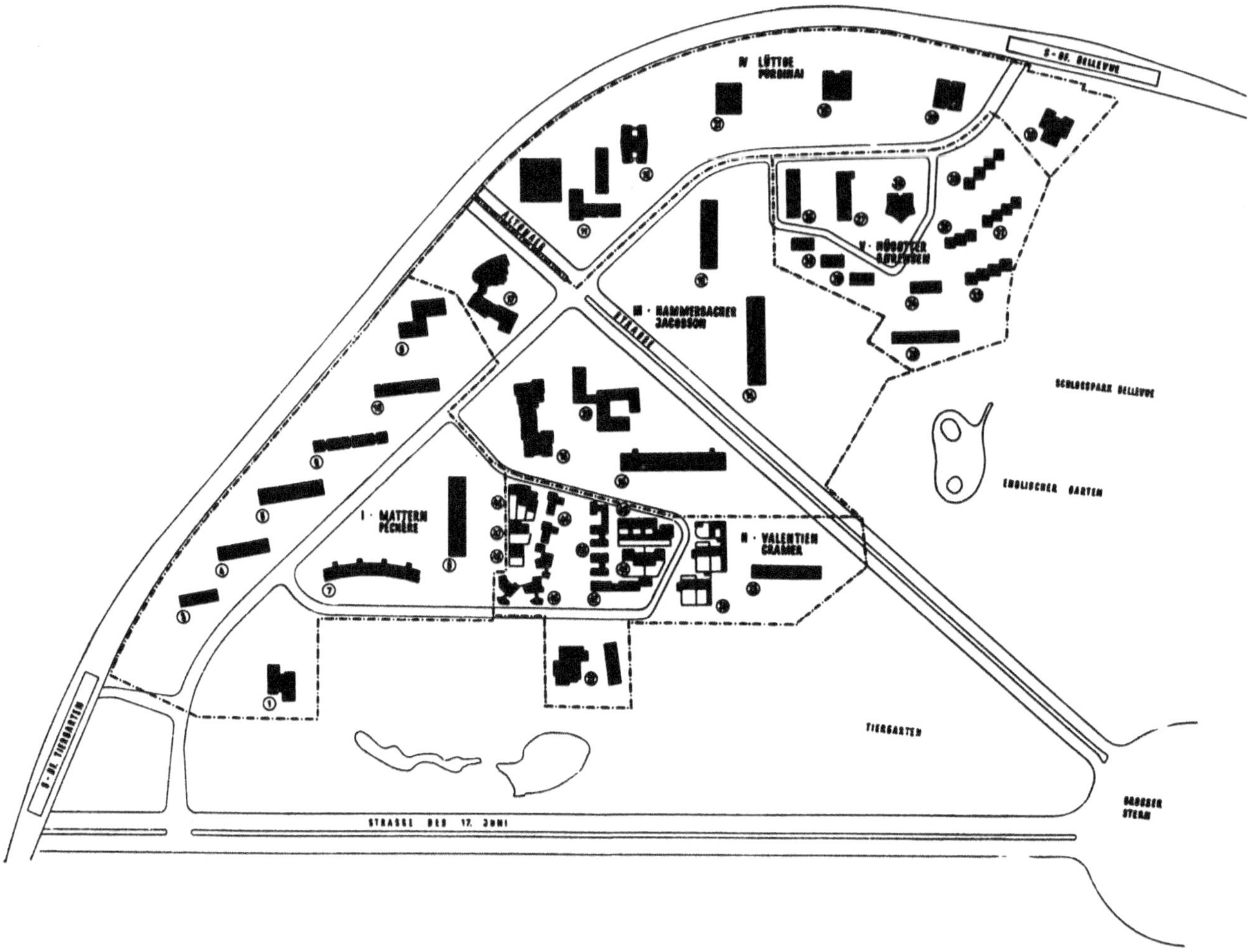

Berlin – südliches Hansaviertel, 1957
Lageplan
aus: Bauwelt 1957, Heft 37

Wohnhaus im Hansaviertel, Berlin
Arch. Otto H. Senn, 1957
aus: Neue Deutsche Architektur 2, Stuttgart 1962

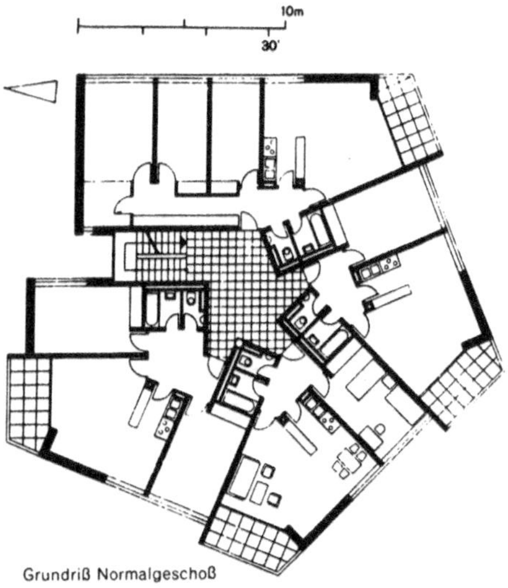

Grundriß Normalgeschoß

Nordwestansicht

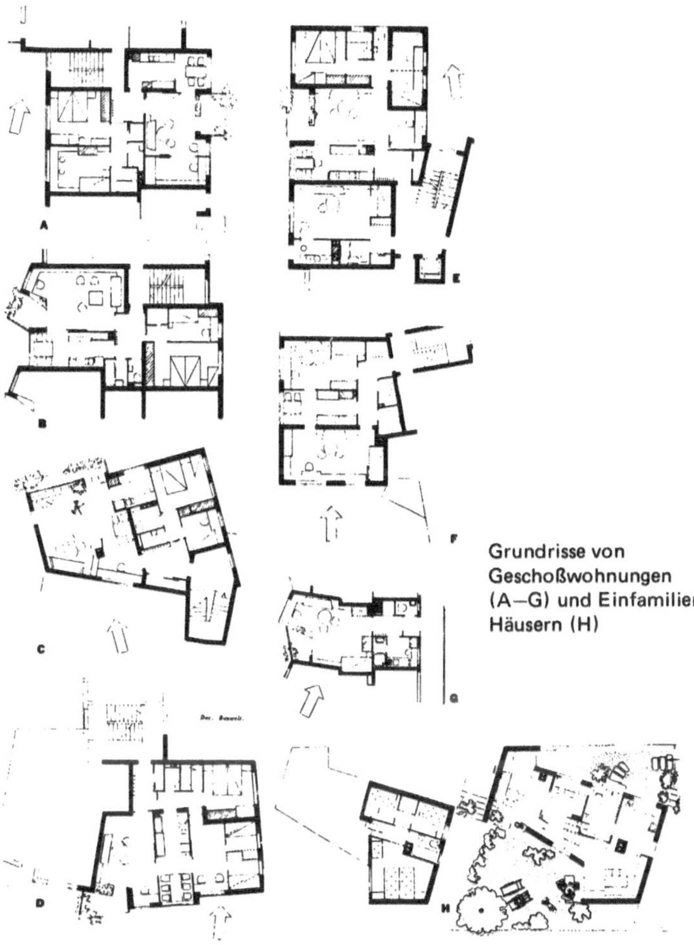

Grundrisse von Geschoßwohnungen (A–G) und Einfamilien-Häusern (H)

Grundriß

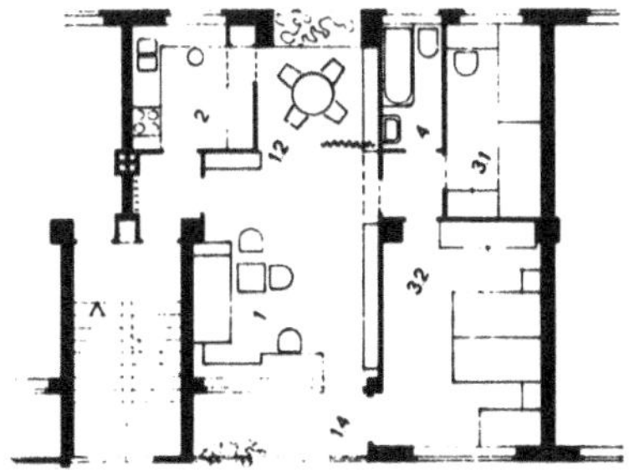

Lageplan

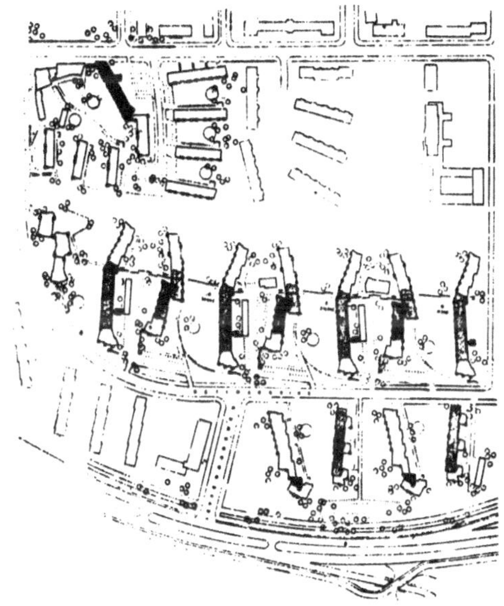

Berlin-Siemensstadt
Arch. Hans Scharoun, 1956
aus: Schmitt, Mehrgeschossiger Wohnbau, Stuttgart 1966

1971 wurde der Versuch gemacht, noch einmal zu einem programmatischen Beitrag wie dem des Hansaviertels zu kommen. Unter Leitung des Senatsbaudirektors Prof. Düttmann wurde im Märkischen Viertel eine Siedlung gebaut, die bewußt die Gegebenheiten der vorhandenen Kleinsiedlungen berücksichtigte und daraus das Konzept einer verdichteten Randbebauung gewann. Eine neue Generation von Architekten (Gagès, Gisel, Heinrichs, Leo, Müller, Stranz, Ungers u.a.) einigen sich auf ein Grundkonzept und stimmen – anders als im Hansaviertel – ihre Einzelprojekte aufeinander ab. Bei der Konzeption der abgeknickten, gestaffelten, rhythmisch geordneten Baukörper mag Aaltos Hansaviertelobjekt Pate gestanden haben, auch Scharouns Hofbildungen fernes Vorbild gewesen sein. Das Ziel war, endgültig von der Zeile wegzukommen und gegliederte und raumumgreifende Baukörper zu machen. Als Spange diente der Wilhelmsruher Damm, der von einem der Bau-Kontinuen am Zentrum überbaut wird. Eine Halbhofbildung im Sinne überschaubarer, nachbarschaftsbildender Größen wurde angestrebt und in zwei Dimensionen auch folgerichtig realisiert. Die Höhenentwicklung allerdings schien von den Ideen des Wachstums der 60er Jahre übermäßig beeindruckt zu sein. So entstanden viel zu hohe Baumassen mit unzählbaren und unidentifizierbaren Wohnungsfenstern. Verschattungsprobleme gehen Hand in Hand mit der Unterschreitung von Distanzwerten. Verdichtung wird hier im Extrem demonstriert.

Neue Baumethoden werden nun teilweise angewendet: 6.718 Wohnungen werden in Fertigteilbauweise, 1.299 in Mauerbau errichtet. Die – inzwischen beruhigte – Kritik richtete sich nicht nur gegen die Architekten wegen der unmäßigen Stapelung und der Monotonie des verwendeten Betons, sondern auch gegen die Stadtplaner wegen der fehlenden Folgeeinrichtungen, und gegen die Soziologen, die schlecht vermischbare Bevölkerungsgruppen einziehen ließen.

Das Märkische Viertel nahm dennoch Einfluß: der Zeilenbau ist seither differenzierteren Wohnbauformen gewichen.[107]

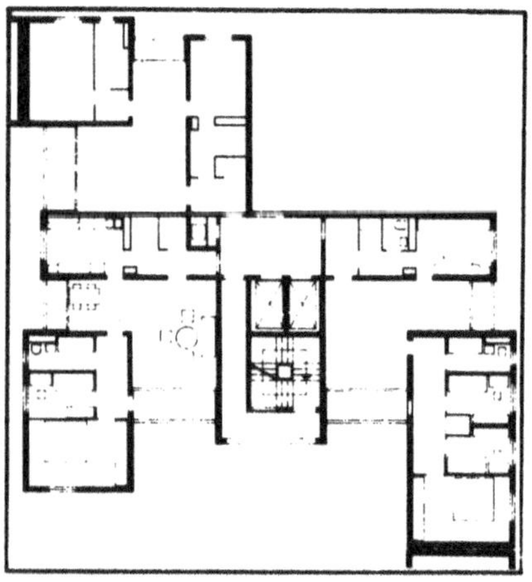

Dreispänner

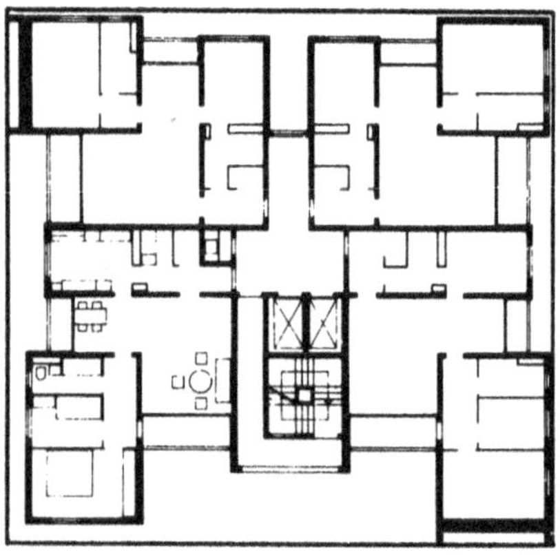

Vierspänner

Fünfspänner

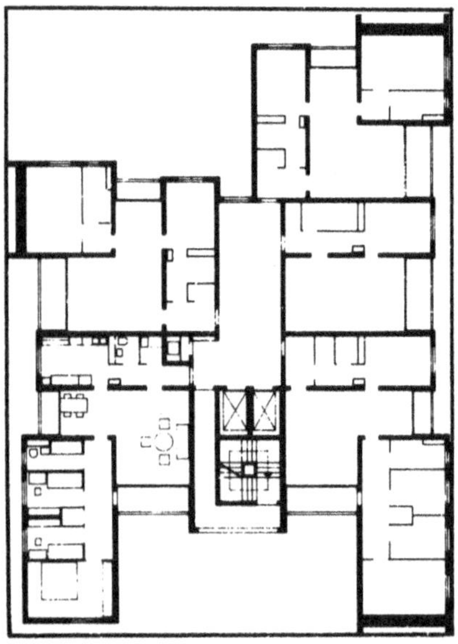

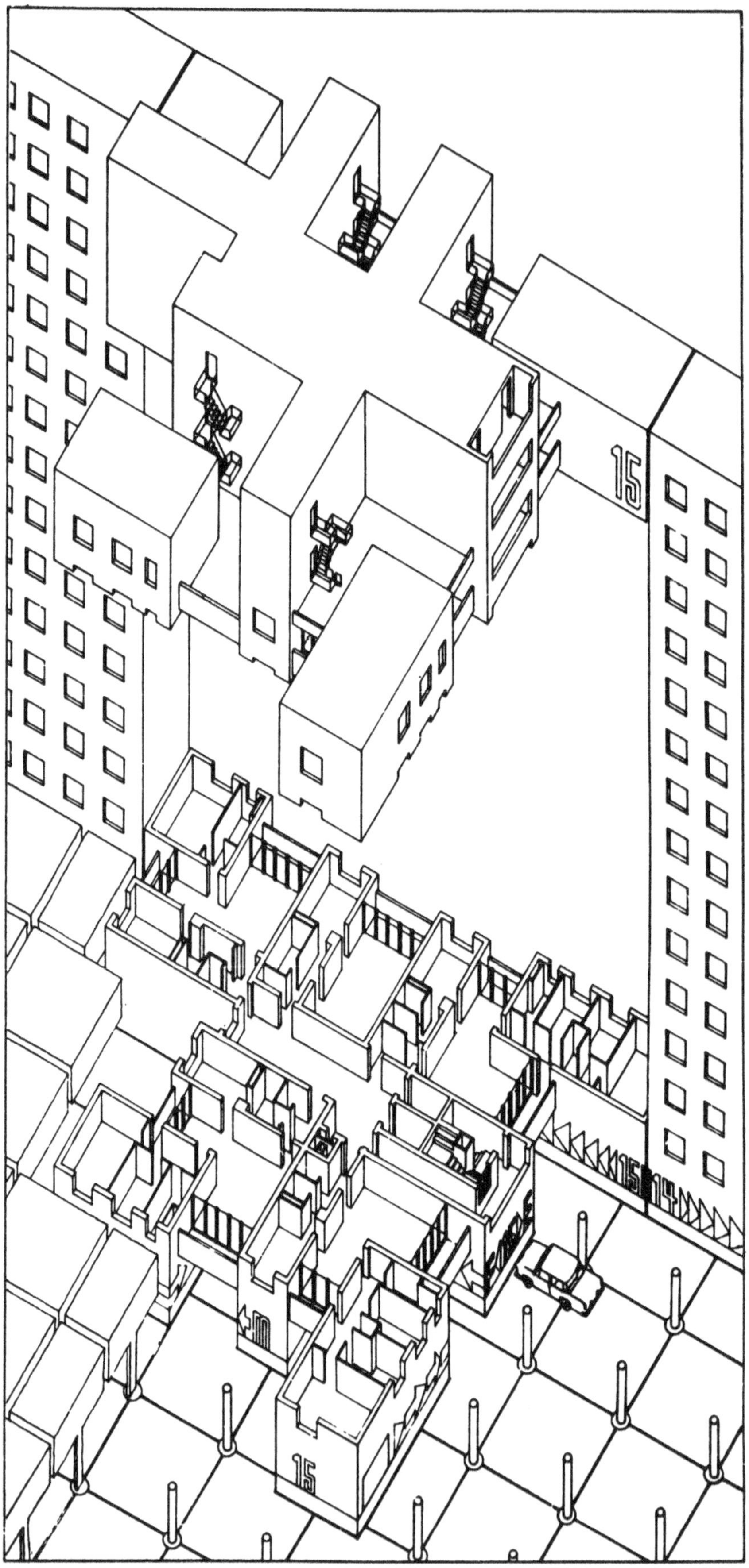

Wohnanlage Berlin, Märkisches Viertel
Arch. O. M. Ungers
Planung 1962–64
aus: Baumeister 5/1967

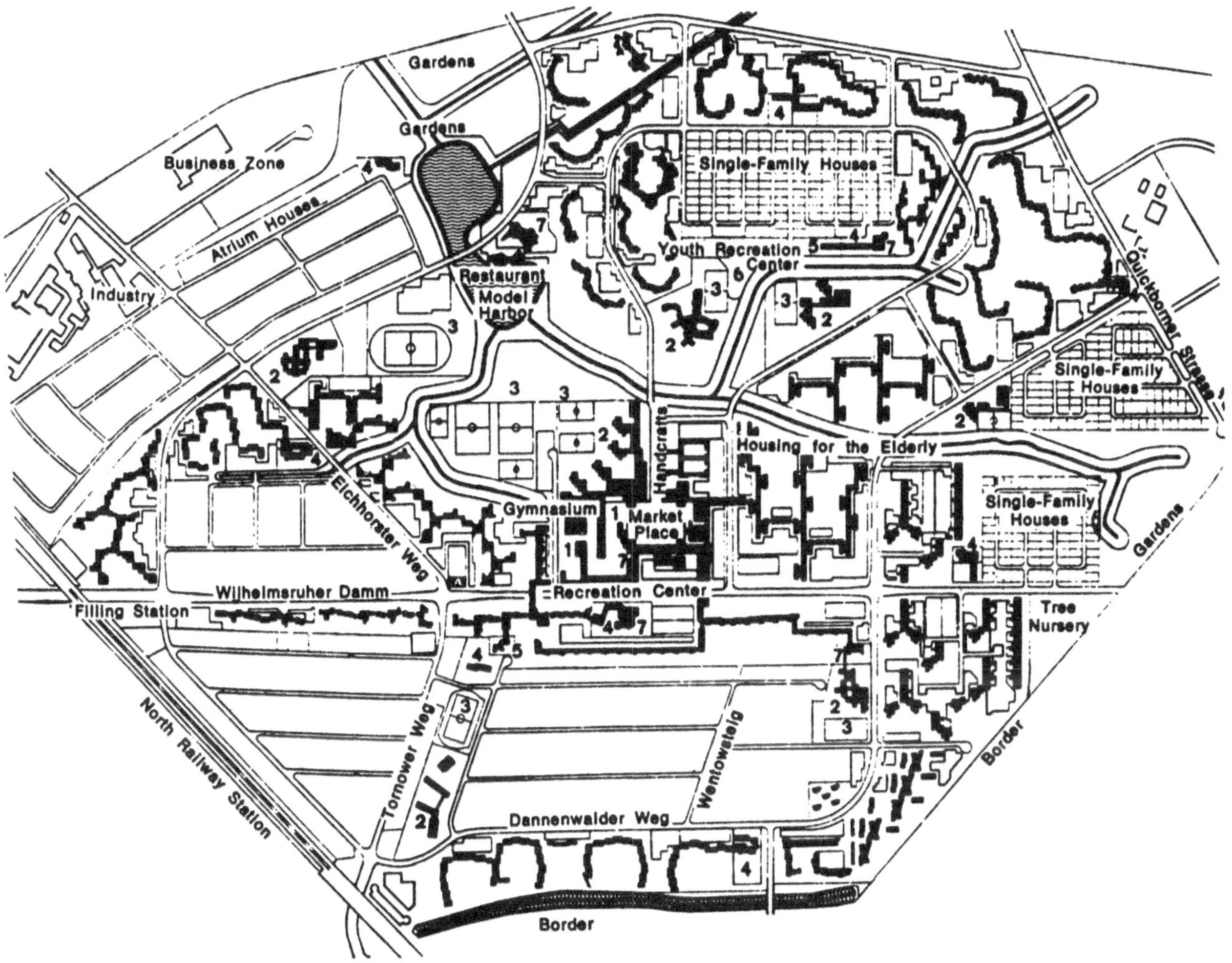

Märkisches Viertel, Berlin 1971
Arch. Werner Düttmann, Hans C. Müller, Georg Heinrichs
Lageplan

aus: Günter Feuerstein, New Directions in German Architecture, New York 1968

Berlin und Wien – Vergleich

Die Entwicklung zeigt deutliche Parallelen: Auf die spekulative Verdichtung in imperialen Zeiten folgt ein Sozialprogramm – das hier in expressiven Superhöfen, dort in funktionalistischen Zeilen realisiert wird. Nach dem 2. Weltkrieg ist der Beitrag Berlins in bahnbrechenden Experimenten, der Beitrag Wiens in einer planwirtschaftlichen Erarbeitung eines sich stetig qualitativ steigernden Wohnbaukonzeptes zu sehen. Die verfolgten Ideen waren in den 50er Jahren: Entkernung, in den 60er Jahren: Verdichtung. Der von den CIAM vertretenen Funktionstrennung folgte in den 70er Jahren die Funktionsmischung. Dieses Schwanken zwischen extremen Auffassungen innerhalb weniger Jahrzehnte sollte uns zu denken geben: Noch ist das eigentliche Ziel des Wohnbaus, dem Menschen zu dienen, nur in wenigen Beispielen realisiert. Der Architekt als Vertreter des Menschen sollte sich daher von jedem Denken in Kategorien, Rastern und Schemen frei halten. Wohnbau ist relative Architektur – kein Wohnbau kann isoliert betrachtet werden, jeder Wohnbau sollte den Maßstab der natürlichen Umwelt und des natürlichen Distanzbedürfnisses aufnehmen oder neu schaffen.

Erschließungselemente

Die Erschließung einer Großwohneinheit[108] muß nach wirtschaftlichen und kommunikativen Gesichtspunkten überlegt werden. Während ein viergeschossiges Wohnhaus günstig mit Treppenhäusern erschlossen wird, ist die Erschließung eines fünfgeschossigen Wohnhauses von ganz anderen Voraussetzungen abhängig. Die Bauordnung verlangt bei über 4 Geschosse reichenden Wohnbauten den Aufzug,[109] also das teuerste aller Erschließungselemente (abgesehen vom Schrägaufzug). Um möglichst wenig Aufzüge zu bekommen, wird man die Wohnungen durch horizontale Gänge erschließen – so daß sich, wie bei den Terrassenhaustypen, ein primäres, senkrechtes Erschließungssystem mit Treppe und Aufzug und ein sekundäres, horizontales, mit Gängen ergänzen. Hier hält die Bauaufsicht eine weitere Vorschrift bereit: kein Teil eines Aufenthaltsraumes darf mehr als 30 m (Österreich: 40 m) vom nächsten Treppenhaus entfernt sein. Mehr als Treppen sind Gänge nicht nur Verkehrsträger, sondern auch Kommunikations-Elemente. Noch immer wird das Wort Laubengang verwendet, das Assoziationen zu überschaubarer Länge, Luft und Licht, Pflanzen und Vögeln, Rastplätzen und Begegnungen herstellt. Gänge erzeugen

nachbarliche Kommunikation, sind in gewisser Hinsicht gemeinschaftlich genutzte Räume. Die Organisation der Reinigung erzeugt den ersten Kontakt der Mitmieter.
In funktionalistischen Jahren wird der Laubengang überwiegend von den minimierenden Bauvorschriften geprägt. Die Mindestbreite beträgt beispielsweise nach der Wiener Bauordnung[110] auch heute noch 1,00 m (bei Wohngebäuden mit 2 Hauptgeschossen), bei Wohngebäuden mit mehr als 2 Hauptgeschossen oder bei mehr als 120 Menschen 1,20 m. Die Höhe muß mindestens 2,10 m sein. Der Gesetzgeber wird bei diesen Dimensionierungen kaum die Kommunikation erzeugenden menschlichen Distanzwertungen berücksichtigt haben, sondern vor allem ökonomisch-brandschutztechnische Gesichtspunkte, die immer schon den Grundstock der Bauordnungen bildeten. Um so wichtiger ist für den Bewohner die Ausbildung der Zone zwischen Wohnung und Gang, der Schwelle.
Der Laubengang ist ein Wohnweg auf einer anderen Ebene. So wie kein Wohnweg ohne Abstand an der Hauswand entlang geführt wird, sollte auch der Gang von der Wohnungsaußenwand Distanz haben. Um nicht die Öffentlichkeit des Ganges mit der Privatheit der Wohnräume kollidieren zu lassen, ist bei der Planung zu beachten, daß Schlafzimmer und Wohnzimmer nicht gangseitig vorgesehen werden. Andererseits soll sich die Wohnung auch nicht vollkommen gegen den Gang verschließen: Küche und Eßplatz können als Räume der Vermittlung durchaus am Gang liegen. (Diese Aussagen sind auf mittel- und nordeuropäisches Distanzverhalten bezogen.)

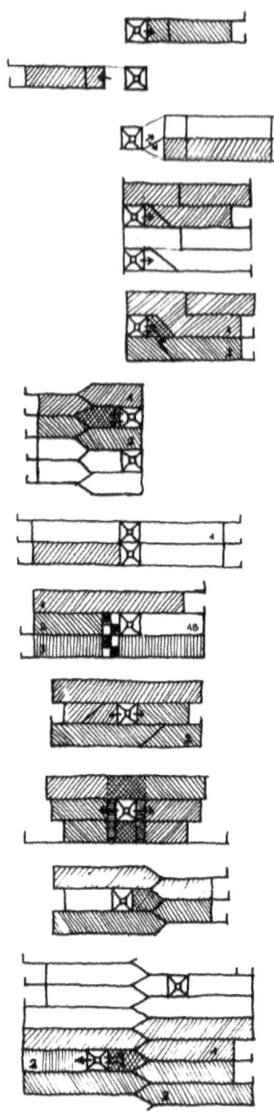

EINIGE VARIATIONEN ZUM THEMA ERSCHLIESSUNG DURCH AUSSEN- U. INNENGÄNGE

Außengangtypen

Aus den obigen Aussagen ergibt sich für den Bewohner eine starke Präferenz des Außenganghauses. Die Erschließungsseite wird je nach Lage, Frequenz, Immissionen usw. zum Hof oder zur Straße orientiert werden. Die Typologie des Funktionalismus bevorzugte für die Himmelsrichtung des Laubenganges die (kommunikationsfeindliche) Nordseite, um den Wohnräumen die Sonnenseite zu lassen. Ein funktionalistisches Laubenganghaus, wie es 1933/34 von Maaskant, van Tijen, Brinkmann und van der Vlugt als „Bergpolder"[111] in Rotterdam gebaut wurde – oder wie es als ausschließlicher Typ der Stadterweiterung Bijlmer-Mer 1969 in Amsterdam verwendet wurde – weist eine Unzahl eingeschossiger Wohnungen an einer ebenso unübersehbaren Zahl von Gängen auf. Auch hier erhebt sich die Frage nach der Ökonomie solcher riesigen Gangflächen ebenso wie die nach der kommunikativen Dichte. Diese Gänge sind nur selten belebt, infolge ihrer geringen Breite kann sich hier auch kein Kinderspiel entfalten. Auch die einseitige Orientierung der Wohnungen muß als Mangel

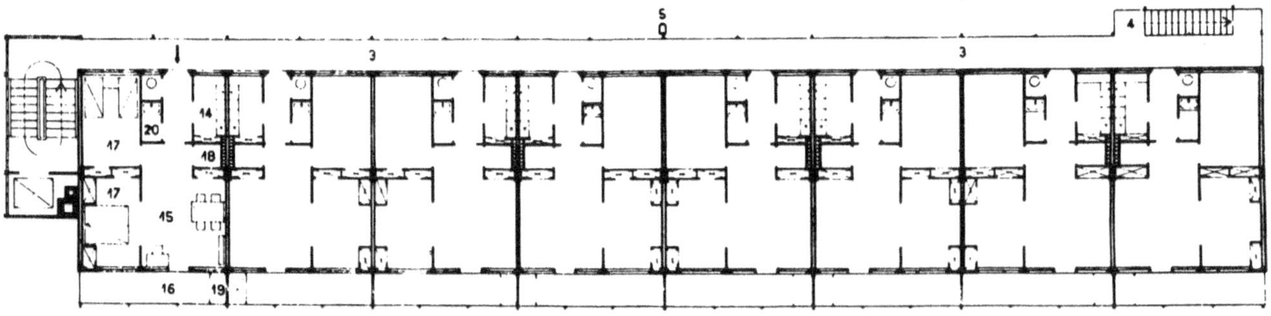

Laubenganghaus Bergpolder, Rotterdam
Arch. von Tijen, Brinkmann, van der Vlugt, 1934
aus: Alfred Roth, Die Neue Architektur, Zürich 1948

empfunden werden. Eine Lösung bieten Wohnungen auf mehreren Ebenen – Maisonette-Typen oder Wohnungen mit intern versetzten Geschossen. Der Laubengang wird nicht vor das Haus gehängt, sondern in die Baumasse hereingenommen und mit den Zimmern der darüber- und darunterliegenden Geschosse überbaut. Diese seit 15 Jahren vor allem in England mit intellektualistischer Perfektion durchgespielten Typen haben als Ergebnis Laubengänge, die alle Aufgaben des Wohnweges und Wohnungen, die die des Einfamilienhäuschens übernehmen.

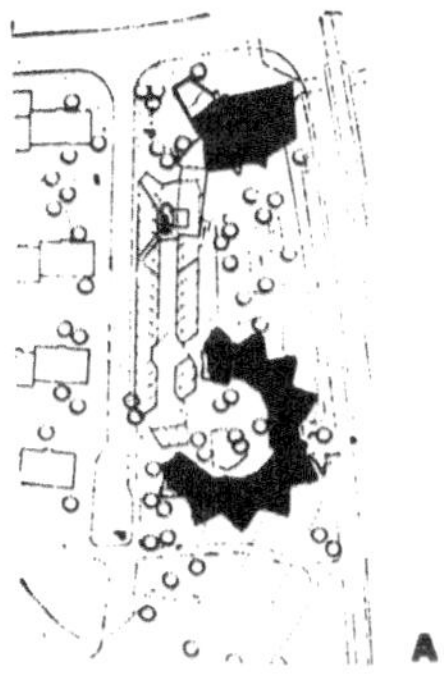

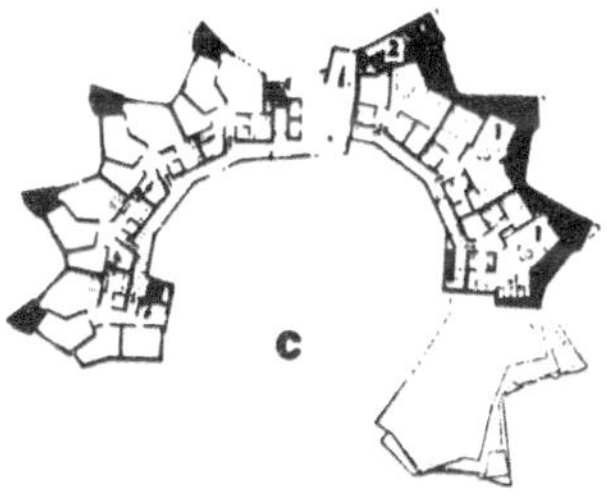

B = 1.–3. Geschoß
C = 7. Geschoß
D = 11. Geschoß
E = Erdgeschoß
F = Normalgeschoß
G = letztes Geschoß

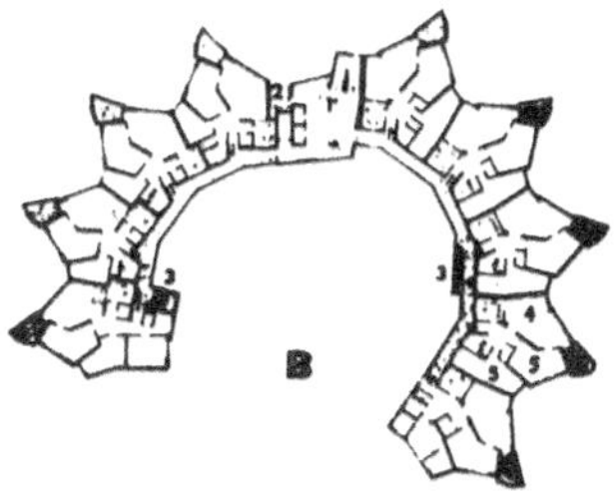

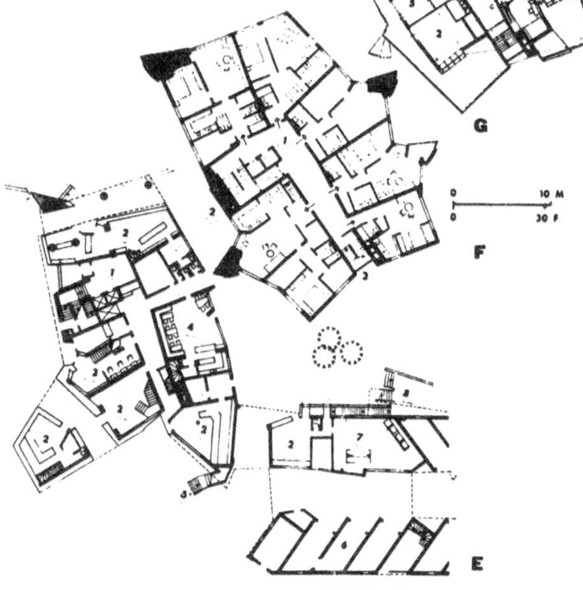

Hochhaus Wohnanlage Romeo und Julia, Stuttgart
Arch. Hans Scharoun, 1959
Grundrisse Julia, Außengangtyp
Grundrisse Romeo, Innengangtyp
aus: AA 104

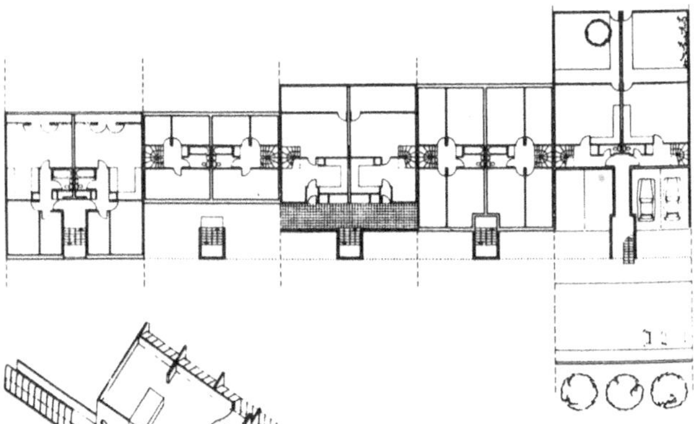

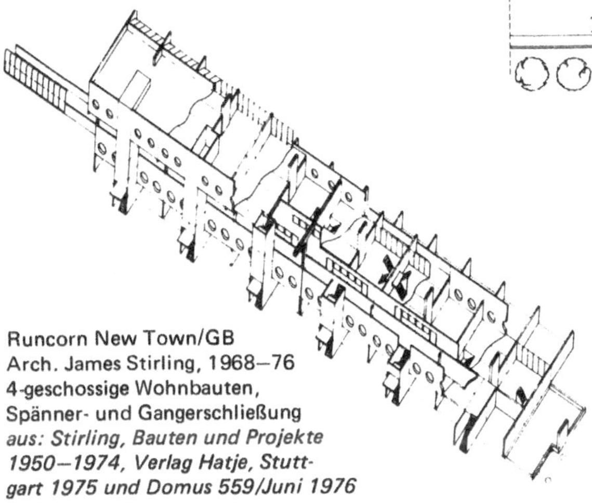

Runcorn New Town/GB
Arch. James Stirling, 1968–76
4-geschossige Wohnbauten,
Spänner- und Gangerschließung
aus: Stirling, Bauten und Projekte 1950–1974, Verlag Hatje, Stuttgart 1975 und Domus 559/Juni 1976

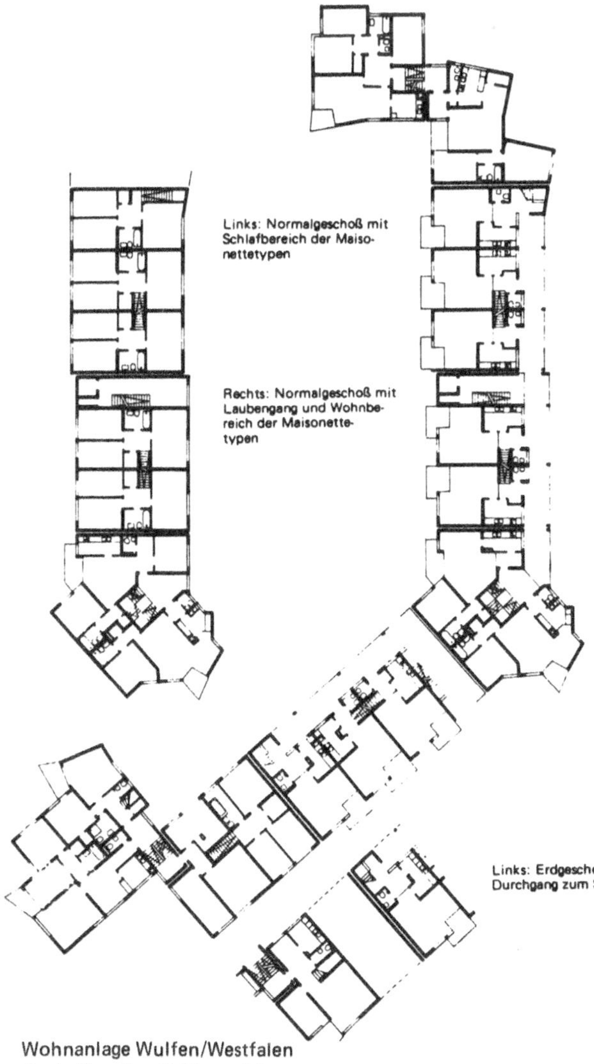

Wohnanlage Wulfen/Westfalen
Arch. Eggeling & Stumpfel
Laubengang mit Maisonettewohnungen, an den Enden Spännergrundrisse
aus: Schwab, Differenzierte Wohnanlagen, Stuttgart 1975

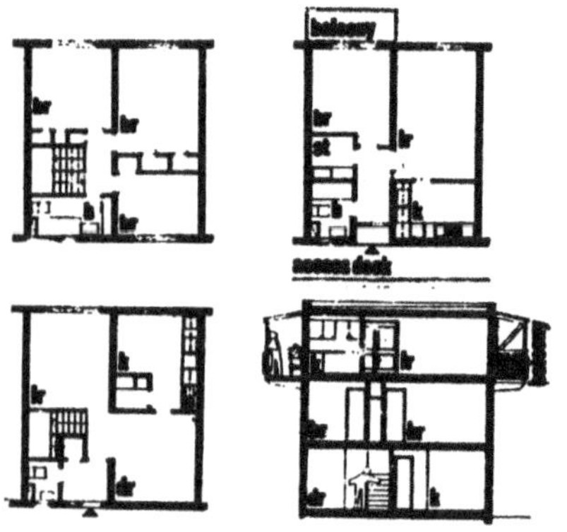

gesch. Haustyp 5-P.-Mais. und 2-P.-W.

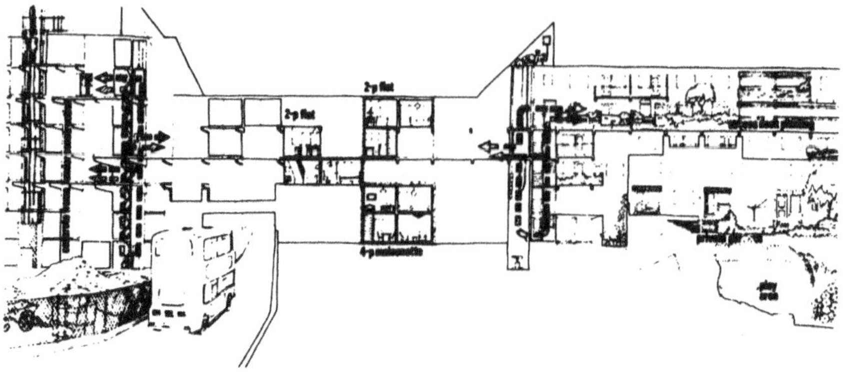

„Wohnwand", Zeichnung zum Verständnis für die Bewohner

Byker Redevelopment, Newcastle upon Tyne/Großbritannien
Arch. Ralph Erskine
aus: Kirschenmann und Muschalek, Quartiere zum Wohnen, Stuttgart 1977

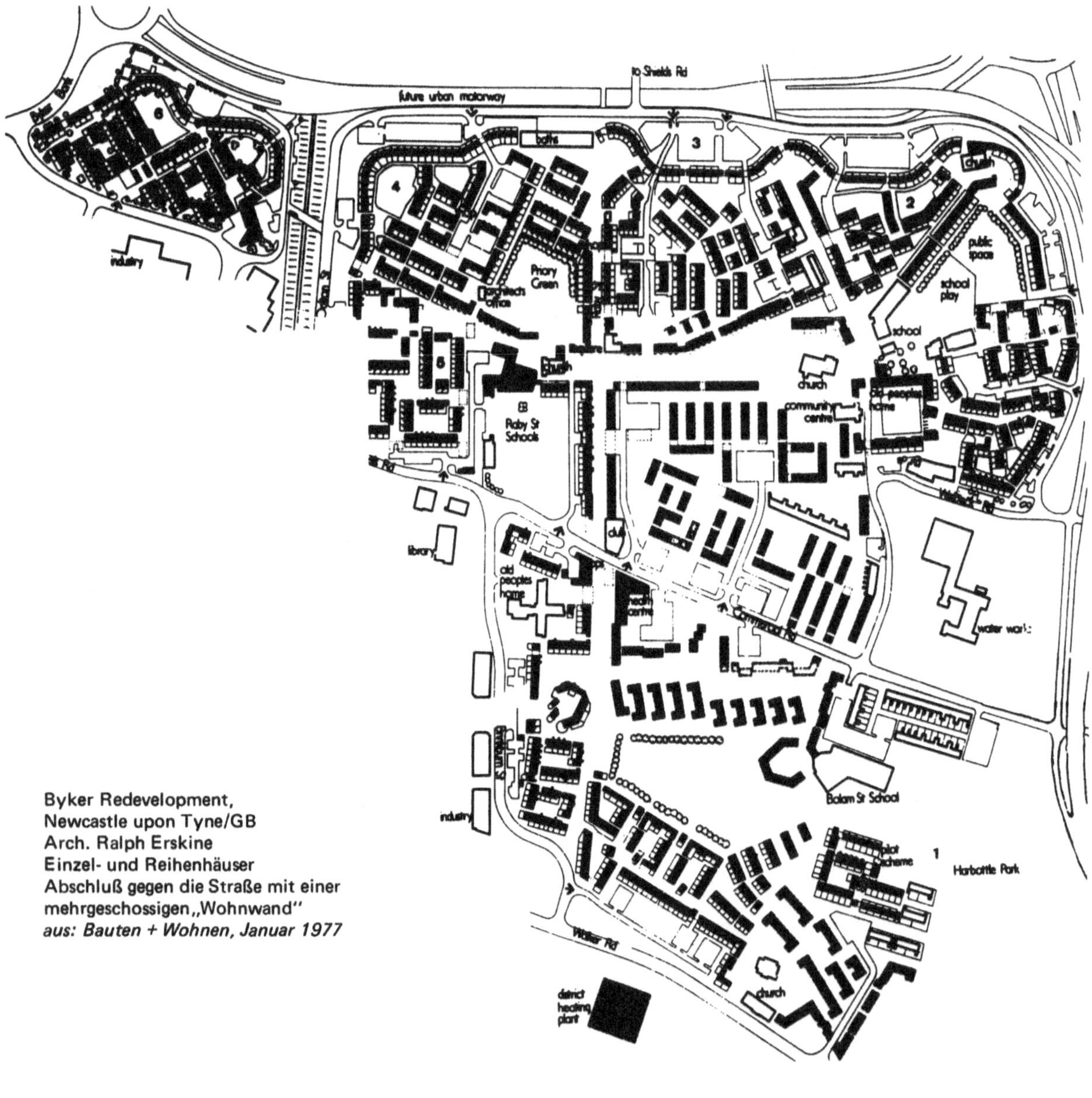

Byker Redevelopment,
Newcastle upon Tyne/GB
Arch. Ralph Erskine
Einzel- und Reihenhäuser
Abschluß gegen die Straße mit einer mehrgeschossigen „Wohnwand"
aus: Bauten + Wohnen, Januar 1977

Innengangtypen

Noch wirtschaftlicher ist die Erschließung mit innenliegenden Gängen. Die Verlegung des Ganges in die Mitte des Gebäudes ergibt das ökonomische Maximum des sehr tiefen Baukörpers (Unité d'habitation in Marseille: 24,00 m (!) Bautiefe). Ein großer Nachteil ist dagegen die Kommunikationsfeindlichkeit des Innenganges. Eine rationelle Ausnützung verlangt Wohnungen zu seinen beiden Seiten. Das bedeutet, daß der Gang unbelichtet ist bzw. höchstens ein Kopf-Fenster erhalten kann. Orientierungs- und Identifikationsschwierigkeiten sind die Folge. Das ständig notwendige künstliche Licht belastet das Energie-Budget und degradiert den Gang zu einer mechanistischen monofunktionellen Ordinate. Hier gilt eine ähnliche Typologie wie bei den Außenganghäusern. Die erste mehrgeschossige Wohnung am Innengang baute Le Corbusier in der Unité bei Marseille (1947–52)[112]. Dieser Typ war ursprünglich als Wohnbauelement für den Wiederaufbau kriegszerstörter französischer Städte gedacht. Le Corbusier wollte z.B. in St. Dié 20.000 Einwohner in 8 Unités unterbringen und ganz La Rochelle mit nur 10 Unités wiederaufbauen. Schließlich wurden nur in Marseille, in Nantes Rezé (1955) und in Berlin (1958) je eine derartige Großeinheit errichtet.
Die Struktur des Marseiller Gebäudes zeigt einen Nord-Süd orientierten 17-geschossigen, auf Stützen stehenden Zeilenbaukörper, dessen 337 Wohnungen durch 7 Innengänge erschlossen werden. Die langen, unbelichteten Mittelgänge bilden mit dem kurzen, hellen Quergang, der die zur südlichen Schmalseite orientierten Wohnungen erschließt, eine T-Form. Das Wohnungsgemenge ist mit 23 Typen für 1–12 Personen optimal geplant. Die größeren Wohnungen sind auf 2 Ebenen angelegt, die nach beiden Seiten des Gebäudes orientiert sind. Der Wohnraum ist an der Außenseite zweigeschossig, er bildet mit dem darüber oder darunter liegenden Elternschlafraum eine Einheit. Le Corbusiers Idee der Galeriewohnung wurde hier in großem Stil verwirklicht. In der vertikalen Mitte des Gebäudes (7. und 8. Geschoß) befinden sich die Läden und andere Folgeeinrichtungen. Das Dach – überwiegend als Aussichtsterrasse genutzt – bietet weitere Gemeinschaftseinrichtungen wie Turnhalle und Kindergarten. Die Maße dieser Megastruktur sind 165 X 24 X 56 m, das Achsmaß beträgt 4 m – entsprechend schmal sind die Kinderschlafzimmer.
Le Corbusier erregte zeitgenössische Bewunderung wegen der genialen Erfindung der zweigeschossigen Wohnungen und Kritik wegen des unbrauchbaren, zugigen Erdgeschosses, wegen des schlecht funktionierenden Ladengeschosses (und schließlich wegen der schlechten Betonarbeiten). Vor allem die Architekten, die mit Mies van der Rohe als Vorbild architektonische Schönheit in der technischen Vollkommenheit suchten, sahen sich mit einem Werk konfrontiert, das Schönheit in der natürlichen Unvollkommenheit darbot. Le Corbusier antwortete seinen Kritikern mit folgenden Worten:
„Wenn Ihr die Kathedralen und Schlösser besichtigt habt, habt Ihr nie den rohen Behau der Steine und die zugegebenen und geschickt ausgewerteten Fehler gesehen? Wo habt Ihr denn Eure Augen, wenn Ihr Werke der Architektur besichtigt? Wenn Ihr Männer und Frauen anseht, sehr Ihr denn nicht, daß sie Runzeln, Warzen, krumme Nasen und unzählige andere Fehler haben? Habt Ihr etwa auf Euren Spaziergängen die mediceische Venus oder den Apoll von Belvedere in Fleisch und Blut angetroffen? Die Fehler sind menschlich, sie sind das menschliche Leben. Was zählt, ist darüber hinwegzukommen. Das heißt leben, das heißt aus dem Vollen schöpfen und ein hohes Ziel erstreben!"[113]
Bei dem Bau in Marseille sind die Wurzeln des Brutalismus zu suchen. Mit seinen hierbei gewonnenen Erkenntnissen hatte Le Corbusier die "Epoque Machiniste" hinter sich gelassen. An die Stelle des glatten weißen Baukörpers trat der plastische, mit rohen, skulpturalen Elementen und Primärfarben gekennzeichnete Betonbau. Die (damals) jungen Architekten sahen in diesem brutalen Stil die eigene Zeit widergespiegelt und setzten sich in der Folge mit ihm auseinander. Brutalismus fand schnell in England, Holland und Deutschland Eingang. Der Typ des Mittelganghauses wird heute im wirtschaftlich optimierten Wohnungsbau angewendet.

Spännertypen

Nur durch Treppenhäuser erschlossene Wohnanlagen nennt man Spännertypen. Während der Einspännergrundriß, in dem nur eine Wohnung je Treppenaustritt angeordnet wird, relativ selten ist, gehören Zwei- und Dreispänner zu den am meisten verwendeten Grundrißtypen bei Treppenhauserschließungen. Je mehr Wohnungen von einem Treppenpodest aus erschlossen werden, desto schwieriger wird die sparsame Bemessung der Erschließungsfläche. Beim Mehrspänner wird man schließlich zu einer radialen Struktur mit einem ringförmigen Podest kommen (vgl. Marina City S. 111).

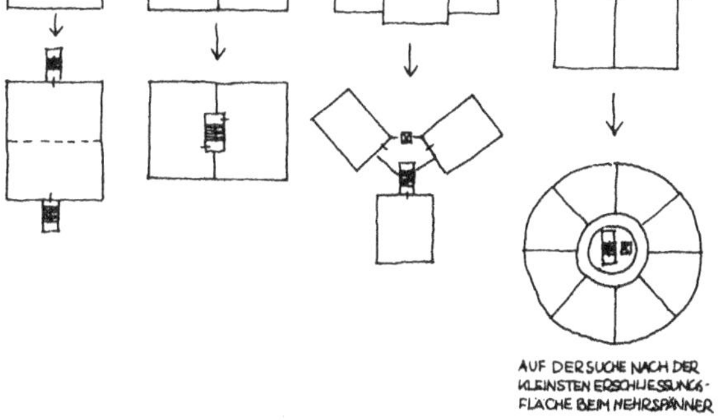

Treppen

Auch die Treppe ist ein Kommunikationselement, das Kontakte stimulieren kann. Hierzu dienen breite Podeste und Wohnungsvorplätze, die für eine Begegnung dimensioniert sind. Auf den Podesten alter Wiener Haustreppen findet man noch heute Stühle aus lackiertem Stahlblech, auf denen man ausrasten kann – eine willkommene Maßnahme bei den Geschoßhöhen jener Zeit und insofern langer Treppenläufe. Physiologen haben festgestellt, daß die Treppe das Bauelement ist, das die meiste Energie aller alltäglichen Tätigkeiten verzehrt. Das Treppensteigen mag gut sein als Kreislauf- und Herztraining junger Leute, für alte Menschen ist es eine u.U. gesundheitsschädigende Belastung, wenn sie mehr als drei Geschoßtreppen steigen müssen.[114]

Eine Treppe muß energiesparend und unfallsicher angelegt werden. Zahlreiche Einzelheiten der Bauordnung gehen darauf ein. Steigungshöhen der Stufen, die innerhalb des Stiegenlaufes gleiche Höhe und Breite aufweisen müssen, dürfen höchstens 18 cm betragen. Gerade Stufen müssen mindestens 26 cm breit, Spitzstufen müssen im Abstand von 45 cm von der Außenseite mindestens 28 cm, am Spitzende mindestens 13 cm breit sein. Hier übernimmt die Bauordnung in etwa die Erfahrungsregel, die mit 2 X Stufenhöhe + 1 X Stufenbreite = ~63 die bequeme Treppe definiert. Im Sinne der beiden Kriterien ist auch die Verordnung, die für Treppenläufe mit mehr als 20 Stufen die Unterteilung mit einem mindestens 1 m langen Zwischenpodest verlangt.

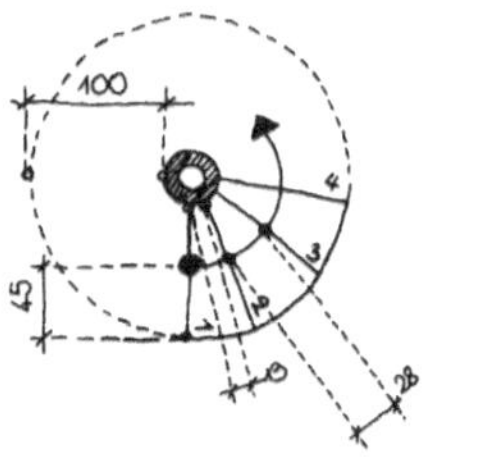

DIE WENDELTREPPENMASSE DER WIENER BO. 1976

Auch über die Mindestbreite der Treppen sowie über Geländerhöhen gibt es genaue Vorschriften.

Man könnte sich – ohne diese bauaufsichtlichen Vorschriften – auch andere Treppenformen denken: solche mit einem Wechsel des Steigungsverhältnisses innerhalb eines Laufs. Man ist überrascht, in Japan derartige Treppen vorzufinden, die nach europäischen Gewohnheiten absurd sind, dennoch ihren eigenen synkopischen Reiz haben.

Bei der Anlage eines Treppenhauses sollte man den optimalen Treppentyp wählen. Den geringsten Platzbedarf hat die Wendeltreppe. Sie ist aber sowohl für Kleinkinder als auch für alte Leute gefährlich, sie erschwert oder verunmöglicht ebenso den Transport größerer Gegenstände: Grund genug, sie im Wohnungsbau nur in Ausnahmefällen oder aber mit entsprechend großem Spindelradius zu verwenden. Als einzige Erschließung einer Wohnung sind sie bauaufsichtlich nicht erlaubt. Einläufige Treppen haben wegen der langen Endpodeste einen hohen Platzbedarf. Sie sind ohne Zwischenpodeste für die genannten Benutzergruppen nicht ungefährlich.

Aus diesen Gründen wird die zweiläufige Treppe im Wohnbau allgemein vorgezogen. Die 8–10 Stufen des halben Laufes sind auch für körperlich schwächere Menschen gut zu ersteigen. Das breite Podest bietet eine Rast- und Ausweichmöglichkeit. Der Platzbedarf dieses Typs liegt unter dem der einläufigen Treppe.

Treppenvorschriften gehen für Hochhäuser noch mehr ins Detail hinsichtlich der Türen, der Laufuntersichten, der Brüstungshöhen usw., aber auch hinsichtlich des Verbotes von gewendelten Stufen. Vielfach verlangen die Bauordnungen, daß Hochhaustreppen über eine offene Loggia erreichbar sein müssen (Feuersicherheit).[115]

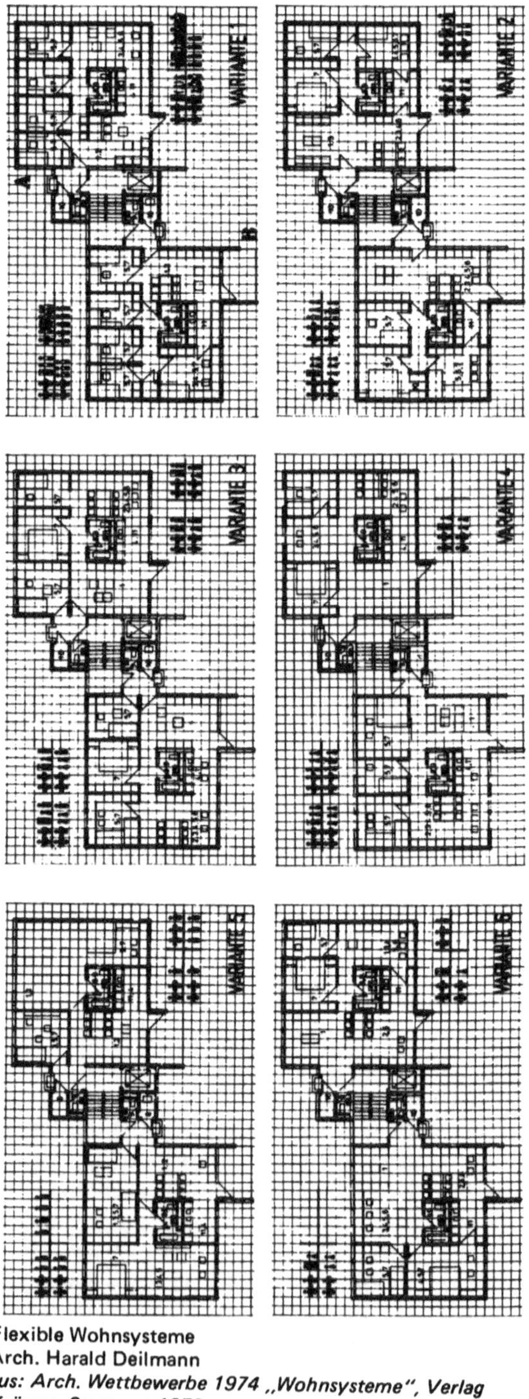

Flexible Wohnsysteme
Arch. Harald Deilmann
aus: Arch. Wettbewerbe 1974 „Wohnsysteme", Verlag Krämer, Stuttgart 1973

Wohnhaus Gieselmann in Karlsruhe-Durlach
Arch. Reinhard Gieselmann, 1965
Beispiel für Gruppenhaus mit Einspännergrundrissen
aus: Bauwelt, Mai 1967

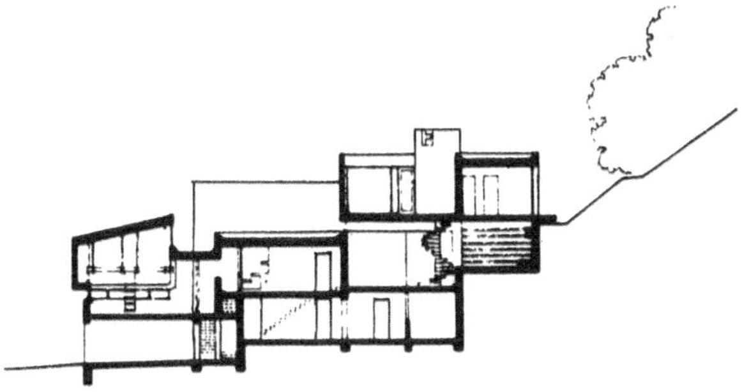

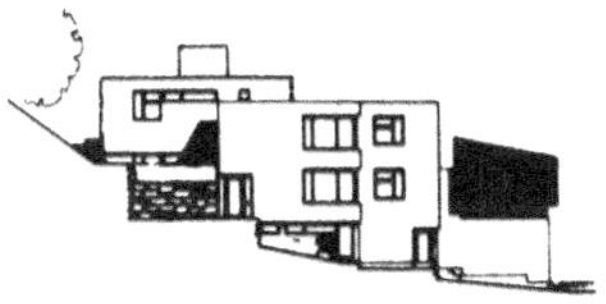

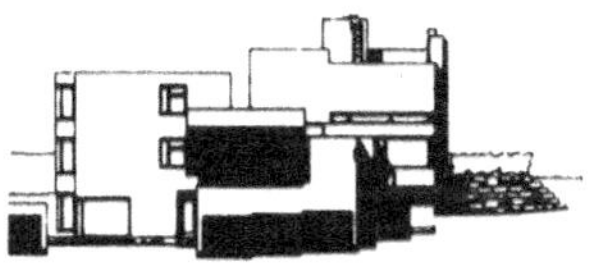

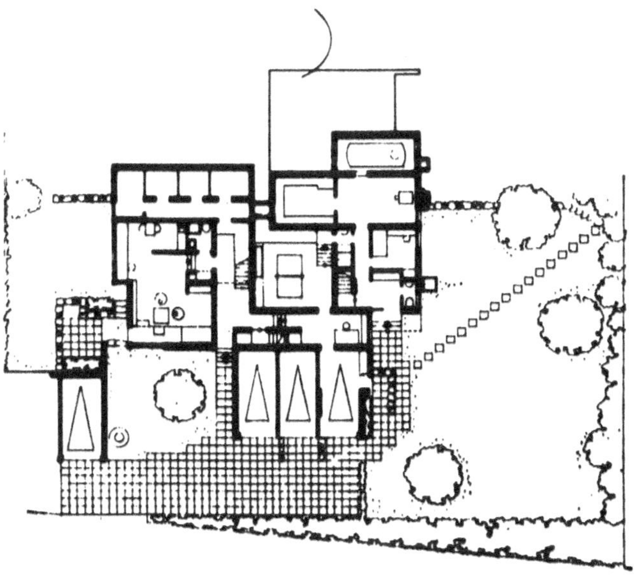

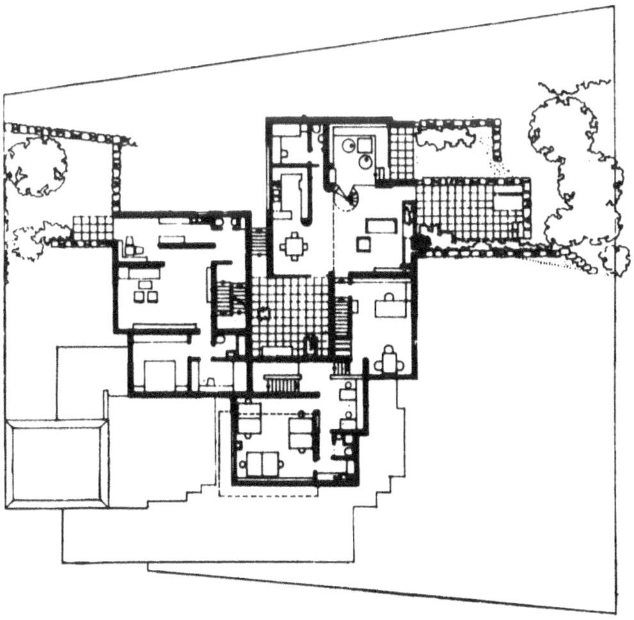

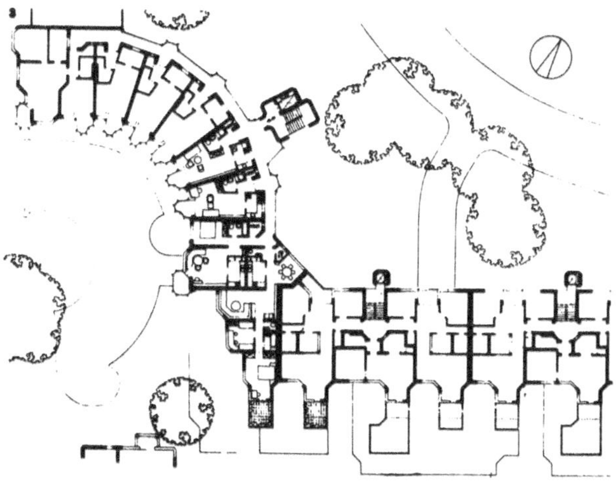

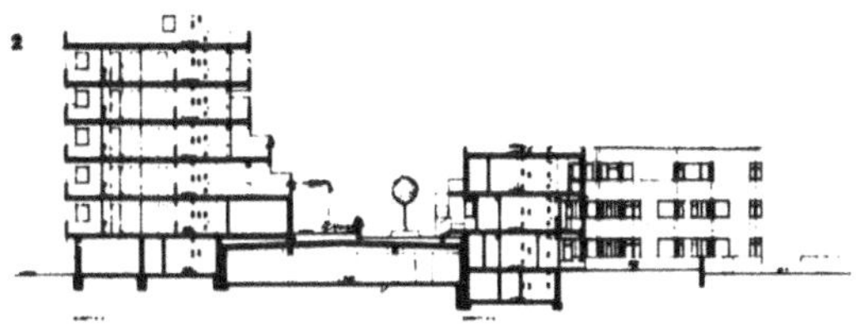

Wohnbebauung in Köln-Chorweiler
Arch. Gottfried Böhm
Ostzeile: Spännertypen mit Familienwohnungen
Westzeile: Laubengänge mit Kleinwohnungen

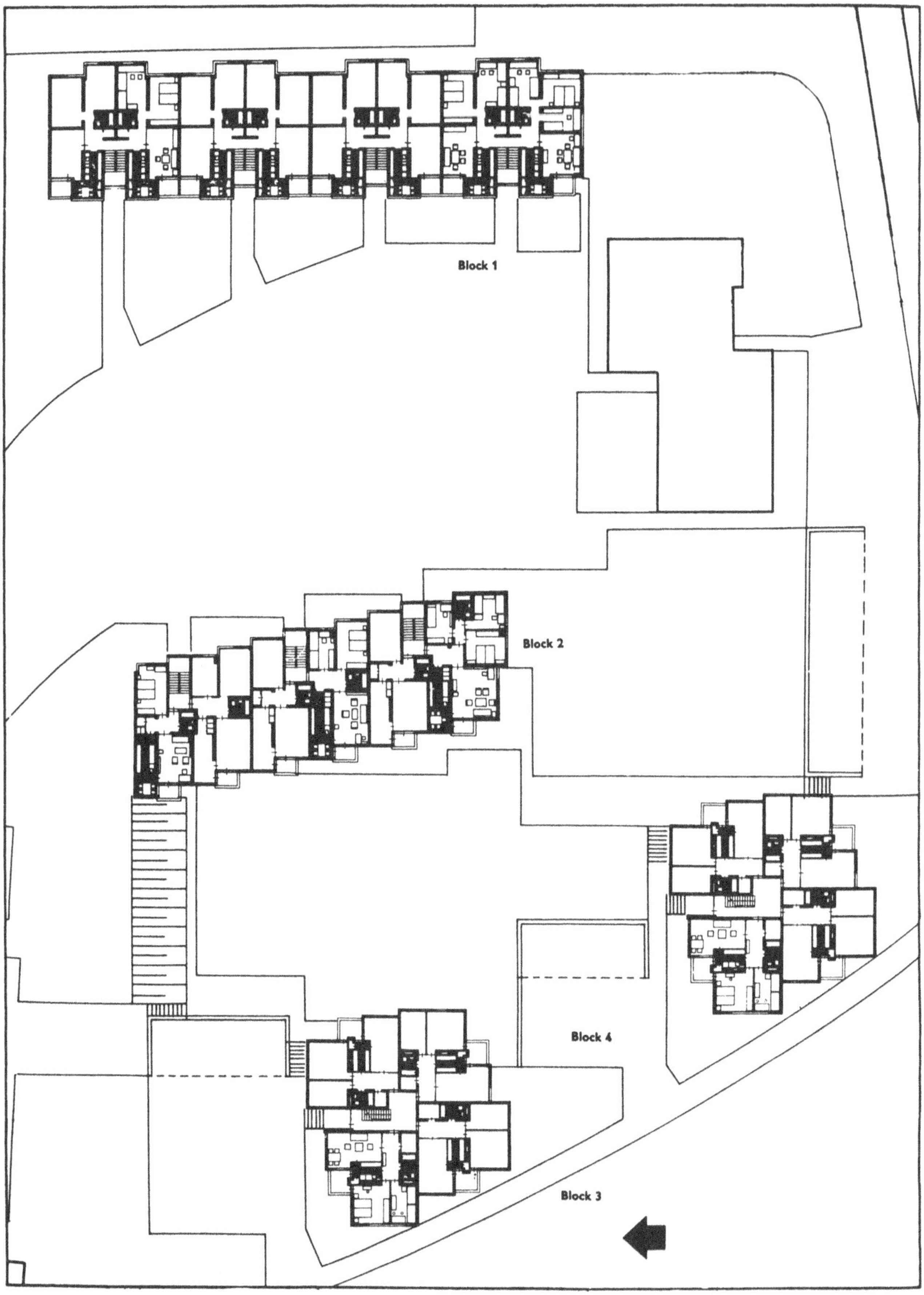

Projekt Köln-Nippes
Arch. O. M. Ungers, 1957
Zweispänner mit gegenüberliegenden (oben) und versetzten Wohneingängen
aus: Baumeister 5/1967

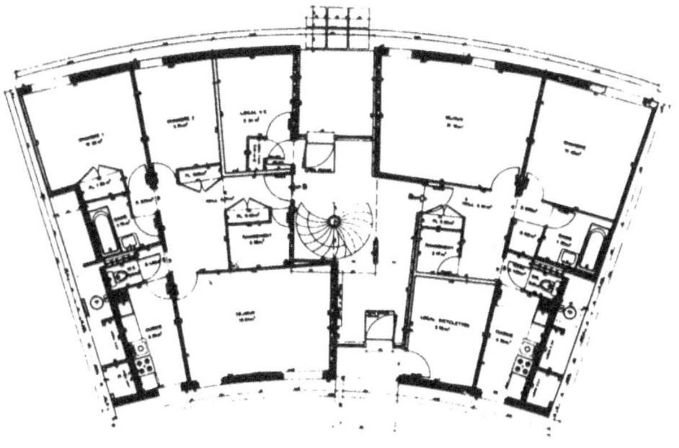

Wohnanlage La Grande Borne in Grigny/Frankreich
Arch. E. Aillaud
Mit Wendeltreppe erschlossener Spännergrundriß
aus: Harald Deilmann, Gerhard Bickenbach, Herbert Pfeiffer, Wohnbereiche – Wohnquartiere, Verlag Krämer, Stuttgart 1977

Wohnbau in Aix-en-Provence
Arch. Candilis, Josic, Woods
Vierspänner mit versetzten Geschossen
aus: AA 120, April, May 1965

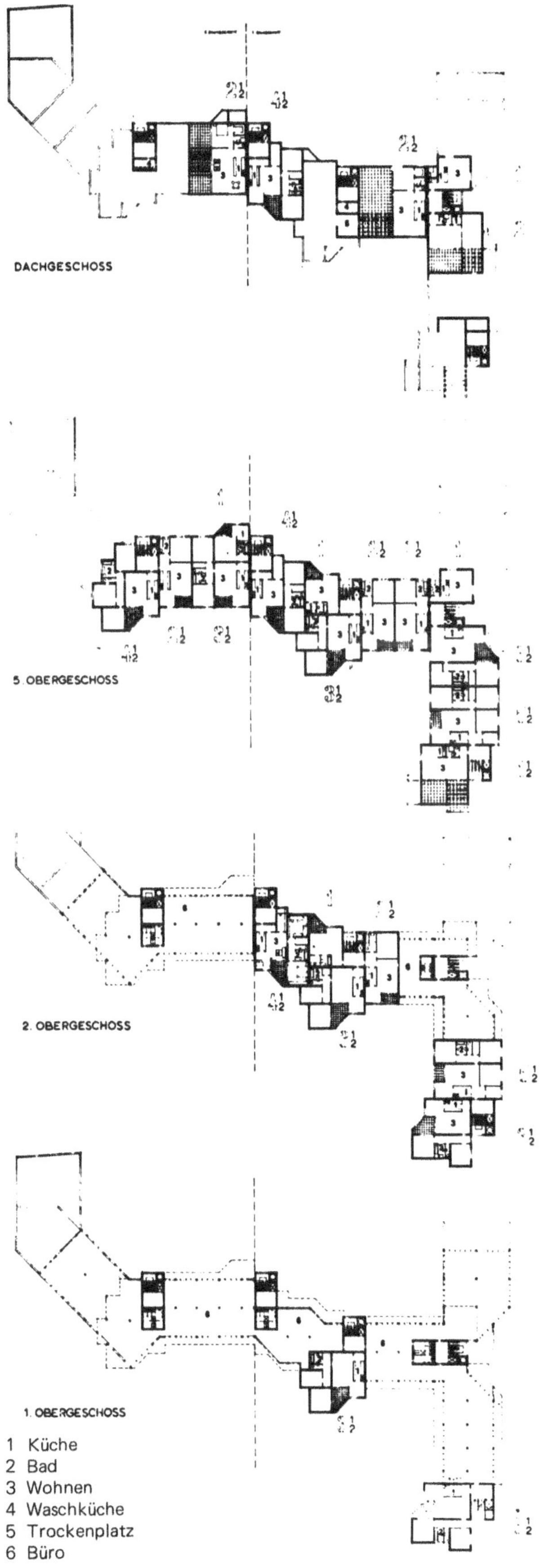

Hockenheim, Innenstadt-Sanierung
Arch. Reinhard Gieselmann, 1966
Beispiel für multifunktionale Nutzung (Mischung Folgeeinrichtungen, Büros, Wohnungen), Dreispänner
aus: Baumeister 1/1969

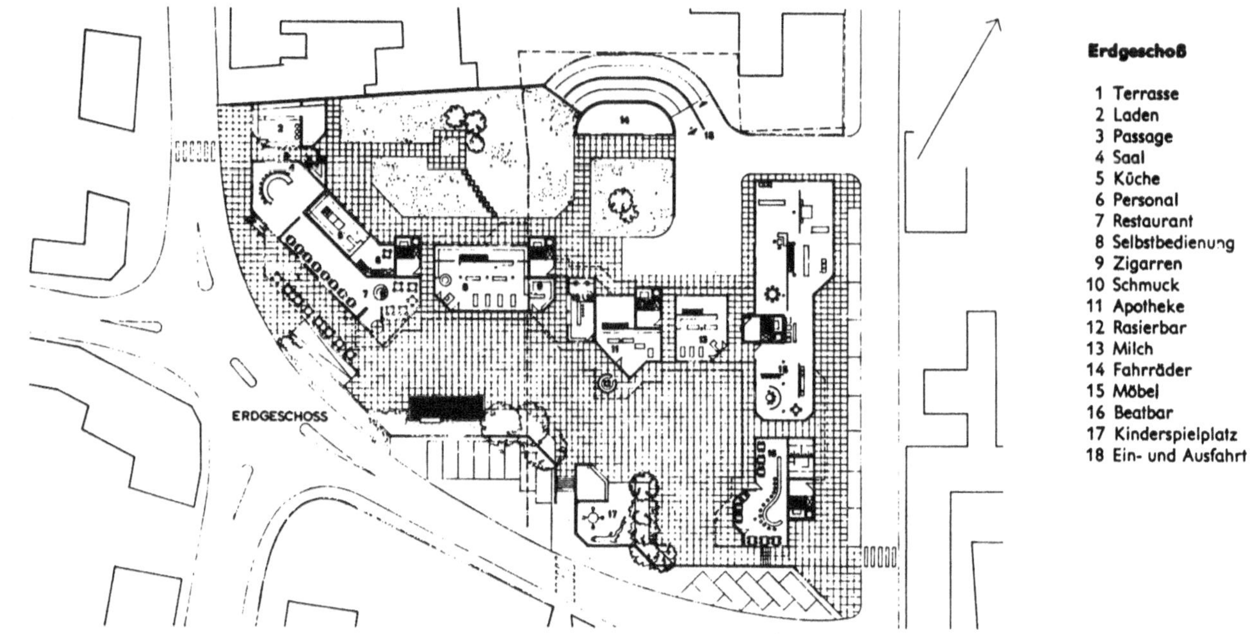

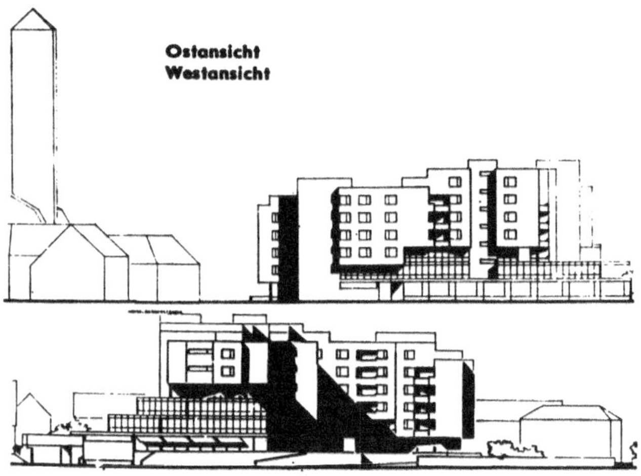

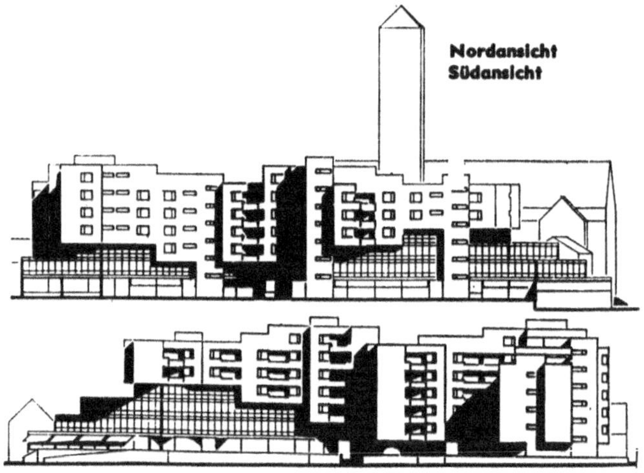

Hockenheim, Innenstadt-Sanierung
Arch. Reinhard Gieselmann, 1966

Beispiel für Dreispännergrundrisse
aus: Baumeister 1/1969

Aufzüge

Auch ein Aufzug kann Kontakte stimulieren oder verhindern. Mediziner sehen in ihm einen Ort für Krankheitsübertragung; Verhaltensforscher haben erkannt, daß hier natürliche Distanzwerte unterschritten werden und dadurch besondere Verhaltensweisen entstehen. Alte Wiener Aufzüge aus der Gründerzeit sind mit gepolsterten Sitzbänken, Spiegeln und Wandleuchten ausgestattet, um den kurzen Aufenthalt in dem aus Mahagoniholz und Glas gestalteten Raumkasten angenehm zu machen. Diese alten Aufzüge gestatten differenziertere Verhaltensweisen als die neuen Lifts, deren Körbe nichts weiter als eine Umgebung aus lackiertem Blech, Gummiboden und Leuchtdecke bieten. Dabei ist der Aufzug für alle Bewohner vom 1. Obergeschoß an praktisch Ersatz für die Treppe – nicht allerdings der juristische Ersatz. (Muß ab 4 Geschossen *ein* Aufzug eingebaut werden, so verlangen die Bauordnungen für Hochhäuser *mehrere* Aufzüge verschiedener Größe).

Die Technik des Aufzuges ist in Gründerzeithäusern vielfach sichtbar – moderne Aufzüge werden oft in Schächte eingebaut, deren genaue Dimensionierung von der einzelnen Aufzugsfirma bestimmt wird. Der Maschinenraum soll wegen möglichst direkter Kraftübertragung über dem Aufzugsschacht angelegt sein (und muß größer als dieser sein). Er soll möglichst vom Treppenhaus aus zugänglich sein und eine lichte Höhe von mindestens 2,00 m haben. Wenn aus besonderen Gründen kein Maschinenraum über dem Schacht angeordnet werden kann, muß man den – teureren – Hydraulikaufzug wählen, der den Korb mittels einer Teleskopeinrichtung bewegt. Die Technik sitzt hier unter dem Aufzug.
Alle Aufzüge benötigen eine Verlängerung des Schachtes – eine Über- und eine Unterfahrt-Höhe. Diese betragen von der Oberkante Fußboden der obersten Haltestelle 5,70 m nach oben, von der Oberkante Fußboden der untersten Haltestelle 1,00 m nach unten. Für die wirtschaftliche Planung ist wichtig, die Haltestel-

len immer an einer Seite des Fahrkorbes anzuordnen oder – in zweiter Näherung – an den zwei sich gegenüberliegenden Seiten. Eine Übereck-Anordnung der Türen ist aus konstruktiven Gründen zu vermeiden.

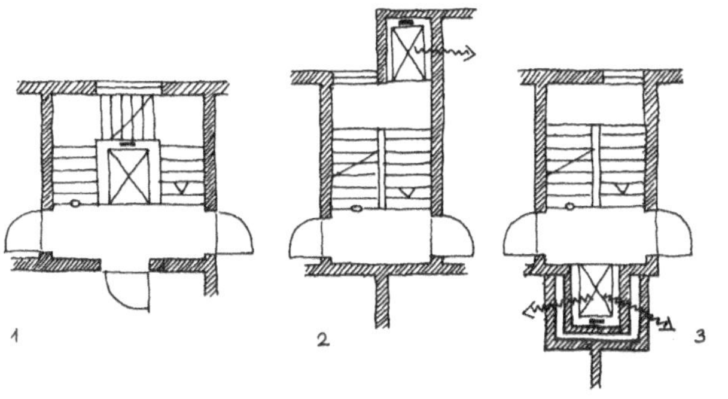

LAGE DES AUFZUGS IM GRUNDRISS
1 ERGIBT GROSSE TREPPENHÄUSER. SCHALLTECHNISCH GÜNSTIG
2 WIRTSCHAFTLICH: HALTESTELLE NUR AN JEDEM 2. PODEST. NACHTEILIG FÜR BEWOHNER, DIE JEWEILS ½ TREPPE GEHEN MÜSSEN. SCHALLBELÄSTIGUNG EINER WOHNUNG
3 INNENLAGE - SEHR SPARSAM, DOCH INTENSIVE SCHALLAUSBREITUNG

Wirtschaftlichkeitsüberlegungen werden von weiteren Kriterien bestimmt: Nach der Wahl des Typs (normal, hydraulisch) ist die Anzahl der Aufzüge entscheidend. U.U. ist es wirtschaftlicher, mehrere Aufzüge mit verschiedenem Tempo einzusetzen, um verschiedene Stockwerke intervallweise zu erschließen. Weiter muß auch aus akustischen, statischen und anderen technischen Gründen die Lage im Grundriß Beachtung finden. Wichtigster Faktor für die Kalkulation ist die Anzahl der Haltestellen. Außerdem spielen Details wie Steuerungssystem mit oder ohne Speicherung, Fahrgeschwindigkeit, Ausbildung des Korbes und der Türen, aber auch die Auskleidung des Schachtes und andere Details eine Rolle in der Kalkulation.

5. Folge- und Gemeinschaftseinrichtungen

Parksysteme

So sehr wir unser Auto lieben, so schwer fällt uns die Geldausgabe für seine Unterbringung. A priori nehmen wir an, daß hierfür öffentliche Flächen benutzt werden können und parken unseren Wagen am Straßenrand. Straßenränder sollten dagegen nach Ansicht der Planer vor allem Besucherfahrzeugen Raum geben; der Gesetzgeber verlangt bei Neuplanungen, daß Stellplätze auf den Freiflächen des eigenen Grundstückes nachgewiesen werden.
In einer Optimierungsstudie untersuchen die Verfasser Albach und Ungers[116] die Kostenfaktoren der folgenden Parksysteme:

1. Einstellplätze
2. Garagen
3. Parkpaletten
4. Tiefgaragen
5. Parkhäuser

Für die Planung wird eine Größe vorausgesetzt: Es ist die Fläche, die ein Wageneinstellplatz im jeweiligen System einschließlich anteiliger Zu- und Abfahrten benötigt. Diese Fläche kann mit 25 qm angenommen werden.
Bei der Optimierung – die noch keine Aussagen über die Gestaltqualität des Systems beinhaltet – beziehen die Verfasser Baukosten und Grundstücksanteilkosten mit ein. Hier sollen sie – mit einigen Überlegungen zur Gestaltung angereichert – verkürzt wiedergegeben werden.
Einstellplätze sind oberirdische Abstellflächen. Sie haben die vergleichsweise geringsten Bau-, dagegen die höchsten Grundstücksanteilkosten. Im flachen Gelände ist es nicht schwer, die Einstellplätze unter die Erdoberfläche zu legen und den Aushub als Erdwall zwischen Einstellplätzen und Wohnhäusern aufzuschütten. (Mies van der Rohe hat dies in seiner 1963 erbauten Lafayette-Park-Siedlung in Detroit so gelöst.)
Überlegungen rationeller Unterbringung sollten nicht dazu verleiten, unübersehbare Mengen von Fahrzeugen zu konzentrieren, sondern auch bei Parkplätzen überschaubare Größen anzulegen – das gilt ebenso für alle anderen Parksysteme. Eine Bereicherung für Einstellplätze ist eine Baumbepflanzung. Bäume geben Schatten und schirmen – wenigstens im Sommer – den Blick von oben auf die Autos ab. Wenn schon die Autos im wirtschaftlichen Raster von 2,30 X 4,80 m angeordnet werden, so muß dieser Raster nicht auch – wie im Märkischen Viertel – auf die Bäume übertragen werden. Vielmehr können Bäume durch ihre unregelmäßige Position innerhalb des Systems zur Unterscheidbarkeit der Situationen beitragen.

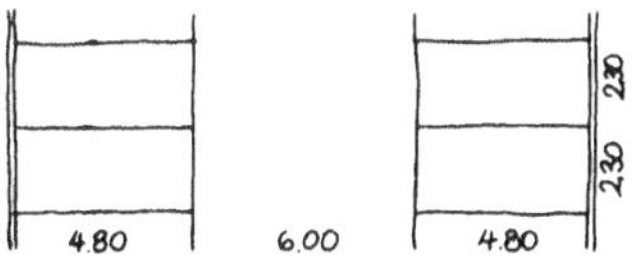

DIMENSIONEN VON EINSTELLPLÄTZEN NACH DEM WIENER GARAGENGESETZ

Garagen sind oberirdische, eingeschossige Abstellräume. Sie erfordern nahezu gleiche Grundstücksflächen wie Einstellplätze und dazu noch Hochbaukosten. Funktionalistische Wohnbauplanungen zeigen oft als Abschluß der senkrecht zur Straße stehenden Zeilen eine parallel zur Straße gelegte Garagenreihe. Diese Anordnung ist der Tod der Straße: Tor reiht sich an Tor. Damit ist die Straße endgültig ihrer Kommunikationsfunktion beraubt und nur noch zum Verkehrsträger geworden. Garagen sind leichter bei Hanglagen unterzubringen. Die Garage, die an der – unten geführten – Straße liegt, kann mit Erde überschüttet und bepflanzt werden. Die Lösung des Garagenproblems muß fallweise gefunden werden. Hier kann nur empfohlen werden, Garagen tangential zum Grundstück anzuordnen oder sie ins Haus einzubeziehen.

Parkpaletten sind zweigeschossige Parkhäuser, deren Ebenen halbgeschossig gegen die Erdoberfläche versetzt sind. Sie benötigen wegen ihrer geringen Höhe keine Abstandsflächen und können daher nahe an Grenze und Wohnbauten herangebaut werden. Parkpaletten erfordern genau die Hälfte der Grundstücksanteile. Ihre Baukosten liegen über denen der Garagen.

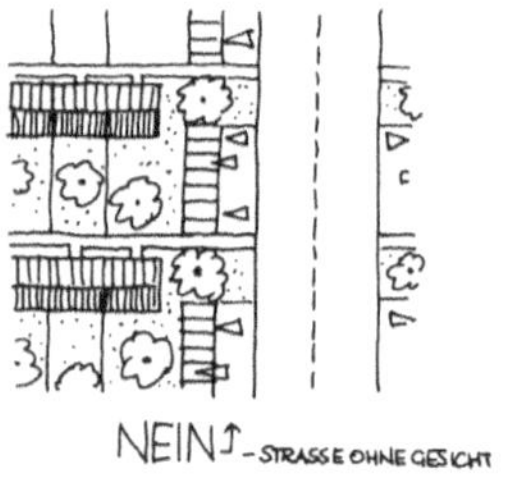

Paletten sind ein bei großen Siedlungen viel verwendetes System. Oft nehmen sie Flächen ein, die einer Grünanlage vorbehalten bleiben sollten. Durch die halbgeschossige Anhebung über Erdniveau stehen die Autos – wenigstens bei den Wiener Neubausiedlungen – auf gleicher Höhe mit den Erdgeschoßwohnungen. Jeder Versuch einer Begrünung, z.B. mit berankten Pergolen oder Bäumen in Pflanzrohren, wird also eine Verbesserung des Wohnwertes mit sich bringen.

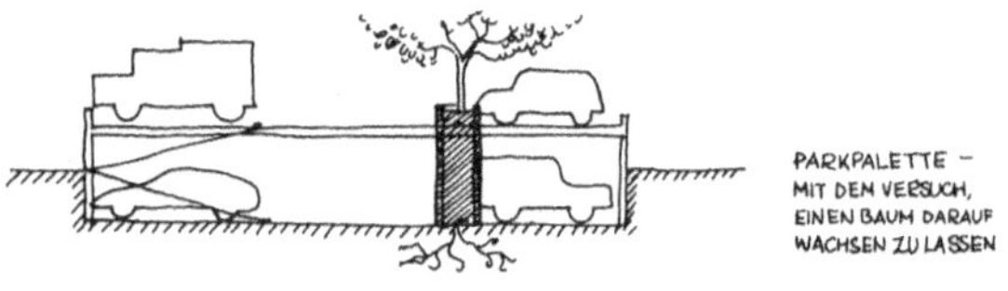

Tiefgaragen sind unterirdische Bauten zum Einstellen von Autos. Ihre Baukosten liegen über denen der Parkpaletten, dagegen entfallen Kostenanteile für den Grundstücksbedarf. Vor allem Tiefgaragen sollten übersichtlich sein, um Unlustgefühle zu reduzieren. Tiefgaragen bedürfen von bestimmten Größen an der künstlichen Belüftung, der Unterteilung in Brandabschnitte, des Einbaues von Schleusen zum Wohnhaus und der Notausgänge. In einigen englischen Tiefgaragenobjekten ist der absolute Abschluß nach oben durchbrochen: beispielsweise in Bishopsfield/Harlow erhält die Tiefgarage Licht und Luft durch gemauerte Rohre, die wie Brunnen auf der Decke stehen. Drahtnetze sichern die Fahrzeuge gegen das Herabwerfen von Gegenständen.

Parkhäuser sind Garagenbauten mit mindestens 3 Obergeschossen. Sie brauchen also Abstandsflächen. Die Kosten sind etwa mit denen der Tiefgarage vergleichbar. Da außerdem Grundstücksanteile für sie anfallen, rangieren sie in dem Optimierungsverfahren an letzter Stelle. Auch gestalterischen Überlegungen widersetzen sie sich. Tote Fassaden – höchstens mit Dekorationsmustern geschmückt – sind oft das Ergebnis. In der Stadterweiterung Bijlmer-Meer ist das Einstellproblem so gelöst, daß zwischen Straße und Wohnbauten Parkhäuser gebaut wurden, die einen gedeckten Zugang zur untersten Erschließungsebene haben. Eine Gestaltung ist auch an diesen Parkhäusern nicht ablesbar. Ein solches monofunktionelles Gebäude kann zum blinden Fleck in der Stadtgestaltung werden. Besser ist eine Integrierung in einen Wohnbau. Ein erster Schritt in dieser Richtung wurde mit dem Projekt Marina City in Chicago getan (Architekt B. Goldberg). Dieser 1962 vollendete Baukomplex hat in seinen beiden zylindrischen Türmen nicht nur 450 fächerförmig angeordnete Wohneinheiten in 40 Obergeschossen, sondern auch 450 Einstellplätze in den unteren 15 Parkgeschossen. Diese Park-„Geschosse" sind eigentlich Spiralrampen, die sich um den Kernschaft winden. Auf ihnen stehen die Autos in Senkrechtaufstellung und fahren im Gegenverkehr auf und ab. Zur Bedienung ist Personal erforderlich, das dem Autofahrer im Erdgeschoß den Wagen abnimmt. Eine ganze Umdrehung der Wendelrampe ist als Stauraum vorgesehen. In den drei Sockelgeschossen sind Folgeeinrichtungen, im untersten, das auf der Ebene des Chicago-river liegt, ein Bootshafen untergebracht.

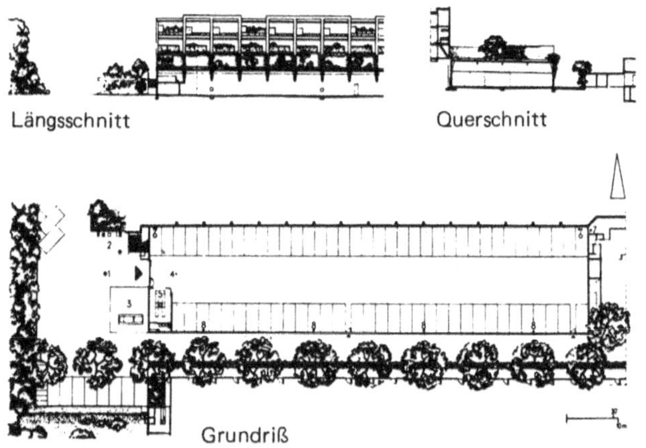

Siedlung Halen bei Bern
Arch. Atelier 5
Gemeinschaftsgarage

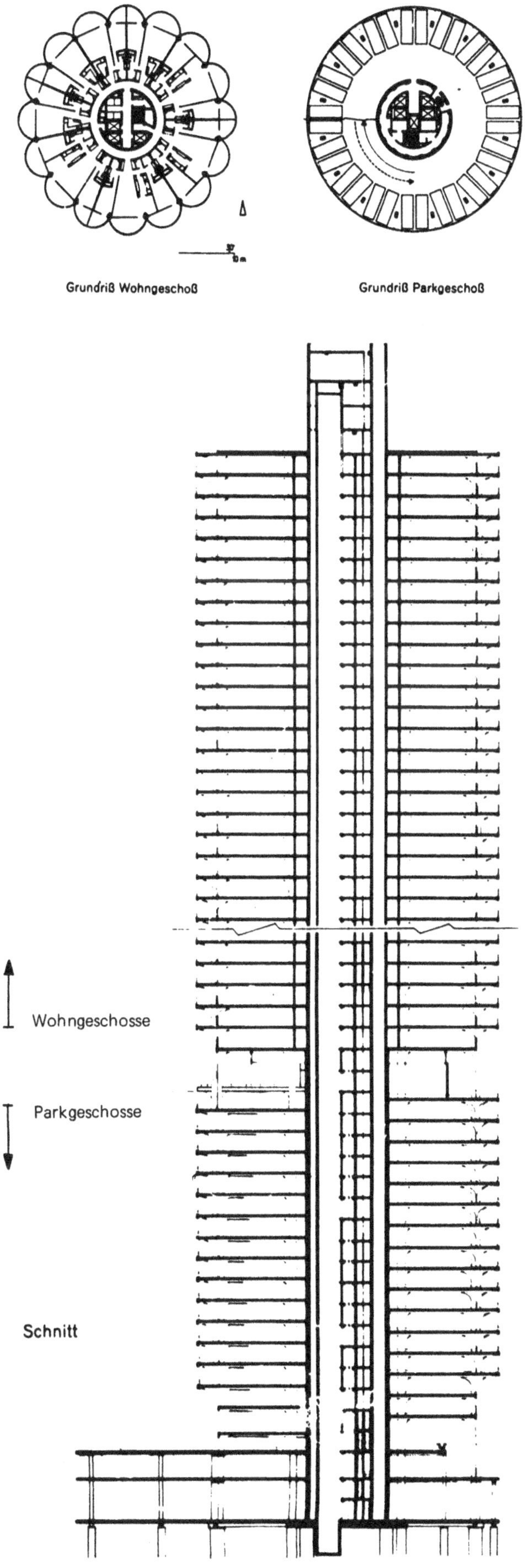

Marina City, Chigago/USA
Arch. Bertrand Goldberg, 1962
aus: Klose, Parkhäuser und Tiefgaragen, Stuttgart 1965

Parkhäuser lassen sich auch in den mittleren Dunkelzonen hoher Terrassenhäuser unterbringen. Sie könnten selbst als „vertikaler Baugrund" dienen, wenn sie mit Wohneinheiten überbaut werden.[117]

Freiflächen

Grundstücksteile, die nicht bebaut werden und nicht zum Parken benutzt werden, nennt man Freiflächen. Grünanlagen, Gärten, Wohnwege, Teppichklopf- und Müllbehälterplatz sowie Kinderspielplätze dienen der Freizeitbeschäftigung und den ergänzenden Haushaltstätigkeiten.

Kinderspielplätze werden heute gesetzlich gefordert. Die Wiener Bauordnung verpflichtet den Eigentümer einer Wohnanlage zur Errichtung von Spielplätzen für Kleinkinder ab 15 Wohnungen, und solchen für Kinder ab 50 Wohnungen. Die Berliner Bauordnung schreibt Sandkästen für je 25 Wohnungen vor und setzt Spielplatzfläche mit 0,5 qm je Einwohner fest.

Diese Vorschriften sind sicher notwendig, da die Spielwelt abgesondert werden muß. Das ganzheitliche Spielen auf Straßen und Baustellen, in verlassenen Gärten und unbebauten Grundstücken, das die Kinder mit den Reizen und Gefahren der Umwelt bekannt machte, ist einer anderen Auffassung vom Spielen gewichen. Auch unter dem Eindruck eines gefahrvolleren Verkehrs hat man das Spielen auf Spielplätze beschränkt. Damit ist gleichzeitig ein Verbot ausgesprochen, anderswo zu spielen. Vielleicht sind diese Spielghettos mit die Ursache des später übertriebenen Freizeithungers. Es wächst eine behütete und verwöhnte Generation heran, deren frühe Eindrücke aus der geordneten – und reglementierten – Welt des Spielplatzes stammen, die zur Vorbereitung auf „das Leben" nur unvollkommen dienen kann. Das Kind hat einen gesetzlichen Anspruch auf den Spielplatz – keine Rede davon, daß es sich seine Spielwelt selbst oder in der Gruppe erobern muß. Diese Konzentration des Kinderspieles ist auch eine Folge der Rücksichtnahme auf die Erwachsenen. Wenn der Gesetzgeber nicht verlangen würde, daß Spielplätze in Hör- und Rufweite der Wohnungen errichtet werden müssen, könnte man mit Sicherheit annehmen, daß die kinderfeindlichen Bewohner sie möglichst weit außer Hörweite angelegt wissen wollten. (Befragungen ergaben, daß als wesentliche Lärmbelästigung in erster Linie der Autoverkehr, in zweiter Linie der Kinderlärm angesehen wird.) Daher auch die Spielzeiten (Berliner Bauordnung: 9–13 und 15–19 Uhr), die spielende Kinder schließlich zu dem machen, was der Kölner Stadtplaner H. Ludtmann einmal „Spielbeamte" genannt hat.

Das Kind sollte auf dem Spielplatz den Ausgleich zum elterlichen Milieu finden. Der Spielplatz ist – noch vor dem Kindergarten – der Ort, an dem es zum ersten Mal Öffentlichkeit erlebt und mit anderen Menschen als Eltern und Geschwistern Kontakt bekommt. Der Spielplatz, und hier vor allem der Sandkasten, ist das erste

„Arbeits"feld für schöpferisches Tun. In dieser Lebensphase hat das Kind die Möglichkeit, unangenehme Erlebnisse – z.B. durch Vergraben von Gegenständen – abzureagieren. Schließlich ist der Spielplatz auch eine kindliche Fitness-Strecke: Hier wird es gegen Witterungseinflüsse abgehärtet.
Spielplätze sollten mit Phantasie angelegt werden und gleichzeitig der kindlichen Phantasie freien Lauf lassen. Am besten sind Spielstraßen, die in Sackgassen, an Treppen von Terrassenhäusern, also in Zonen, wo höchstens ein verdünnter Verkehr zu erwarten ist, angelegt werden. Spielplätze in Höfen und in Grünanlagen sind üblich. Sie auf Hochhausdächern anzuordnen, kann in städtischen Verdichtungszonen einmal notwendig sein – besser ist ein Spielplatz an der Erdoberfläche. Vielfach gibt es in diesen Zonen ungenutzte Erdgeschosse, die sich in Verbindung mit etwas Freifläche gut als Kinderspielplatz eignen würden.
Wenn wir hier sonst jeder Form von Integration das Wort reden, so hat sich bei Spielplätzen gezeigt, daß Altersgruppen nicht beliebig gemischt werden können. Gleichaltrigkeit ist eine gute Voraussetzung für Freundschaften und Gruppenbildungen. Damit sich auch die verschiedenen Altersgruppen kennen – und tolerieren – lernen, ist es nötig, die einzelnen Spielbereiche zueinander in Sichtbeziehung zu setzen. Für die 3–6-jährigen ist der beste Spielplatz der Sandkasten. Dazu gehört eine Wasserstelle. Beide Elemente sind für die Entwicklung des Kindes (Analphase) wichtig. Der Sandkasten muß Sonne und Schatten bieten, eine sitzwarme Einfassung und eine ca. 80 cm tiefe Sandschicht haben. Für die Erwachsenen sollten Bänke in der Nähe sein.

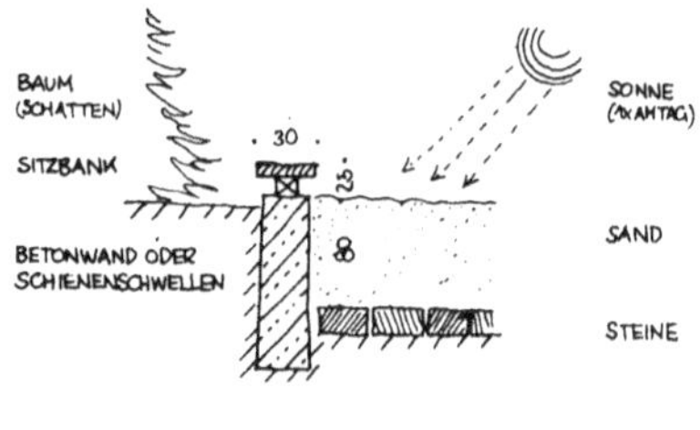

SANDKASTENKONSTRUKTION

Spielplätze größerer Kinder sind mit Spielsituationen und Spielgeräten auszustatten. Zu den ersteren gehören Spielflächen für Ballspiele – eine echte Designaufgabe ist dabei die Einzäunung gegen herausfliegende Bälle, die den Verkehr gefährden können. Wenn Rasen verwendet werden soll, muß es eine besonders widerstandsfähige Mischung sein, die 2–3 Jahre anwachsen muß. Asphalt wird immer wieder als relativ weiches und billiges Material bevorzugt; das früher oft verwendete Holzpflaster sollte ebenfalls auf Brauchbarkeit geprüft werden. Etwaigen Aushub kann man zum Anlegen eines Schlittenhügels verwenden, der aber auch der sommerlichen Gestaltung bedarf. Weiter sind Höhlen beliebt, die häufig durch Schleuderbetonrohre dargestellt werden, ferner lebende und tote Kletterbäume.

Alle Gegenstände des Spielplatzes müssen bespielbar sein – auch Tore, Zäune, Hauswände. Mit Verboten kann man keine Situation verbessern. Die Gegenstände müssen so robust sein, daß sie jedes Spielverhalten aushalten, ja, sogar dazu anregen.
Spielgeräte sollen Aktivitäten stimulieren, dabei möglichst nicht die Phantasie frustrieren. Die soziologische Seite des Spielplatzes verlangt gleichberechtigtes Tun aller Beteiligten, keine In-Dienst-Stellung von Schwächeren. Spielgeräte sollen andererseits den Wettbewerb fördern (Schaukeln, Wippen). Bewegungsgeräte erzeugen Lärm – sie sollten daher möglichst weit von Wohnbauten entfernt sein. Klettergerüste, Tischtennistische u.a. Geräte werden oft mit Primärfarben lackiert, wichtiger ist ihre Wetterbeständigkeit (Verzinkung, Asbestzement, Beton). Farben dagegen sollten von den Jugendlichen selbst angesetzt werden – dazu braucht man geeignete Malflächen.

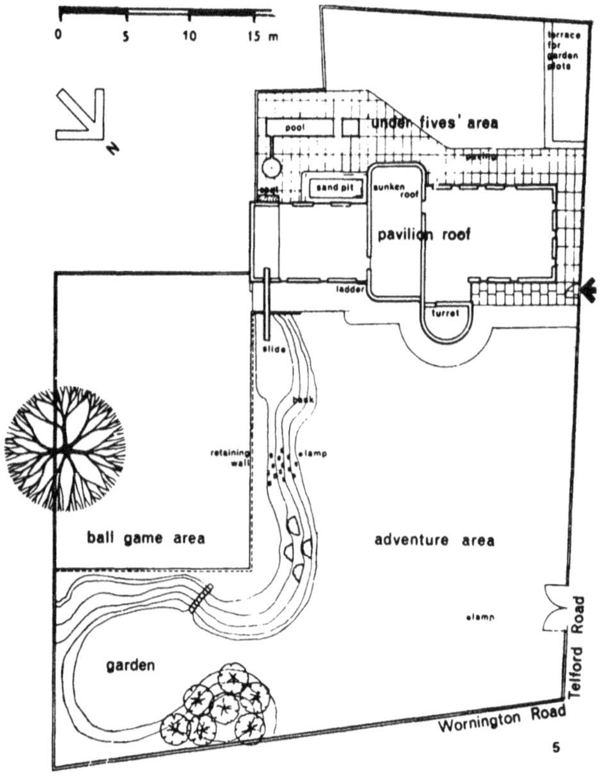

terrace for garden plots	= Terrasse für Gartenbeete	turret	= Türmchen
under fives' area	= Spielbereich für Kinder unter fünf Jahren	slide	= Rutschbahn
pool	= Becken	bank	= Böschung
seat	= Sitzbank	retaining wall, lamp	= Stützmauer, Lampe
sand pit	= Sandgrube	ball game area	= Ballspielfläche
paving	= befestigter Breich	adventure area	= Abenteuerbereich
sunken roof	= Dach mit hoher Brüstung	garden, lamp	= Garten, Lampe
pavillion roof	= Gebäudedach	Wornington Road	= Wornington Straße
ladder	= Leiter	Telford Road	= Telford Straße

Abenteuerspielplatz in Notting Hill, London
Arch. Michell & Partner
Lageplan
aus: Bengtsson, Ein Platz für Kinder, Wiesbaden 1971

Aus der Idee des Do-it-yourself entstand 1950 in Dänemark der Skrammelegeplaats, der Abfallspielplatz. Dieser Typ hat in vielen Städten Eingang gefunden und wird heute Robinson-Spielplatz genannt. Hier gibt es weder Spielgeräte noch -situationen, sondern lediglich ein unbebautes Grundstück mit Baustoffresten und -abfällen.

Das Material kann entweder von der Verwaltung geliefert oder – wie in Zürich – von den Kindern mitgebracht werden. Die Größe liegt in Zürich bei 3–4000 qm. Wenn Kinder auf Robinson-Plätzen sich in dieser Weise selbst überlassen sind, haben sie – wie sonst kaum – die Möglichkeit der Selbstverwirklichung und damit der Identifikation. Die angebotene Freiheit soll lediglich durch das Zusammensein mit Gleichaltrigen geregelt werden. (Daß in Wirklichkeit Väter und Großväter mithelfend eingreifen, paßt nicht ganz ins Programm des Robinson-Platzes, und zeugt vor allem vom unbefriedigten Tatendrang der älteren Generation.) Immer wieder wird das Problem der Aufsicht diskutiert.
Eine Lösungsvariante bietet der Robinson-Platz „Jacob Rijs" im Central Park, New York. Dort gibt es gewisse Vorgaben – Steine, Hügel, pergola-artige Holzgestelle usw. –, die zum Weiterbau animieren. Statt der totalen Einöde der üblichen Robinson-Plätze wird hier ein halb- und unfertiger Platz zum Weiterbauen angeboten. Er entspricht damit eher der pädagogischen Vorstellung vom Simulationsmodell der Umwelt.[118]

Müllbeseitigung

Das *Wiener* Landesgesetzblatt (die deutschen Amtsblätter werden sich davon kaum unterscheiden) vom 27.9.1965 (19. Gesetz) definiert genau, was als Müll anzusehen ist:

§ 2 Müll

(1) Als Müll im Sinn dieses Gesetzes sind anzusehen: üblicherweise anfallende, nicht flüssige hauswirtschaftliche Abfälle, wie Haus- und Hofkehricht, kalte Asche und Schlacke, Ruß, Küchenabfälle, Lumpen, Scherben, Knochen, Metalle, Blechdosen, Papier, Garten- und Blumenabfälle, weiters ähnliche Abfälle aus gewerblichen Betrieben. Bauschutt ist nur dann als Müll anzusehen, wenn er in ganz geringen Mengen anfällt.
(2) Als Müll im Sinn des Gesetzes gelten insbesondere nicht: Erde, Schlamm, Schnee, Eis, landwirtschaftliche und andere als im Abs. 1 genannte gewerbliche Abfälle, Fäkalien, Stallmist, Kadaver, Flüssigkeiten, Benzin- und Ölrückstände, heiße oder sperrige Gegenstände, weiters Abfälle, welche die zur Abfuhr verwendeten Einrichtungen beschädigen oder die mit der Abfuhr betrauten Organe gefährden können, wie zum Beispiel explosive Gegenstände, ätzende Substanzen, Farb- und Karbidrückstände.
(3) Der Müll geht mit der Übernahme durch die mit der Entleerung der Gefäße betrauten Organe in das Eigentum der Stadt Wien über.
Die Beseitigung des mit durchschnittlich 4 l/Tag anfallenden Mülls wirft verschiedene Probleme auf. Je 2 Wohneinheiten benötigen 1 Müll-Gefäß von 90–110 l, das mindestens einmal wöchentlich geleert wird. Die Zahlen sind durch die Zunahme der Verpackungsmaterialien im Steigen begriffen, so daß Reserven offen gehalten werden müssen. Die Behörden machen hinsichtlich der Plazierung des Müllbehälter-Platzes gewisse Auflagen, die die Planung einer Wohnanlage beeinflussen können.
Der Müllbehälterplatz muß niveaugleich mit dem Gehsteig sein und einen mindestens 1,40 m breiten und 2,0 m hohen Zugang haben. Rampen werden bis zu einem Steigungsverhältnis von 1 : 10 gestattet. Der Abstand zwischen Müllgefäß und Straße darf 10 m nicht überschreiten. Das nächste Hauptfenster muß mindestens 6,00 m entfernt sein.

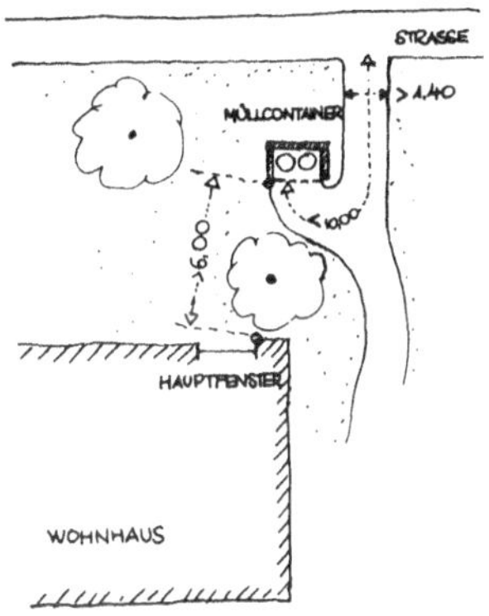

Die Gefäßformen sind verschieden: es gibt Großmüllbehälter (1,37 × 0,99 × 1,36 m), die gelegentlich zwingend verlangt werden und Mindestraumgrößen von 2,00 × 2,00 m und Zuwege von 1,60 m Breite benötigen. Die üblichen Mülleimer sind knapp 1 m hoch und haben einen oberen Durchmesser von 50 cm. In Zürich hat man seit einiger Zeit auf diese nicht sehr hygienischen Behältnisse verzichtet und verwendet stattdessen Plastiksäcke im Einwegverfahren.
Für Hochhäuser werden – in Wien – Müllabwurfschächte vorgeschrieben. Ihr Einbau wird für Bauten über 4 Geschosse empfohlen. Nicht alle Bauordnungen schließen sich diesen Überlegungen an – zuviele Schwierigkeiten treten bei der Handhabung eines solchen Schachtes auf.
Oft wird der ganze Hochhausgrundriß durch einen Müllschacht mitbestimmt, da die Müllsammelstelle mit ihrem Stauraum Anschluß an die Zufahrt der Müllabfuhrwagen haben muß. Um aus diesen Planungszwängen herauszukommen, wird vielfach ein Müllsilo (mit Sprinkleranlage) vorgeschaltet und an eine Verbrennungsanlage mit Nachverbrennung und Entstaubung angeschlossen. Zahlreiche Einzelheiten machen den Schacht zu einem kostbaren Installations-Objekt. Er muß unbrennbar, selbsttragend, dröhnarm, schallgedämmt und indirekt mit Ventilator entlüftbar sein, abgerundete Ecken und eine feuerbeständige Ummantelung haben. Alle Klappen müssen staub- und geruchsdicht sein, die Müllbehälter müssen ebenso mit dem Schacht verbunden sein.

Waschküchen

Bei mehr als zwei Wohnungen verlangt der Gesetzgeber eine Waschküche und einen Trockenraum, wenn nicht in jeder Wohnung eine Waschmaschine bzw. eine mechanische Trockeneinrichtung aufgestellt wird. Hier die wichtigsten Arbeitsabläufe, für die die Waschküche Platz und Einrichtungen bieten muß.

Abstellen des Korbes mit	
Schmutzwäsche	Tisch
Sortieren	"
Einweichen	Waschmaschine für 7 kg
Vorwäsche	"
Hauptwäsche und kochen	"
Spülen	"
Auswringen	Schleuder
Trocknen	Trockenautomat oder -raum

Dazu Gas- oder Elektrozähler, Beleuchtung, Querlüftung. Ein weiterer Wasseranschluß (Ausspritzen der Waschküche zur Reinigung) oder auch ein Ausgußbecken sind zu empfehlen. Aus diesem Programm ergeben sich 1–2 Funktionsräume. Es ist darüber hinaus einer Überlegung wert, wie man diese Räume so gestaltet, daß ein Kontakt zwischen den Hausfrauen gefördert wird. Waschküchen werden in Untergeschoßräumen oder im Dachgeschoß untergebracht. Bei ausreichendem Platzangebot ist ein zugeordneter Kinderspielraum für die Kinder der in der Waschküche arbeitenden Mütter hilfreich.

6. Das Wohnhochhaus

Der Bau von Hochhäusern mit Familienwohnungen wird seit Beginn der 70er Jahre von Planern, Medizinern und Soziologen stark kritisiert. Dennoch werden immer noch Hochhäuser gebaut. Wie bei vielen Architektur-Problemen sind befürwortende und ablehnende Argumente nicht nur rational motiviert.

Jeder Bau – und das Hochhaus besonders – dient auch als Symboldarstellung von Macht. Das „Skyscraping" ist schon die Idee des gotischen Kirchturms gewesen. Der Weg der Seele von der Erde zum Himmel, die Jakobsleiter des Alten Testamentes, fand im Zeitalter der Mystik ihren baulichen Ausdruck. Der *Kirch*turm ist das Gebäude der mittelalterlichen Stadt, das dem Himmel am nächsten kommt. Der *Wohn*turm dagegen ist typische Bauform der italienischen Renaissance. Heute haben die Städte mit der größten Machtansammlung die meisten *Büro*türme.

Das hoch aufragende Gebäude wird also zur Demonstration religiöser, individueller und wirtschaftlicher Macht benutzt. Die wirtschaftlichere Ausnutzung des (teuren) Bodens durch Hochhäuser ist eine andere Motivation. Bei Einhaltung der Abstandsregeln würde allerdings durch ein Hochhaus keine größere Verdichtung erreicht als durch viergeschossigen Wohnbau (beweisen R. Rainer[119] und O. M. Ungers[120]), doch ist die Frage der Ermittlung der Abstände oft nicht eindeutig. Was schließlich Planer dazu bewegt, immer wieder Grundstücke dem Hochhausbau zu widmen, ist nicht leicht zu erfassen: Es werden Gründe angeführt, die von der Wirkung einer städtebaulichen Dominante bis zur Erfassung des städtischen Maßstabes durch Autofahrer reichen.

Prototypen dieser Vorstellung sind nicht nur die historischen Türme der Kirchen, Burgen, Tore, sondern auch die Hochhausarchitektur Manhattans, die Bündelung vertikaler Elemente.

Wohntürme gab es schon im alten Rom. Auf dem Palatin sollen 6–8-geschossige Bauten der plebs miserrima (der Elendesten) gestanden haben. Reste der Geschlechtertürme aus dem 13. Jahrhundert, die für viele italienische Städte jahrhundertelang typisch waren, sieht man heute noch in San Gimignano.

1860 gründete John Wanamaker Manhattan, wo schon bald die ersten Wolkenkratzer entstanden. Die Architekten Holabird und Root führten um 1885 das Stahlskelett an ihren Hochhäusern ein und begannen damit die „Schule von Chicago".[121] Ihr bedeutendster Meister war Louis Sullivan.

Erst in den 20er Jahren fand das Wohnhochhaus auch in Europa Eingang. Le Corbusier und Gropius waren seine Vorkämpfer. Le Corbusier's Motivation deklarierte sich sozial: „Das Hochhaus ist Mittel zur Wiedergeburt der

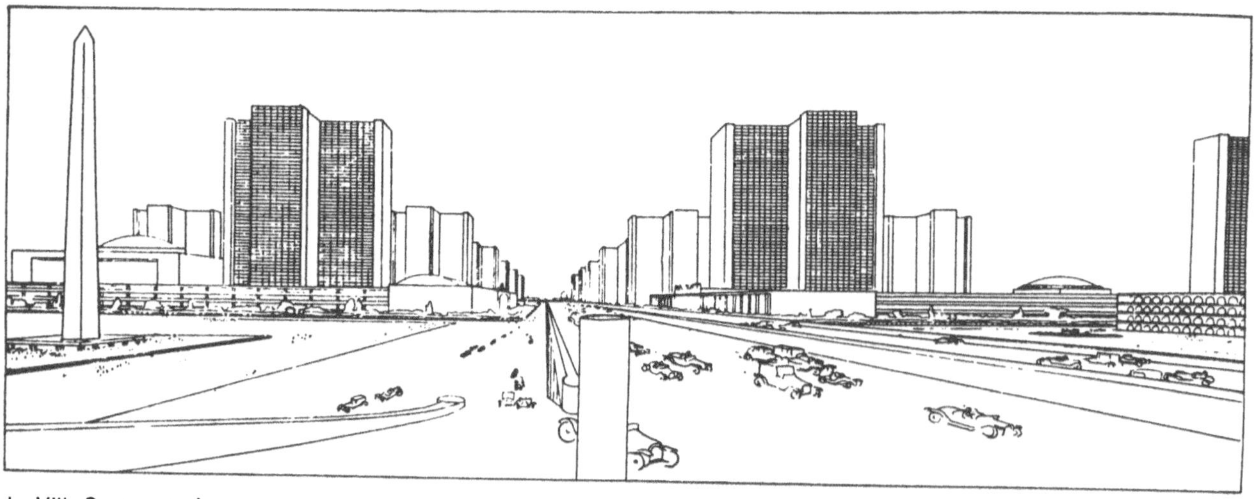

La Ville Contemporaine
Arch. Le Corbusier, 1922
Perspektive

aus: W. Boesiger, Le Corbusier, Mein Werk, Verlag Hatje, Stuttgart 1960

menschlichen Würde und zur Stärkung des Individualismus", schrieb er anläßlich der Publikation seines Plan Voisin für die Pariser Stadterneuerung. Riesige Zahnschnittblocks sollten inmitten großer Parks stehen, in die Straßen und Erholungsflächen eingebettet werden sollten. Obwohl stark angefeindet, hatte gerade dieses Projekt großen Einfluß auf den Städtebau der folgenden 40 Jahre.

Hochhäuser werden in den Bauordnungen der europäischen Länder verschieden definiert. In der UdSSR z.B. ist ein Hochhaus ein Bau mit mehr als 10 Stockwerken, in Wien „ein Gebäude mit einer Gebäudehöhe von mehr als 26 m", in der Bundesrepublik Deutschland ein Gebäude, dessen oberster Geschoßfußboden 22 m über Terrain liegt. Das bedeutet, daß in höheren Gebäuden als diesen besondere bauaufsichtliche Vorschriften zu beachten sind. Insbesondere die Brandgefahr impliziert Vorschriften, die nur mit großem baulichen Aufwand erfüllt werden können. Das zweite (Sicherheits-) Treppenhaus, das oft vorgeschrieben ist, hat seine Begründung in der Rettung – besonders gehbehinderter – Bewohner über die eine Treppe, während die Feuerwehr mit ihren Schläuchen die andere Treppe benutzt.

Die Kritik am Wohnhochhaus kommt aus ganz verschiedenen Lagern. Meteorologen und Ingenieure, die sich mit den durch den Hochhausbau aufgetretenen Problemen befassen, weisen auf den Windstau hin, der auf der Luvseite eines Hochhauses zu erwarten ist. Aufwinde, die den Regen unter die Tropfkanten drücken und unter Umständen die Kiesel vom Flachdach reißen, sind die Folge – ebenso wie die hohe Windgeschwindigkeit in Hausdurchgängen und Schächten. Kein Wunder, daß die Wohnungen der obersten Geschosse weniger gelüftet werden. Die Mediziner bemängeln dies als schlechteste Voraussetzung für hygienisches Wohnen. In Fanning/Schweden wurden 1960 in Hochhäusern die dreifache Häufigkeit von Allergien und die doppelte von katarrhalischen Erkrankungen festgestellt. Das liegt sicher auch daran, daß der Hochhausbewohner zu wenig Kontakt mit der Natur bekommt. In Stockholm hat man 1960 bei einem Vergleich zwischen 3–4- und 8–13-geschossigen Gebäuden festgestellt, daß in ersteren die Kinder täglich eine Stunde länger im Freien waren als die Hochhauskinder.

Aufzugskabinen als Orte der Bazillenübertragung und Schächte als schneller Weg der Bakterien mögen die Ursache für die Zunahme von Erkrankungen proportional zur Zahl der Geschosse sein, wie medizinische Untersuchungen nachzuweisen versuchen. Auch psychoneurotische Leiden, Selbstmordfälle und Entwicklungsstörungen bei Kindern sollen dazu gehören.

Eine viel leichter erkennbare Tatsache sollte auch ohne wirtschaftliche Untermauerung zu denken geben und Familienväter vom Bezug einer Hochhauswohnung abhalten: Die Ruf- und Sichtdistanz von Mutter und Kind, von Wohnung zu Spielplatz, ist zu groß. Eine fundamentale Bedingung des Wohnens und des Lebens, die jeder Hinterhof und jeder Slum zu bieten vermag, wird hier nicht erfüllt. Ganz abgesehen von der Repression, der sich das Kind im Hochhaus ausgesetzt sieht, wenn es den Aufzug nicht betätigen darf, also nicht jederzeit zur Mutter und in die Sicherheit bietende Wohnung gelangen kann.

Die Reaktion auf diese Erkenntnisse blieben nicht aus: In einigen Ländern mußte man die Unvermietbarkeit mancher Hochhaus-Projekte hinnehmen. In Belgien werden keine Familienwohnungen in Hochhäusern mehr gefördert, und in Frankreich wurde der Bau von Hochhäusern in Gemeinden unter 50.000 Einwohnern verboten. Gerade diese Vorschrift täte auch in manchem anderen europäischen Land not, wenn sie nicht schon für die vielen kleinen Gemeinden zu spät käme, deren Maßstab durch ein oder mehrere Hochhäuser verdorben wurde.

Das Hochhaus ist eine *städtische* Bau- und Wohnform. Es matriziert die Anonymität, die allein zu den Lebensgewohnheiten des Stadtbewohners gehört. Will man überhaupt dörfliche und kleinstädtische Strukturen – auch soziologisch – erhalten, so muß man Wohnformen bauen, mit denen großfamilienartige Kontaktbereitschaft aller Bewohner erzeugt wird.

In der Stadt könnte man sich – positiv gedeutet – einen Hochhaustyp vorstellen, in dem in den unteren Geschossen Familien und alte Leute wohnen, in den oberen dagegen Junggesellen und kinderlose (junge) Ehepaare. Das Ergebnis kann kein gleichförmig ansteigender Schaft sein, sondern ein auch in der Vertikale differenziertes Gebilde. Der Vielzahl der Bewohner entsprechend müssen verschiedene Infrastrukturen mitgebaut werden: Kindergarten, Clubraum, Bastelraum, Wäscherei, eventuell ein Restaurant und ein Spielplatz werden als Folgeausstattung von den 100–300 Bewohnern für die Kommunikation erwartet.

Auf die Sicherung der Privatheit muß besonders geachtet werden. Das beginnt mit der Durchführung aller schalltechnischen Maßnahmen: der Schalldämmung nicht nur von Decken und Wänden, sondern auch der Bündelung der Leitungsstränge an schalltechnisch optimalen Stellen. Privatheit müßte außerdem durch die Anordnung einsichtsfreier Balkone und Terrassen gesichert werden.

Gerade die letzte Forderung ist bei Punkthäusern leichter durchzuführen als bei Scheibenhäusern (diese Einteilung richtet sich nach der Form der Erschließungsfläche).

Scheibentypen werden durch einen Gang, Punkthäuser durch einen Platz erschlossen. Scheibenhäuser haben den städtebaulichen Nachteil der Abriegelung topographischer und städtebaulicher Situationen. Die Mittelwohnungen haben eine, höchstens zwei Himmelsrichtungen.

Punkthäuser mit ihrem Kompaktgrundriß und ihrer kleinen Erschließungs-, kleinen Außenwand- und Dachfläche bieten Wohnungen mit mindestens 2 Himmelsrichtungen, freie Lage und Sicht, also Wohnwerte, die andere Wohnungen nicht zu bieten haben.

In einer grundrißmorphologischen Folge sollen nun abschließend die Formen gegenübergestellt und ihr Anbau-Grad bzw. ihre Solitärform ablesbar gemacht werden.

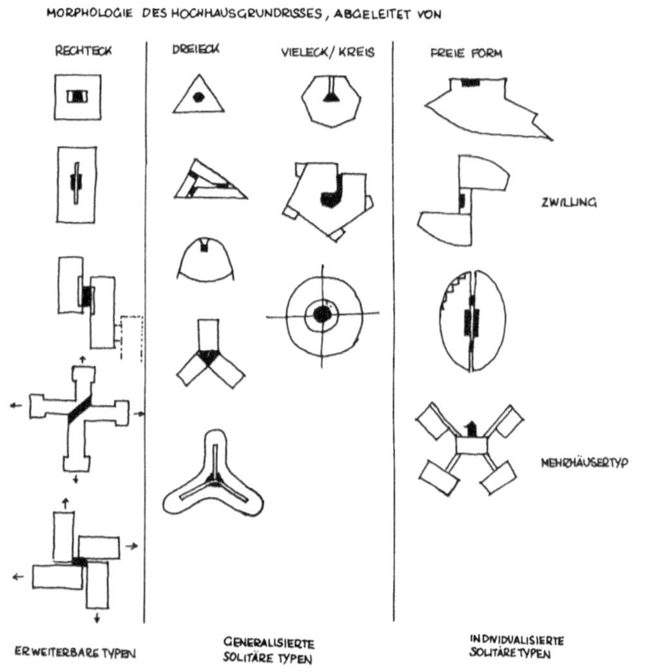

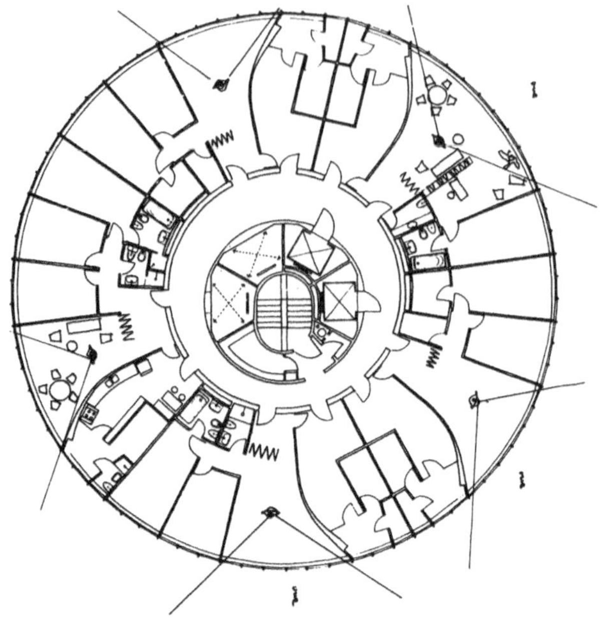

Wohnturm in Rio de Janeiro
Arch. O. Niemeyer, 1973
aus: AA 171, 1973

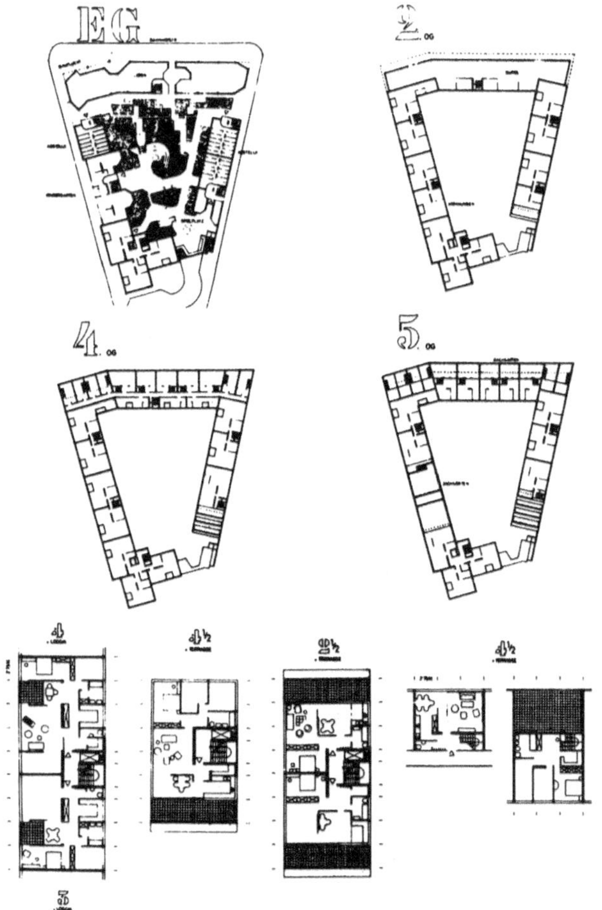

Innenstadt-Bebauung Rastatt
Arch. Reinhard Gieselmann 1971
Anbindung eines Hochhauses an niedrigere Baukörper
links: Hochhaus als Akzent einer Hofbebauung
aus: Prolegomena 16/17, Wien 1976

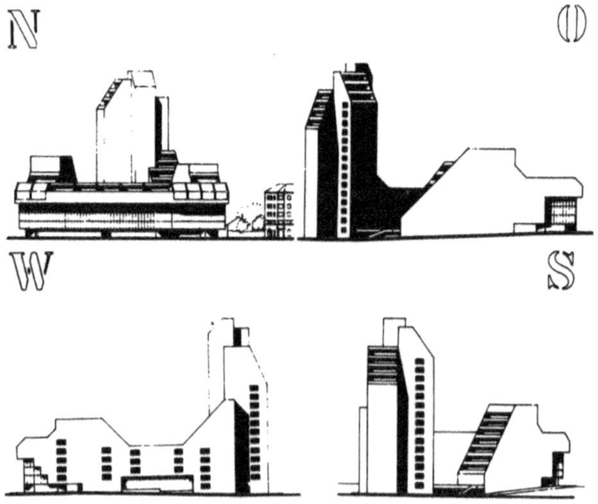

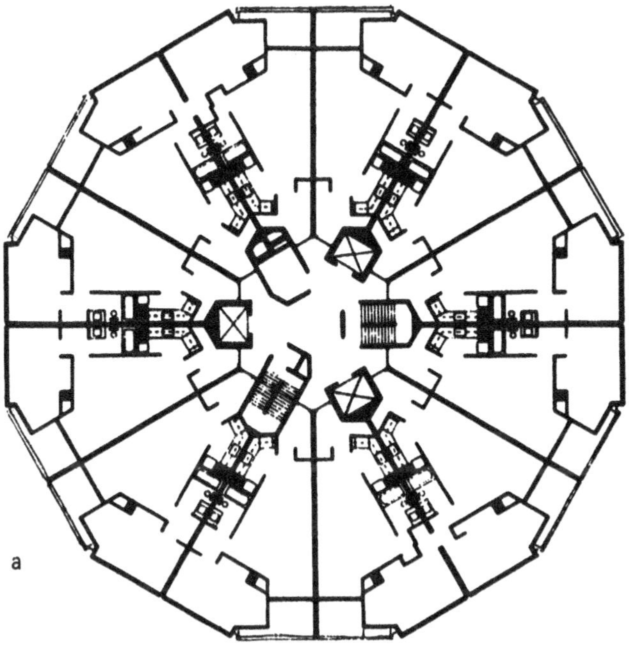

a

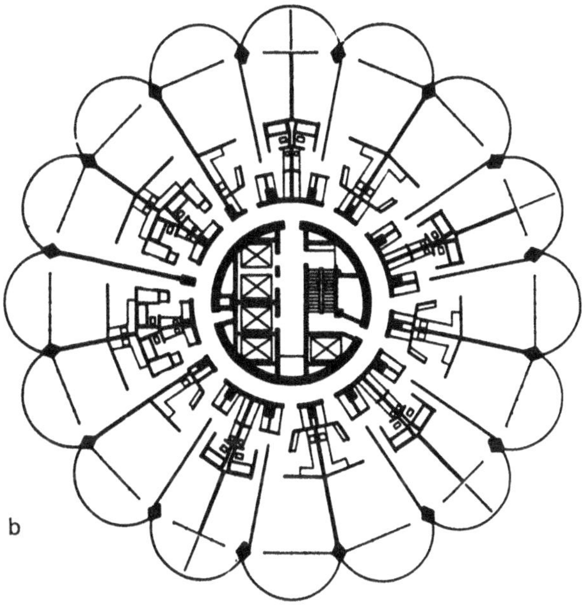

b

c

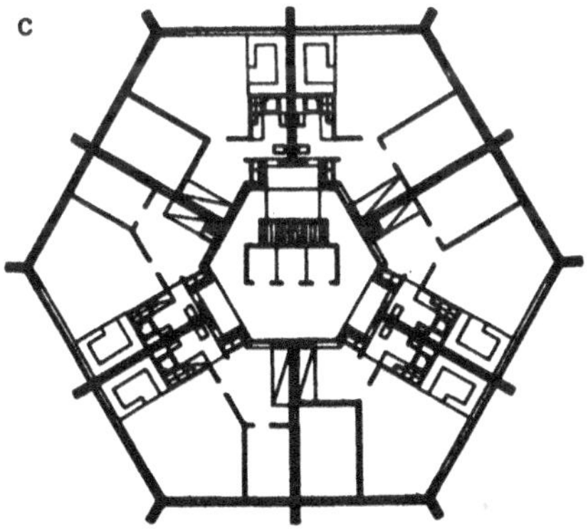

d

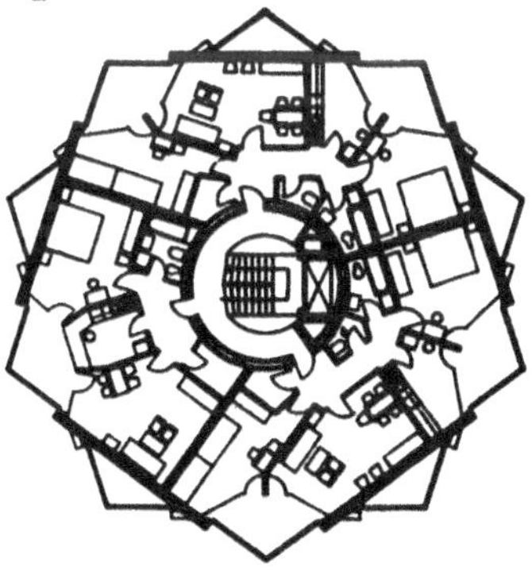

e

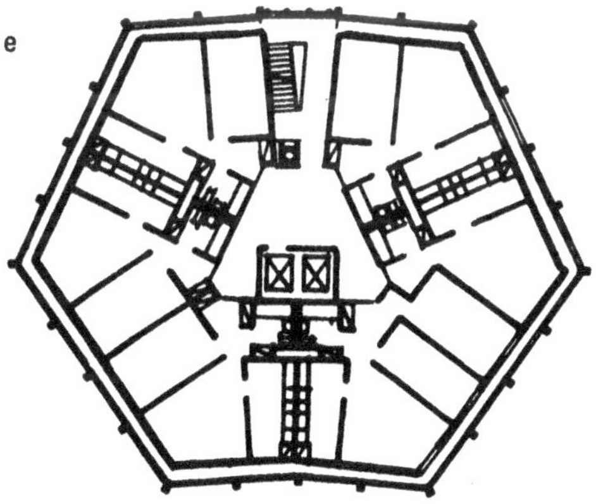

Vergleich von zentrisch erschlossenen Wohnhochhäusern
a) Turmhaus in Philadelphia (27 Geschosse)
Arch. O. Stonorow & Haws
b) Turmhaus Marina City in Chicago (40 Geschosse)
Arch. B. Goldberg
c) Turmhaus in Löwen
Arch. R. Braem & S. de Mol
d) Turmhaus in Lahr (10 Geschosse)
Arch. Staatl. Sonderbauamt Freiburg/Humpert
e) Turmhaus in Bracknell (17 Geschosse)
Arch. O. Arup
aus: Architektur und Wohnformen, Heft 2/1969

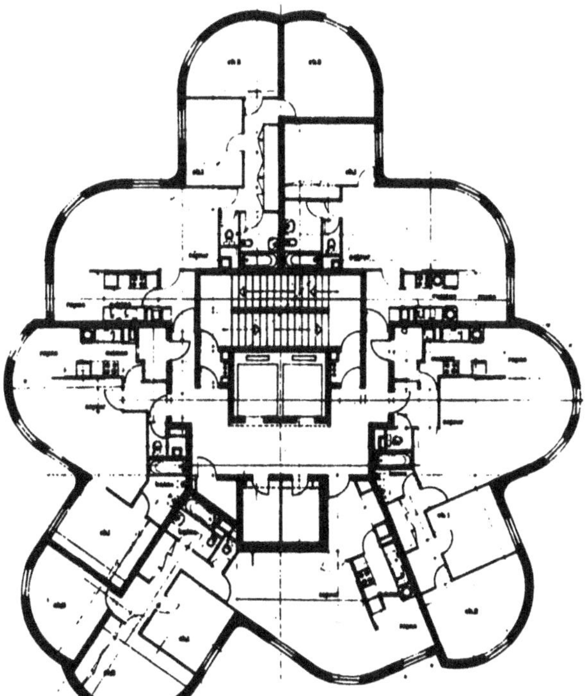

Turm B 1, Nanterre Süd/Frankreich
Arch. Emile Aillaud, 1974
aus: AA 178, 1975

Hochhaus Neue Vahr/Bremen
Arch. Alvar Aalto

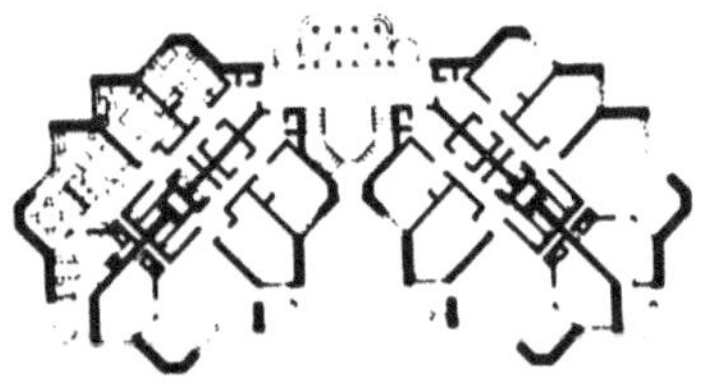

Grundriß eines Normalgeschosses im
Hochhaus mit vier Wohnungen pro Etage

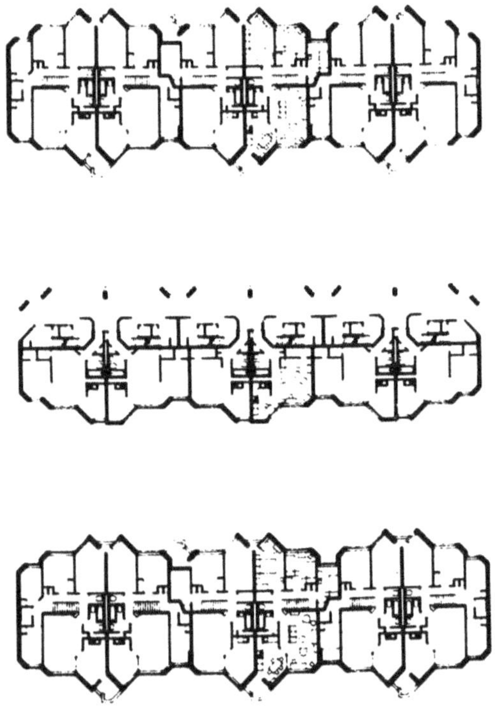

Drei Normalgeschosse aus dem niedrigen Teil,
in der Mittel das Erschließungsgeschoß

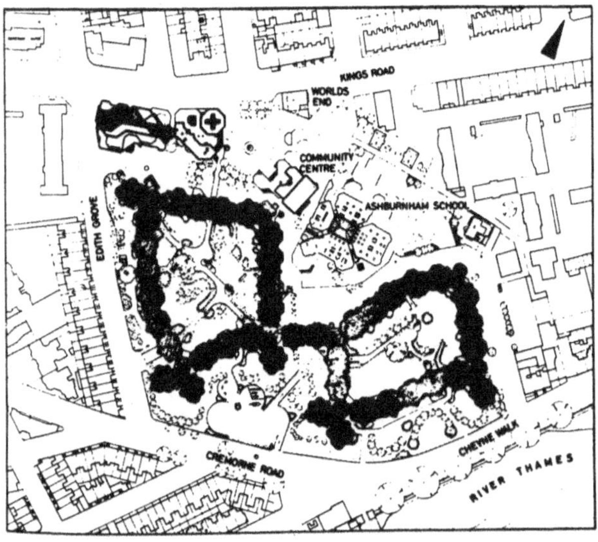

Hochhäuser Worlds End in Chelsea/London
Arch. Eric Lyons
aus: Bauwelt 44/Nov. 1976

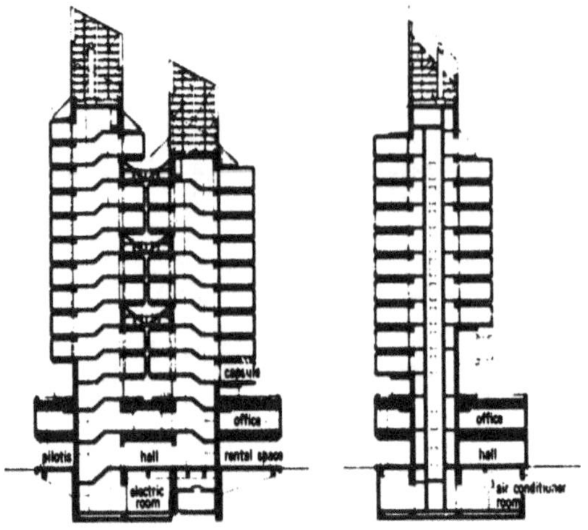

Regelgeschoß

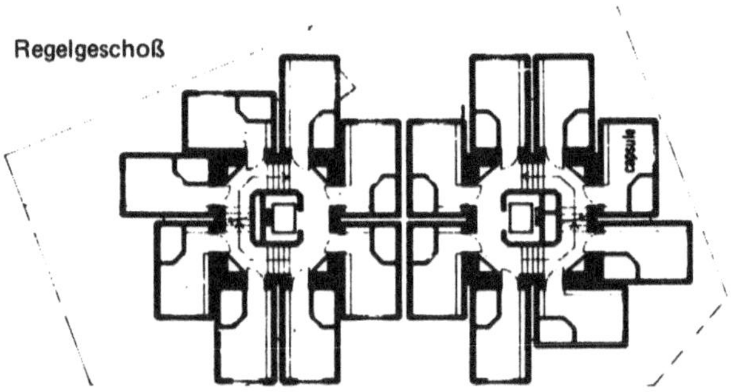

6. OG

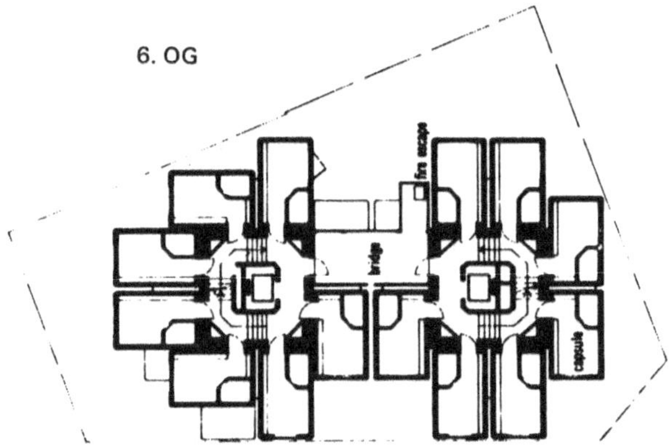

Erdgeschoß

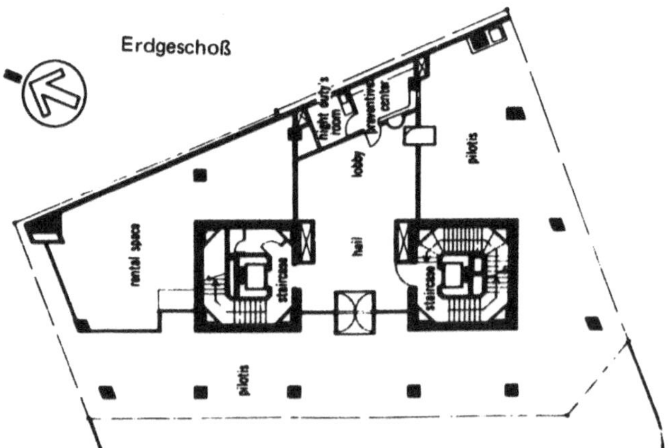

Nakagin Capsule Tower, Tokio
Arch. Kisho N. Kurokawa, 1972
Primärgerüst mit Wohnzellen für Junggesellen
aus: The Japan Architect, Okt. 1972, Nr. 190

Teil 2 Sonderformen

Heime

1. Grundlagen

Es gibt heute in der BRD rund doppelt so viel alte Menschen über der Pensionsgrenze und dreimal so viel Studenten wie vor dem Zweiten Weltkrieg. Die Bauaufgabe: Heim als Wohnform Alleinstehender ist daher konfrontiert mit den Problemen, die die große Zahl mit sich bringt. Die nachfolgenden Überlegungen schließen die industrielle Problemlösung aus, die auf die Frage „große Zahl" mit „Packbarkeit gleicher Elemente" zu antworten pflegt. Hier soll vielmehr die Antwort des Architekten im Sinne einer Strukturierung der Aufgabe formuliert werden. Dazu gehört primär, daß die Berechtigung der Bauaufgabe „Heim" untersucht wird.[122]

Problematik der Separierung bestimmter Gruppen aus der Gesellschaft

Unsere Gesellschaft pflegt bestimmte Gruppen aus ihrem Verbundsystem auszuscheiden. Ganz selbstverständlich gehören sogenannte „Asoziale" dazu. Aber auch geschädigte Kinder, alte Menschen, Jugendliche, die einen anderen Lebensrhythmus wollen, werden als „soziale Randgruppen" ausgeschieden, und man geht nicht fehl, wenn man unter sie diejenigen subsumiert, die sich in das allgemeine Erwerbsstreben nicht einbauen lassen. Ob dies als Kriterium zur Separation ausreicht, wird bezweifelt. Das Denken folgt überwiegend materiellen Kategorien. Der Drang der Gesellschaft, alle ihre Probleme durch Bürokratie zu lösen, mag dabei mitspielen: die caritativen Pflichten werden delegiert, mittels Steuern finanziert und damit aus der Verantwortung des Einzelnen herausgenommen. Lieber zahlen, statt sorgen – damit ist die Einstellung pointiert gekennzeichnet, und mit „Caritas" ist nicht mehr subjektiv vollziehbare Nächstenliebe gemeint, sondern eine Hilfsorganisation zur Verteilung von Mitteln an Bedürftige. Meinungsforschungen haben ergeben, daß – vor allem bei jungen Menschen – in der Volksmeinung das Stereotyp vorherrscht, alte Menschen seien dem Leben nicht mehr gewachsen, abhängig und hilfsbedürftig. Unter diesem Aspekt gesteht die Gesellschaft den alten Menschen unter Umständen nicht das zu, was diese in Wirklichkeit noch tun möchten und könnten. Und die Erwartungseinstellung vom Alter ist in weiten Kreisen entsprechend negativ. Die Dreigenerationenfamilie wird daher nicht immer aus sachlichen, sondern aus Gründen der Konvention, die dem Stereotyp folgt, aufgelöst, und die Großeltern erwarten auch gar nichts anderes mehr als den Lebensabend im Altersheim. Kein hinreichender Grund, eine ganze Generation auszuklammern, ihren Einfluß abzuschneiden und ihre Existenz an die Randposition abzudrängen! Unter diesen Vorzeichen wird auch das komfortabelste Heim als Wohnform irrelevant, weil der organische Zusammenhang der Dreigenerationenfamilie aus soziologisch bezweifelbaren Gründen gestört ist – etwa gleich anfechtbar wie die Einrichtung eines Kinderdorfs in Indien: So unbezweifelbar dieses unter humanitären Gesichtspunkten entstanden ist, so sehr muß die Wirkung angezweifelt werden, weil der indischen Großfamilie die Sorgepflicht, die sie auch für entfernt verwandte Kinder zu übernehmen gewohnt ist, abgenommen wird und dieser so den Boden entzieht. (Mit Interesse betrachten japanische Kollegen unseren Altenheim-Bau, da es in ihrem Land keine derartigen Einrichtungen gibt.)

Aus diesen Gründen müssen sogenannte Alten-Wohnheime, also eine Ansammlung von Wohnungen für sich selbst versorgende alte Einzelpersonen und alte Ehepaare, von vornherein aus unseren Überlegungen ausgeklammert werden. Gerade um der Mischung der Generationen willen sollten Altenwohnungen als Kleinwohnungen behandelt und in den Verband „normaler" Wohnungen integriert werden. Es bleibt also die Frage, woher denn unser Heimbau seine Berechtigung bezieht.

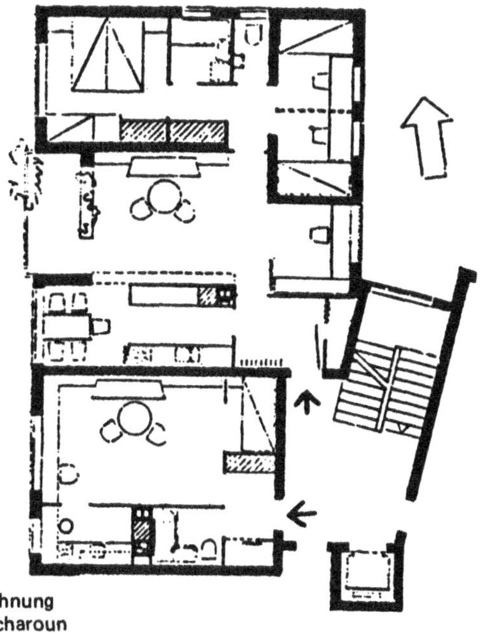

Symbiose-Wohnung
Arch. Hans Scharoun
Grundriß. Berlin-Charlottenburg-Nord, 1956.
Anstelle einer Konzentrierung von Altenwohnungen zum Altenwohnheim werden Kleinwohnungen in die Groß-Wohneinheit integriert. Die Generationen leben zusammen und bleiben doch selbständig.
aus: Der Architekt, Bonn/Essen, 5/1974

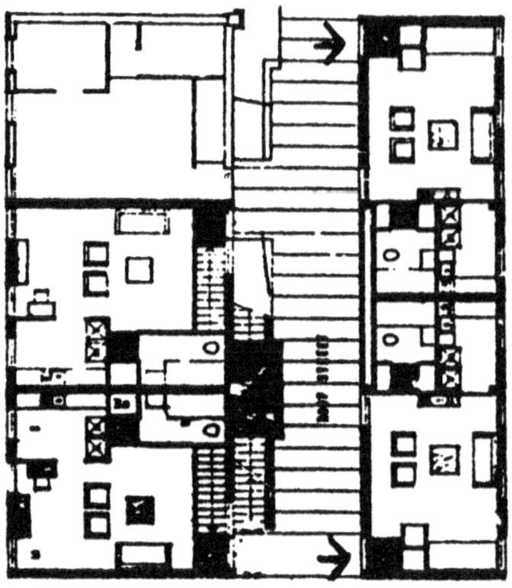

Lillington Street Estate, London-Pimlico
Arch. Darbourne & Darke
Altenwohnungen als Geschoß der Wohnanlage Durchmischung der Generationen
aus: Der Architekt, Bonn/Essen, 5/1974

Altenheime sind für alte Menschen dann eine notwendige Wohnform, wenn diese einen von der Familie nicht mehr zu bewältigenden Grad der Pflegebedürftigkeit erreicht haben. Altenheime bieten selbstverständlich außerdem auch eine Wohnmöglichkeit für alte Menschen, die keine Familie haben und werden damit zum Familien-Ersatz.
Anders strukturiert sind die Berechtigungskriterien für Studentenheime. Das Heim *kann* als Wohnform dem Studenten dazu verhelfen, seinen (notwendigen) Lösungsprozeß von der Familie zu realisieren. Es sollte in seiner Wohnform zweierlei bieten – und das ist im Sinne einer architektonischen Primär-Motivation aufzufassen: den Anreiz zum Lernen, zur Berufsvorbildung und das Erlebnis einer gleichaltrigen Gemeinschaft. Abgesehen hiervon ist – wie beim Altenheim – auch das Studentenheim eine Wohnform für Einzelpersonen ohne Familie.

Äußere und innere Integrierung

Immer die Prämisse vor Augen, daß nur ein sehr verdinglichtes Gewissen überhaupt der Absonderung von bestimmten Gruppen zustimmen kann, muß man bei den als berechtigt erkannten Heimformen über den Separierungs-Grad nachdenken. Das bezieht sich auf die städtebauliche wie auf die grundrißliche Disposition. Eine städtebauliche Separierung erzeugt die Isolierung des Heims und seiner Bewohner. Ein Streben nach Autarkie, eine Ghettobildung kann das Ergebnis sein. Isolierung – also Beziehungslosigkeit zur Gesellschaft – ist für beide Gruppen (alte Menschen und Studenten) gleich schädlich. Zu den Gebrechen des Alters kommen bei den Alten noch die Leiden der Vereinsamung und der Melancholie dazu. Studenten, die in dem Übergangsalter sind, in dem man sich divergierende Bilder von der Gesellschaft macht, ohne diese schon genau kennen zu können, erhalten durch eine – esoterische – Sonderexistenz erst recht kein scharfes Bild von ihr. Das Campusleben entwöhnt sie vom Anblick des berufstätigen Zeitgenossen, der zu einer eher theoretischen Größe, einem Denkmodell, wird.
Umgekehrt gewinnt auch die Gesellschaft mit den gleichen Nachteilen zuviel Distanz von den Separierten. Ghettobildung ist historisch beweisbar eine soziologische Fehlform. Die erste Forderung für die Eingliederung von Heimen in die Stadt wäre daher: Offenheit zur Gesellschaft zu ermöglichen, d.h. Randlagen in noch so schöner Landschaft zu vermeiden und Integration in die städtische Umwelt weitmöglich anzustreben. *Direkte Integration* des Alten- oder Studentenheimes, das wäre z.B. das Heim als Etage eines Miethauses mit Anschluß an dessen Kommunikationseinrichtungen. *Indirekte Integration*, das wäre der Einbau des Heimes in eine vorhandene Wohnstraße. Im Sinne der auf unsere Städte zukommenden Sanierungsmaßnahmen bietet sich eine andere indirekte Integrationsmöglichkeit: Die Wohnungen der Gründerzeit-Viertel können vielfach schlecht zu Familien-Wohnungen für heutige Ansprüche umgebaut werden, als Altbau-Substanz für den Einbau von Heimen oder Altenwohnungen eignen sie sich oft vorzüglich. Die Integration würde noch gefördert durch die Erinnerung, die der alte Mensch als Wiederbewohner dieser Wohnformen seiner Generation empfinden mag. Ein wichtiges Integrationsmoment ist die Mitbenutzung öffentlicher und privater Infrastruktur, wie Straßenbahnhaltestellen und Gastwirtschaften.
Ebenso wichtig bei der Strukturbildung eines Heimes ist die innere Integration. Heime sind Dauerwohnformen, keine Hotels. Was beide unterscheidet, ist die Bedeutung, die der Kommunikation beigemessen wird. Das Hotel verzichtet (in den meisten Fällen) bei der Anlage des Flures auf die Möglichkeit der Kontaktstimulanz. Der überwiegend als ökonomische Erschließungsfläche aufgefaßte Flur vermittelt beim Durchschreiten weder Raumgefühl noch gesellschaftliche Konditionierung; er kann, im Gegenteil, das Unlustgefühl der Einsamkeit erzeugen. Die Tür-Nummern signalisieren Gleichmachung. Der Flur als Verkehrsfläche negiert den Bezug auf die menschliche Gemeinschaft, und der Ausstattungsgrad entscheidet, ob diese Negation in Form von Exklusivität oder Massen-Emulsion geboten wird. Dagegen ist für die lebendige Struktur des Heimes die Raumform des Flures als Kommunikationsebene ausschlaggebend. „Verkehrsfläche" bekommt einen tieferen, gesellschaftsbezogenen Sinn. Der Flur des Heims kann gar nicht genug räumliche Stimulantien zum Verweilen, zum Begegnen und zum Gespräch bieten. Enger und weiter, lichter und dunkler, Gang und Halle wechseln ab und bieten Kontaktstellen und Gesprächsplätze. Ein solcher Flur wird außerdem zum Identifikationsmoment des Heimbewohners.
Für beide Gruppen – alte Menschen und Studenten – ist das Gemeinschafts-Erlebnis wichtiger Teil ihrer Existenz, polares Postulat zum Individualbereich. Nächst dem Flur, der in seinen vielfältigen Formen zum Gemeinschaftsfaktor wird, sind daher für die

Struktur des Heims Größe und Zahl der Einzelzimmer wichtig. 10–15 Personen bilden eine Gruppe – diese Größenordnung sollte der Wohngruppe zugrunde liegen. Zu jeder Gruppe gehören gruppenstimulierende, subzentrale Räume und Einrichtungen, also Raumteile des Flures – Hallen, dazu Teeküche, Putzraum, Balkon. Je nach der Bewohnerstruktur sollten Möchte-Kontaktstellen und Soll-Kontaktstellen eingeplant werden.
Äußere und innere Integration des Heimes haben den Sinn, dem Heim als solitärem, perfektioniertem, unabhängigem, mechanisiertem und autarkem Betrieb entgegenzuwirken. Heim soll durch die Forderung nach Integration Heimat werden können, kein Ghetto. Es soll das Bedürfnis der Bewohner nach Privatheit, aber auch nach Gemeinschaft befriedigen in einem freiheitlichen, nicht organisierten und unkommandierten Sinne.

Reproduzierbarkeit

Heimat wird ein Heim durch die erwähnten inneren, aber auch durch äußere Identifikations-Faktoren. Ihre Qualität ist stark von der architektonischen Definition des genius loci abhängig. Die städtebauliche Integrierung des Heimes bedarf der sorgfältigen Gestaltung, teils durch Einfügung in die Umgebung oder bewußte Kontrastierung. Innovation ist ebenfalls ein Element der Identifikation. – Reproduzierte Heime wirken diesen Forderungen diametral entgegen. Sie widersetzen sich auch a priori dem Einbau in eine bestehende Situation. Gerade die Forderungen nach Integration und Identifikation werden durch Reproduktion gestört.
Den Typ „Heim" gibt es nur geistig, nicht stofflich. Deshalb sollte sich die Reproduzierbarkeit im Planungsablauf auf die Programmierung beschränken.
Stattdessen, auch um die Forderung nach Ökonomie zu befriedigen, sollte die Variabilität des Heimes überlegt werden. Bei der Ähnlichkeit der Programme sollte sich z.B. ein Altenheim leicht in ein Studentenheim umwandeln lassen können. Auch Kombinationen wären denkbar, die der sozialen Integration dienen: Warum versucht niemand, ein Altenheim mit einem Heim für Studentenfamilien zu kombinieren? Hier würden zwei Gruppen zusammenfinden, die nicht viel voneinander wissen, aber sich gut gegenseitig helfen könnten.
Die Ansatzpunkte für eine Neuformulierung der Aufgabe können in einer Zeit gehobenen sozialen Bewußtseins nicht im Technischen gesucht werden. Von den öffentlichen Aufgaben sind Schulen, Universitäten und Bürobauten bereits zum Absatzmarkt der Betonfertigteil-Industrie geworden. Eine reflektierte Neuformulierung kann nur von der Struktur dieser Wohnform her angegangen werden.

2. Altenheime

Heime für alte Menschen werden seit dem 13. Jahrhundert nachgewiesen. Gemeinden, dienende Orden, aber auch Stifte übernahmen die Unterbringung und Pflege der alten Leute. Die lange Geschichte des Altenheimes soll anhand von vier Bauten erläutert werden.

1. Das Heiligengeist-Spital in Lübeck wurde 1286 als Siechenhaus erbaut und 1550 zum Altenheim adaptiert. Das „Lange Haus", in dem die Mehrzahl der alten Männer wohnt – ein großer, hoher Raum mit offenem Dachstuhl – ist direkt an die quer zu seiner Achse orientierte Kirche angeschlossen, die an der Straße liegt. Das Lange Haus ist eine Art Superstruktur; unter das gemeinsame Dach sind die Einzelzellen in 4 Reihen gestellt. Sie erhalten Luft und Licht aus dem Großraum. Das Oberlicht auf den Zellen dient auch der Kontrolle. [„Herren" –, „Männerstube" und „Frauenzimmer" wurden im 17. Jahrhundert angebaut.] Für bessere Zahler sind bessere Zimmer vorgesehen. Ein Friedhof im eigenen Grundstück deckt auch die letzte Funktion ab.

Hofje van Gratie te Delft, 1571
aus: Broschüre der Stadtverwaltung Delft

Dieser „unmoderne" Bau mit seinen soziologisch interessanten Details – dem Gemeinschafts-Großraum mit den Individualzellen, den gebauten Klassenunterschieden, dem Ausgang aus dem Heim auf die Straße durch die Kirche – war eine urbane Institution. Das lag mit Sicherheit auch an seinem signifikanten Äußeren. Innere wie äußere Integration waren besonders gelungen.

2. 1571 gab der Bürgermeister von Delft/Holland Auftrag, das Hofje van Gratie zu bauen. Alte Frauen sollten hier ihren Lebensabend verbringen. Das Hofje ist eine Reihung von ebenerdigen Einzimmerwohnungen mit großen Fenstern zur Straße. Ein Vorraum stellt die Verbindung von Straße, Wohnraum und einem breiten Gang her, den die Bewohner durchqueren müssen, wenn sie in ihre zur Gartenseite gelegene Küche wollen. Durch diesen breiten Flur wird in hervorragender Weise Sollkontakt geschaffen. Diese belebte Kommunikationszone wird durch einen Gartenhof und ein darin liegendes Gemeinschaftshaus ergänzt. Ganz selbstverständlich sind äußere und innere Integration.

3. Le Corbusier baute 1932 das Beispiel eines funktionalistischen Heimes mit dem Haus der Heilsarmee in Paris. Eingang und Halle sind als niedrige plastische Elemente einem total verglasten Stahlrasterbau vorgelagert. In seinem Erdgeschoß befinden sich Gemeinschaftsräume, in den Obergeschossen die nach Geschlecht getrennten Schlafräume, auf dem Dach Wohnungen. Im Gegensatz zu den beiden ersten Beispielen wurden hier die Funktionen weitgehend getrennt, die innere Integration nicht angestrebt.

4. Auf den gleichen funktionalistischen Grundlagen entstand die Henry- und Emma-Budge-Stiftung in Frankfurt (Architekten Mart Stam, Werner Moser, Ferdinand Kramer). Im Grundriß als Doppel-T angelegt,

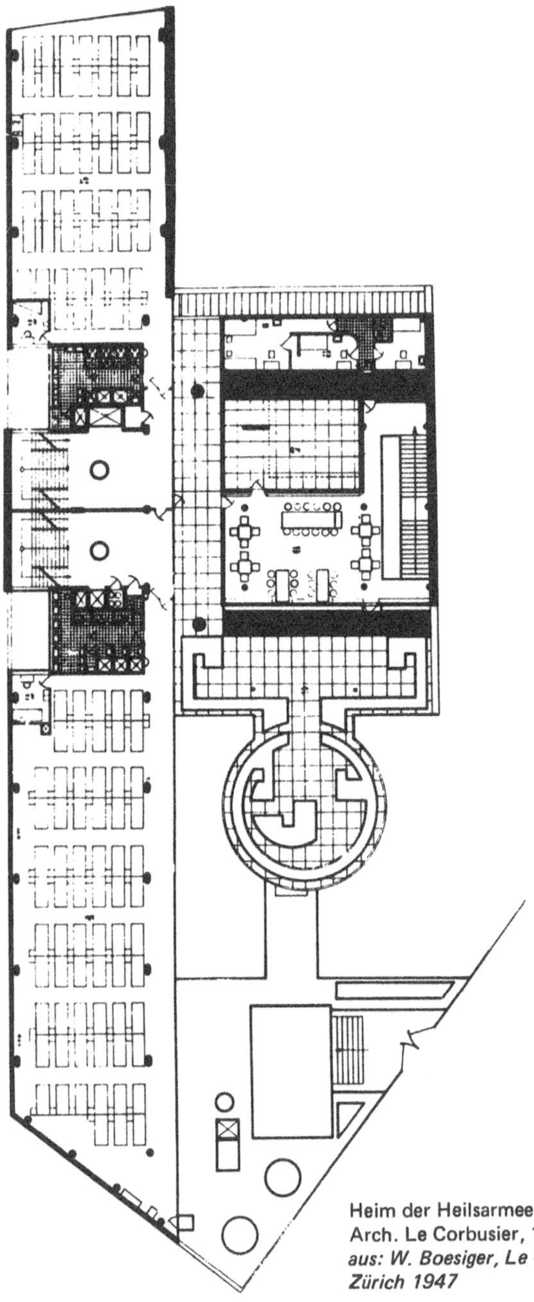

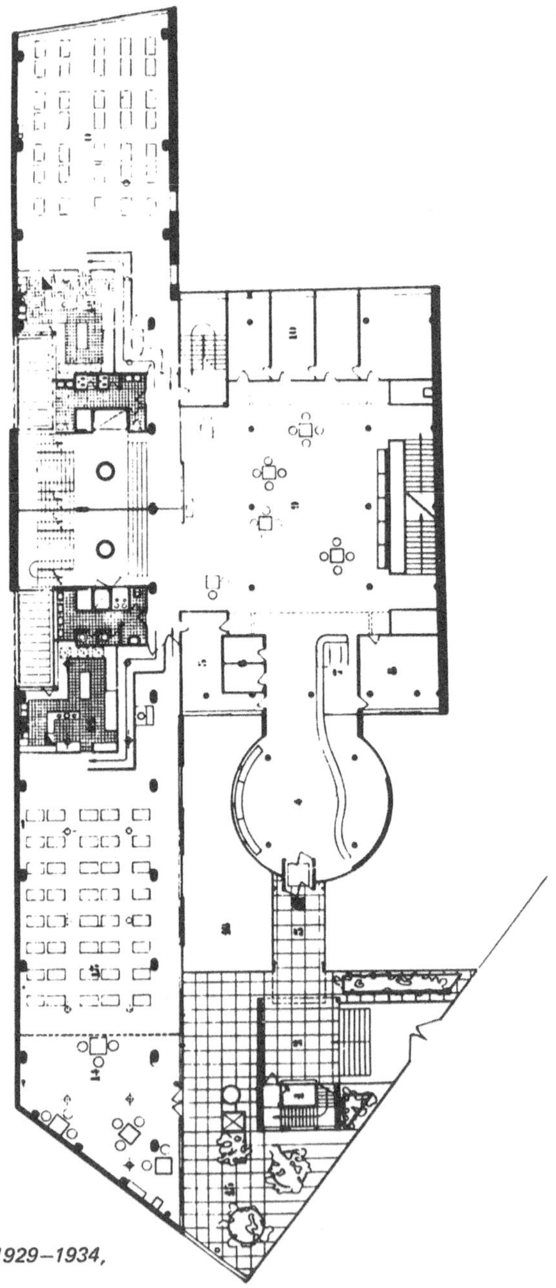

Heim der Heilsarmee, Paris
Arch. Le Corbusier, 1932
aus: W. Boesiger, Le Corbusier 1929–1934, Zürich 1947

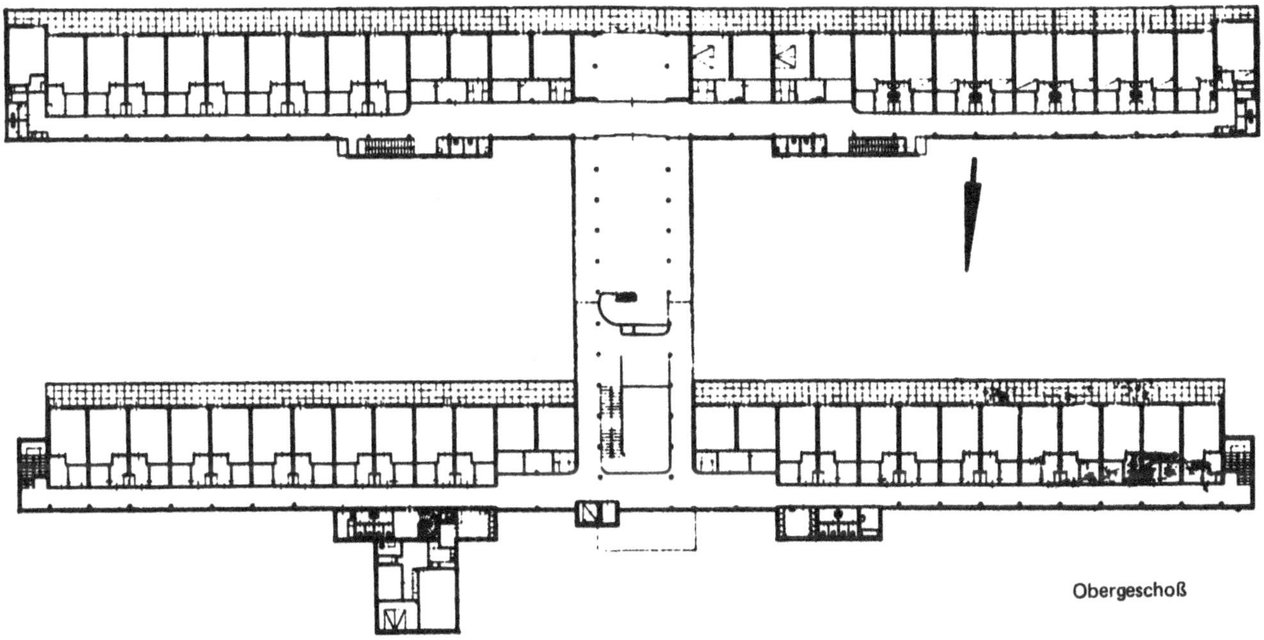

Obergeschoß

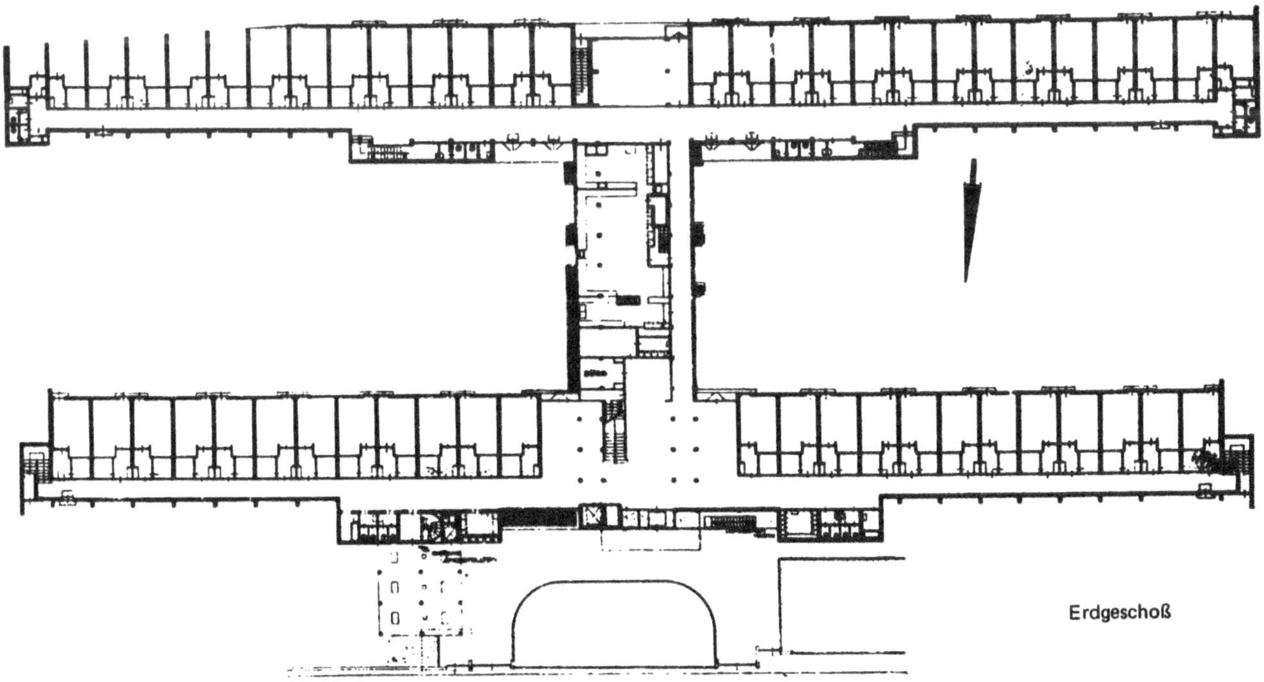

Erdgeschoß

Altenheim Henry und Emma Budge-Stiftung, Frankfurt
Arch. Mart Stam, Werner Moser, F. Kramer

Grundrisse
aus: Stein, Holz, Eisen, 23/1930

bilden die langen Flansche die einhüftigen Zimmerflügel, der mittige Steg enthält den Gemeinschafts- und Ernährungstrakt. Auch hier sind die Funktionen voneinander getrennt. Lediglich der Personalturm überragt die gleichmäßig zweigeschossige Anlage und trägt zu einer Auflockerung der Symmetrie bei. Der aus dem Zweck entstandene Bau verzichtet sonst auf jede plastische Signifikanz.

5. Das DRK-Altenheim in Karlsruhe aus dem Jahre 1966 (Architekt Verfasser) bezieht die Merkmale der historischen Altenheime wieder mit ein: die innere und äußere Integration. Das Haus liegt mitten in der Stadt, und die große Halle ist direkt auf die Straße orientiert. Der Ausblick ist so wichtig wie der Einblick, um zu versuchen, die alten Menschen Teil der Gesellschaft bleiben zu lassen. Die Halle setzt sich vertikal fort und verklammert alle Geschosse mit den Einzelräumen. Die je 12–15 Zimmer eines Geschosses haben einen kleinen Kontakt-Raum mit Teeküche und Ausgang auf die untereinander verbundenen Dachterrassen. Im Erdgeschoß in der Mitte des Gebäudes liegt der Speiseraum. Ein ähnlich strukturierter zweiter Flügel begrenzt den Gartenhof. Im daran anschließenden Park liegt ein Pavillon mit 5 Altenwohnungen für Ehepaare.

Signifikanz wurde für die Fassade dieses Heimes durch eine plastische Formgebung erreicht: Das Thema Loggia mit Eckfenster wurde an den verschiedenen Fassaden variiert; eine Unterscheidbarkeit der einzelnen Zimmer ist hierdurch erreicht, ebenso eine Bereicherung des Fassadenablaufes der langen Karlsruher Radialstraße.

DRK-Altenheim Karlsruhe
Arch. R. Gieselmann, 1965
aus: Bauwelt 20/1969

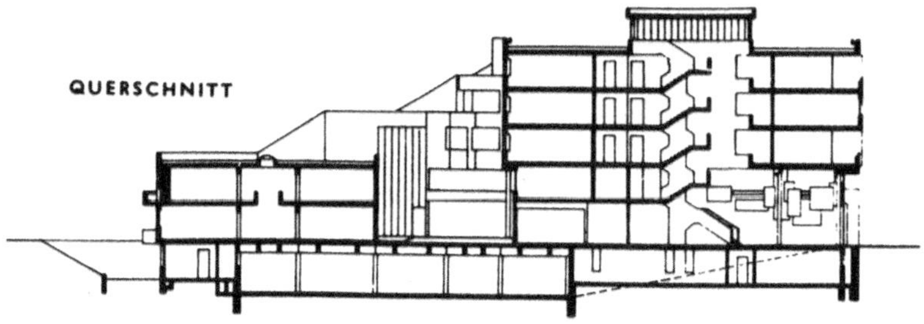

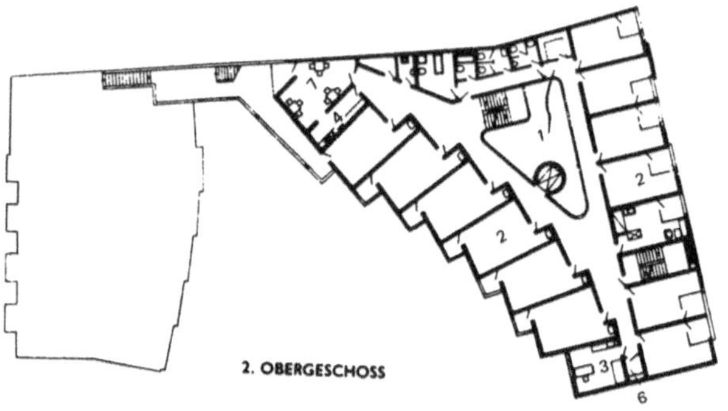

Erdgeschoß

1 Haupteingang
2 Pforte
3 Leiterin
4 Halle
5 Kücheneingang
6 Personaleßraum
7 Küche
8 Speisenausgabe
9 Spüle
10 Speisesaal
11 Altenzimmer 16,55 oder 20,04 qm
12 Teeküche
13 Telefonzelle
14 Einfahrt Krankentransport
15 Überdeckter Eingang
16 Wohnraum
17 Schlafraum
18 Bad
19 Küche
20 Gartengerät
21 Garten
22 Abgesenkte Terrasse
23 Gartenhof

Zwischengeschoß

1 Luftraum Halle
2 Galerie Television
3 Personalaufenthaltsraum
4 Personalzimmer
5 Telefonzelle
6 Hausmeisterwohnung
7 Putzraum
8 Altenzimmer
9 Teeküche
10 Luftraum Flur
11 Luftraum Einfahrt

2. Obergeschoß

1 Luftraum Halle
2 Altenzimmer
3 Stations- bzw. Arzt-Zimmer
4 Teeküche
5 Tagesraum

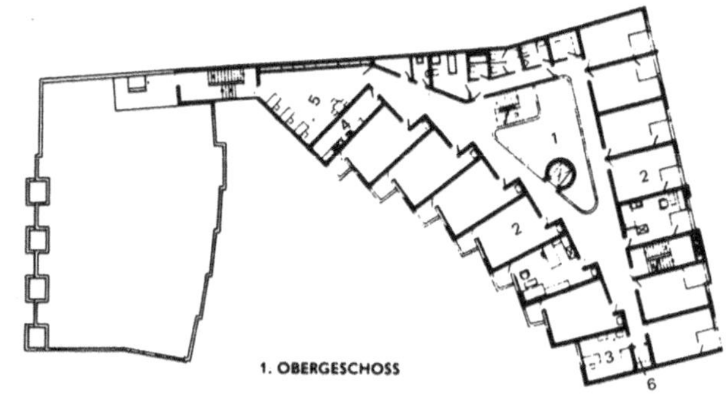

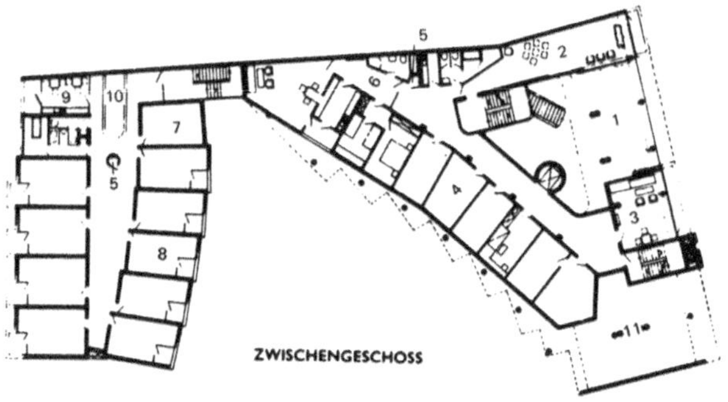

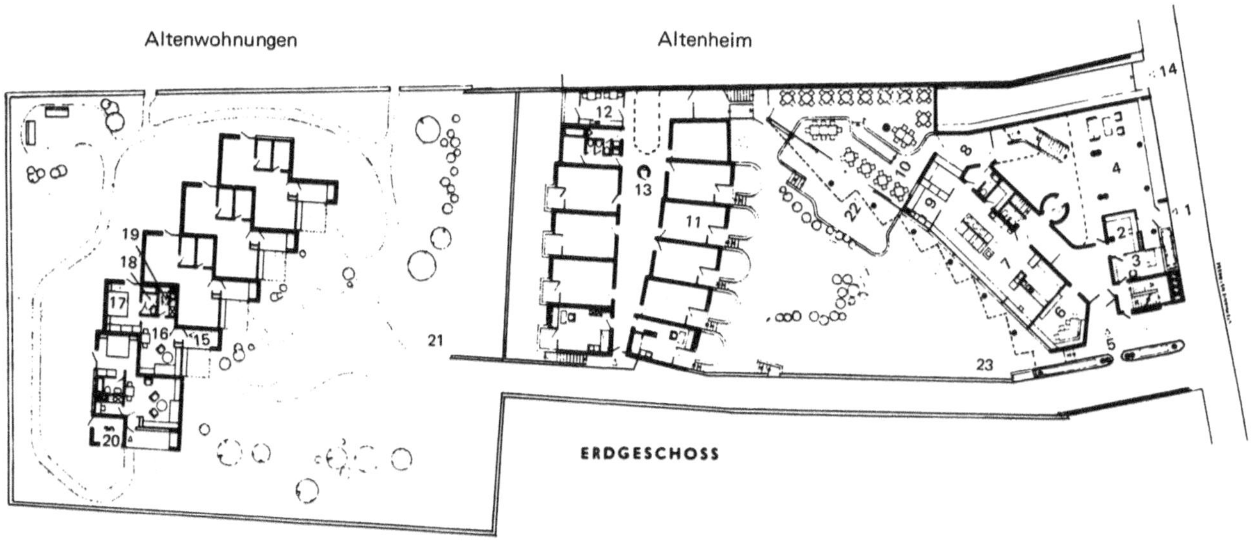

Die heutigen Formen der Unterbringung alter Leute sind

1. die Altenwohnung. In ihr leben alte Ehepaare, die sich noch selbst versorgen. Im Sinne einer Integration sollte sie im Wohnungsverband liegen, eventuell zusammengefaßt als kleine Siedlungsform innerhalb einer Flachbausiedlung. Sie sollte daher möglichst nicht zu Wohnheimen multipliziert werden;
2. das Altenheim. Es dient alten Leuten, die keinen eigenen Haushalt mehr führen können und solchen, die keine Angehörigen haben. Geriatriker empfehlen eine Mischung von 80 % validen mit 20 % invaliden Bewohnern;
3. das Altenpflegeheim. In ihm sollen 80 % invalide, also pflegebedürftige, bettlägerige Alte mit 20 % Validen zusammen leben. Die Aufenthaltsdauer wird im Gegensatz zum 14-Tage-Durchschnitt im Krankenhaus mit mehreren Jahren angegeben;
4. das Altenkrankenhaus für geriatrische Fälle.

Altenheim

Seine (wirtschaftliche) Mindestgröße wird mit mindestens 80 Bewohnern angegeben. Eine überschaubare Größenordnung ist die beste Voraussetzung für Kommunikation. Außerdem sollte die ganze Anlage überschaubare Zusammenhänge bieten. Das beginnt bei einer merkbaren Wegeführung. Typisierte und daher verwechselbare Situationen müssen vermieden werden. Andererseits kann eine zu starke Differenzierung Hilflosigkeit der alten Bewohner erzeugen. Richtig wäre eine Akzentgebung an Stellen des Flures, die der Orientierung dienen können. Ruheplätze sind so wichtig wie Handläufe und trittsichere Beläge. Die Wohngruppe von 10–15 alten Menschen erhält einen Gruppen-Raum. Das kann eine Flurerweiterung sein oder ein besonderer Raum, der zum Eintreten einlädt. Dazu gehört eine Teeküche, in der jeder Bewohner ein gekühltes Einzelfach hat. Mindestens eine Mahlzeit sollte von allen Bewohnern zusammen eingenommen

Altenwohnungen in Wayne/Michigan (USA)
Arch. W. Kessler und Ass., 1969
aus: Harald Deilmann, Gerhard Bickenbach, Herbert Pfeiffer, Wohnbereiche – Wohnquartiere, Stuttgart 1977

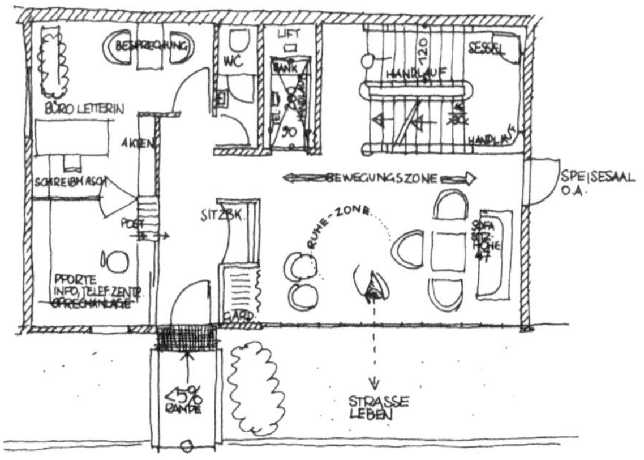

SCHEMA DES BETRIEBES EINER ALTENHEIM-HALLE

Altenwohnungen

Hier geht die Haushaltsführung, wenn auch reduziert, weiter. Die Bewohner kochen selbst, wenn sie sich nicht des „Essens auf Rädern" versichern. Eine Zugehfrau oder ein Reinigungsdienst ist notwendig. Für den Architekten ist das Problem der Integration wichtiger und schwieriger. Großes Vorbild ist Hans Scharouns „Symbiose"-Typ. 1956 baute Scharoun in der Stadterweiterung Charlottenburg-Nord Altenwohnungen so ein, daß sie zwar als selbständige Einheit, doch in unmittelbarem Kontakt mit Familienwohnungen standen. Das Altenappartement bietet den Wahlkontakt mit der jungen Familie und kann auch einmal anders genutzt werden. (Abb. S. 114)
Ähnlich planten die Architekten Darbourne and Darke 1971 beim Bau der Wohnanlage Lillington Street. An der „Dachterrasse" liegen sowohl Familien- als auch Altenwohnungen. (S. 115). Im Sanierungsprojekt Brunswick Center London-Bloomsbury liegen die Altenwohnungen mit direktem Ausgang auf die „Terrasse", die Kommunikationszone des Gebäudekomplexes.

werden. Sie wird damit zu einem wichtigen Kommunikations-Faktor. Das erfordert die Planung eines zentralen (Speise- oder Mehrzweck-)Saales. Die Möblierung besteht meist aus kombinierbaren Vierertischen.
Der Individualbereich des alten Menschen schrumpft auf ein Zimmer zusammen. Die Südlage wird bevorzugt. Die Loggia wird wegen der Verschattung möglichst nur vor einem Teil des Zimmers angeordnet. Das Zimmer sollte für die Reste der mitgebrachten Einrichtung Platz bieten. Keinesfalls sollte dem alten Bewohner eine neue Möblierung oktroyiert werden. Ein solches Zimmer mit kleinem Bad und Vorraum sollte nicht kleiner als 24 qm sein.
So wichtig für den Heimbewohner das Gemeinschaftserlebnis ist, so sehr benötigt gerade der alte Mensch das Einzelzimmer für seine Privatheit. Er muß seinen Gewohnheiten und Krankheiten ungestört nachgehen können und nicht in ständiger Rücksichtnahme auf einen Zimmerpartner leben müssen.
Der reduzierte Erlebnisbereich der alten Menschen, der mit der Anlage des Flures aktiviert wird, kann durch eine entsprechende Außenanlage wirkungsvoll vergrössert werden. Auch hier ist die Wegeführung wichtig.

Liegeterrassen und Sitzplätze, Fischbecken und Volièren sind wertvolle Bereicherungen des Außenraumes. Gerade der junge Architekt braucht sehr viel Beobachtungsgabe und Phantasie als Voraussetzung für die Planung eines Altenheimes. Er muß wissen, wie mühsam ein alter Mensch geht und entsprechend wenig-Stufen — allenfalls höchstens 5 % geneigte Rampen — anlegen. Er wird keine Pissoirs einplanen. Er wird sehen, wie sich ein alter Mensch erhebt und höhere Sitzhöhen als normal anordnen (Sessel, WC). Der alte Mensch braucht Hilfe, wenn er badet, also muß die Wanne von drei Seiten frei zugänglich sein. Ein alter Mensch kann nicht mehr arbeiten, doch soll jede Tätigkeit intensiviert werden. Der Einbau eines Müllabwurfes z.B. ist aus diesen und anderen Gründen nicht ratsam. Altenheim-Bau bedeutet eine Fülle von Detailüberlegungen.[123]

Altenpflegeheim

Dem Altenheim wird häufig ein Pflegeheim oder ein Pflegegeschoß angegliedert. Es wäre sehr ungünstig für den Altenheimbewohner, wenn er — zum „Pflegefall" geworden — wieder umziehen müßte. Bleibt er im eigenen Heim, so können die alten Kontakte als wichtiger psychischer Heilfaktor aufrecht erhalten werden. Die Privatheit des Einzelzimmers muß hier aufgegeben werden. In der Pflege-Einheit von 3–4 Personen können sich die überwiegend bettlägerigen Alten gegenseitig helfen. Ein Waschraum mit WC (ohne Tür), ein Platz für eine Krankenschwester, ein kleiner Aufenthaltsraum und eine Loggia bilden die Umwelt der Pflegeeinheit für 6–8 Kranke. Die Stellung des Bettes ist das einzige, was der Architekt noch für das „Wohnen" des Pflegebedürftigen tun kann. Der alte Mensch sollte — den Umständen entsprechend — möglichst viel sehen und erleben können.

3. Studentenheime

Die nachstehende Grafik zeigt eine Übersicht über die Wohnformen europäischer Studenten und den Grad der äußeren Integration.

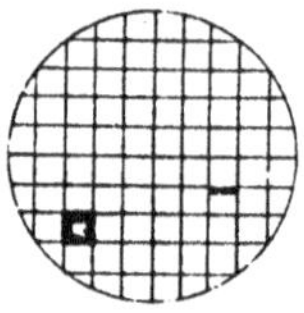

1. a) Bude
   Vereinzelung des Studenten, Vereinnahmung durch die Gesellschaft (Wirtin übernimmt Mutterfunktion), Zäsur zwischen Wohnen und Studieren. Monofunktionalität der Uni. Außerdem: zu wenig Buden.
   b) Kommune, Studentenetage im Wohnblock
   Idealistische Vorstellung von der Verschmelzung mit der Gesellschaft. Gegenseitige Störung durch divergierende Verhaltensweisen.

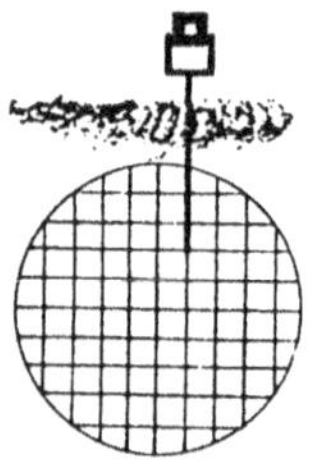

2. Campus-Universität
   Einheit von Studium und Wohnen anglo-amerikanischer Tradition. Studenten und Professoren wohnen im Universitäts-Gelände. Multifunktionalität der Universität, jedoch unter Umständen esoterischer Betrieb.

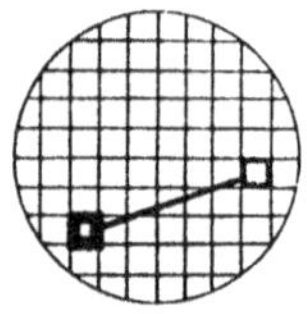

3. Studentenheim
   Zu große Konzentration bringt Gefahr einer Ghettoisierung, zu große Entfernung von der Universität verursacht Verkehr.

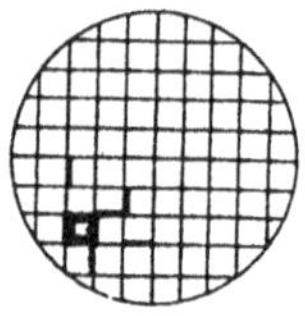

4. Diverse Wohnformen in Universitäts-Nähe
   Studenten wohnen in Heimen, Buden und Kommunen. Übergang von städtischer Umwelt zur Universität, Mittlerposition zwischen beiden. Ideale Lage.

Analyse zweier Studentenheime aus den Jahren 1952 und 1966, im Hinblick auf

- Übereinstimmung der Nutzungsstruktur mit der angebotenen Raumstruktur
- Raumqualitäten der individuellen und der gemeinschaftlichen Bereiche
- den durch die Wohnform matrizierten Bewohner.

1. Objekt

Hochschulstadt Otaniemi bei Helsinki, Heikki Siren und Marti Melahari 1952

Studentenheim Uni Bochum, Bruno Lambart (1. Preis in einem Wettbewerb) 1966, inzwischen von Studenten adaptiert.

2. Lage

Abfallender Südrand, Wald
Rand der Hochschulstadt

Lageplan
Arch. Alvar Aalto

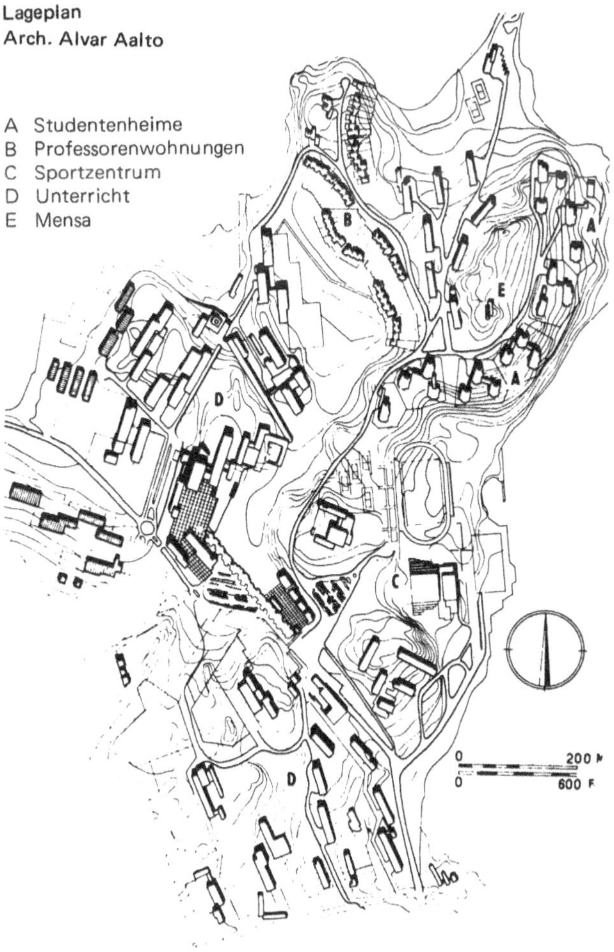

Waldrand
Rand des Uni-Geländes

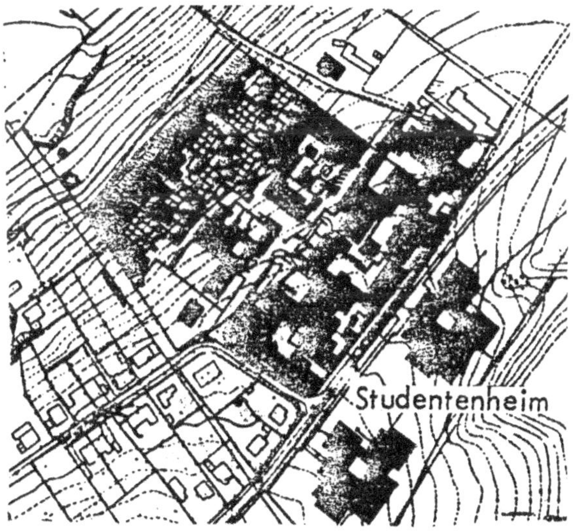

3. Größe

3 X 3 = 9 Türme
4 – 5 Geschosse
je 3 Türme zu einer Gruppe zusammengefaßt und durch verglaste Gänge verbunden
200 Studenten

2 X 3 = 6 Türme
4 – 7 Geschosse
je 3 Türme zu einer Gruppe zusammengefaßt und durch Breitfuß-UG verbunden.
240 Studenten

4. Gruppeneinheiten

je 3 Gruppen (1 Damen- und 2 Herrengruppen) ans Stiegenhaus versetzt angeschlossen, 3–5 Zimmer um ein Subzentrum gruppiert. Gruppengröße: 6–7 Studenten, Stiegenablauf als Geschlechtertrennung. Im EG großer Kaminraum mit Terrasse sowie 4 weitere, kleinere, zusammenlegbare Gemeinschaftsräume.

je 14 Zimmer pro Geschoß, an schmalen Gängen gereiht, in der Mitte ein Sanitärblock, erweiterter Raum vor der Stiege, schlecht nutzbar (Stiege hat nur Erschließungsfunktion). Im EG Saal mit Küche, Klubraum, 1 Terrasse je Wohnraum, Bibliothek, Lesezimmer, Halle, Innenhof, Pförtner.

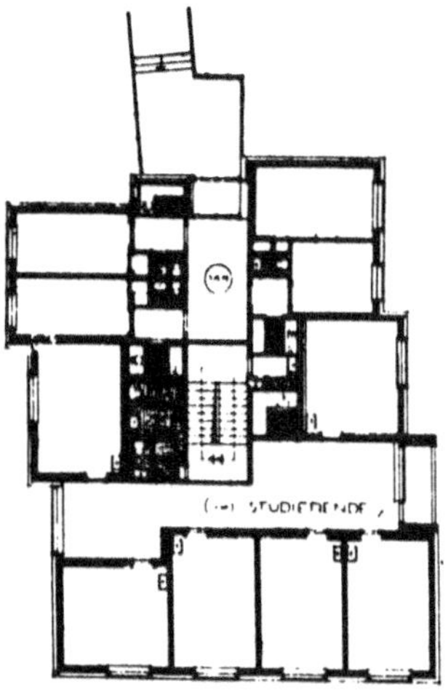

Grundriß
aus: AA 54

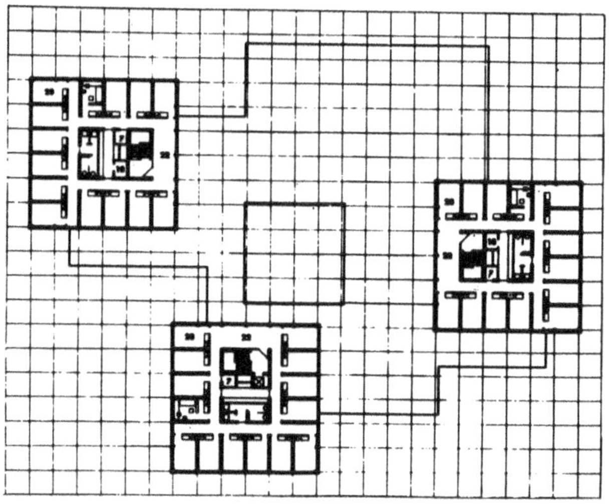

Obergeschoß-Grundriß
Einzelzimmer
aus: Architektur und Wohnform, 7/1967

5. Zimmer

Einzelzimmer und Zweibettzimmer verschieden in Größe, Orientierung und Möblierung. Qualität der Unterscheidbarkeit.

Einzelzimmer, verschieden nach Orientierung, gleich in Größe und Möblierung. Gleichheit der Elemente wie der Zimmer.

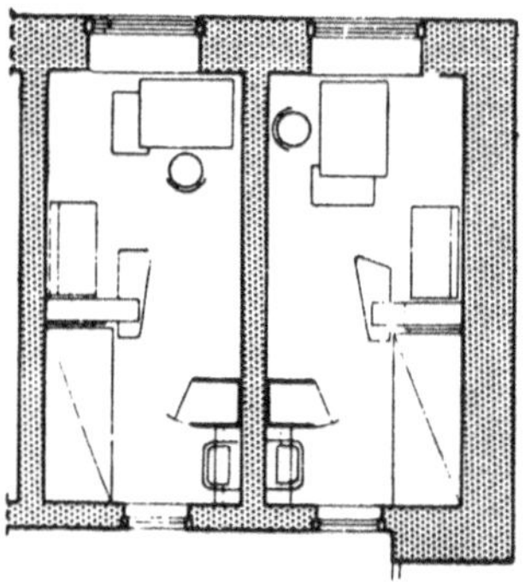

Zimmer-Grundriß
aus: AA 54

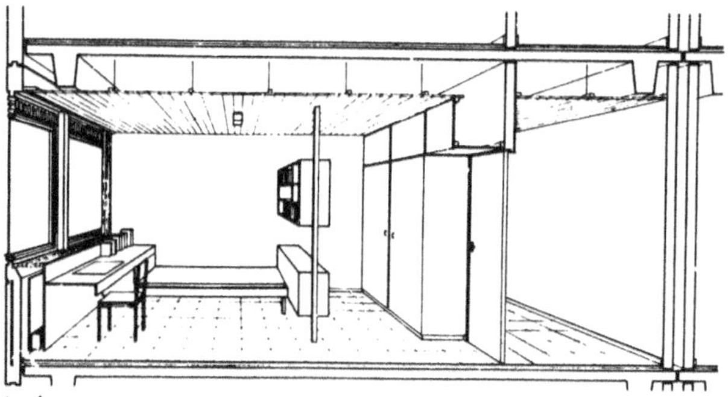

Schnitt
Einzelzimmer
aus: Architektur und Wohnform, 7/1967

6. Raumstruktur

Zimmergruppen als raumdefinierende Elemente der Gemeinschaftshallen zusammengefaßt; Verbindung dieser Subzentren mit dem Hauptzentrum im EG, von hier aus verglaste Gänge zu den anderen Türmen.
Einfache Mittel der Differenzierung: leichte Winkelverschiebung, leichte Reliefierung der Fassaden.
Einfaches Material, Ausblick in verschiedene Richtungen.

Wohngruppen nicht angestrebt; gewisse Differenzierung durch Zimmer in verschiedenen Himmelsrichtungen, kopfbelichtete Flure implizieren einen Hotelgrundriß, fließendes Raumgebilde im EG, Glaswände.
Charakter: Aufwendigkeit, Klub-Atmosphäre. Zier-Innenhof an einer Stelle, die der Kommunikation dienen könnte.
Stiegen münden nicht gleichwertig.

7. Ausstattung

Wohnhalle: Sofa, 3 Sessel (36 mm Holz mit Stoffpolstern), Balkon mit Wäschehänge, jedoch zu schmal zu sonstiger Nutzung. Zweibett-Zimmer: 2 Betten, 2 Schränke (60 cm breit!), 2 Tische, 2 Stühle, 1 Waschbecken.
Teeküche: Fächer für jeden, Kühlschrank, Spüle, Herd, Kaminraum-Möblierung, Mensa frei im Wald.

Zimmer: eingebauter Arbeitstisch, Bett, freistehendes Regal, Einbauschrank, darin Waschbecken.
EG: Klubcharakter; es wird im Haus gegessen.

8. Ausführung

Handwerklich
Backstein, verputzte Betonwände, kräftige Holzprofile, Pultdächer.

Großtafelbauweise
Deckenkassetten (3 X 6 m), auf Konsolen der Pendelstützen aufliegend, mit schub- und biegesteifen Schleifen verbunden. Stiegenhauskerne aus Fertigwandscheiben; Schubsteifheit durch nachträglichen Verguß, Stahlfenster in Fertigplatten eingegossen.

9. Atmosphäre

Einfaches Wohnen
Aufnahme eines Gastes direkt in die Wohngruppe.
Nachteilig: Lärm aus der Wohnhalle für frühe Schläfer oder Lernende; Regelung durch Selbstdisziplin, keine Überwachung.
Nutzung der Gemeinschaftsräume im EG nicht an jedem Abend, doch die ganze Hausgemeinschaft kann sich hier versammeln.
Außenanlagen: der Wald blieb stehen; keine Gartenarchitektur; Wege sind Trampelpfade.

Hotelatmosphäre
Perfektes vorgefertigtes Wohnen ohne den besonderen Charakter eines Studentenheimes. Regelung und Überwachung durch Pförtner. Unverbindlichkeit als Merkmal.

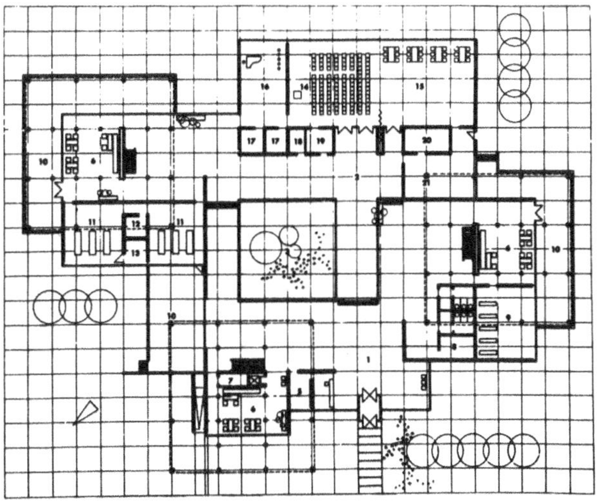

Erdgeschoß-Grundriß
aus: Architektur und Wohnform, 7/1967

10. Vergleich, Kritik, Wertung

„Harter" Stil,
Moment der Improvisation, Vorbereitung auf ein ungesichertes Leben, das man sich selbst erstreiten muß?
Zwingende Zuordnung zu einer Gemeinschaft,
Unfertigkeit
Zufälligkeit
Unzulänglichkeit als Stimulanz eigener Initiative (Mensa abseits)
Selbständigkeit
rauh, aber herzlich
Architektur der Gemeinschaft
Bude
Ungestaltete Landschaft

„Weicher" Stil, gepflegt,
Moment der Perfektion,
Vorbereitung auf ein gesichertes Leben?
Auseinandersetzung nicht nötig – unverbindliches Klubleben.
Fertigkeit
Vorbestimmtheit
Perfekte Regelung (Essen im Haus)
Verwöhnung
glatt und unverbindlich
Architektur der Einzelkinder
Zimmer
Gartengestaltung, Zierhof

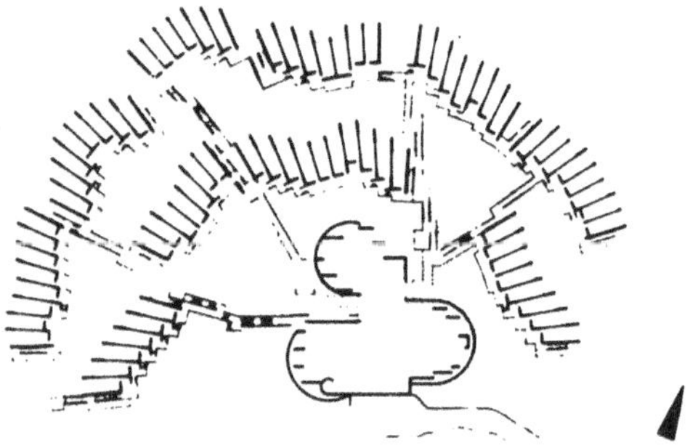

Grundriß der Gesamtanlage

Studentenheim Urbino
Arch. Giancarlo di Carlo, 1965
Lageplan
Eingeschossige Pavillons, mit den Hanggefällelinien verlaufend. In der Mitte mehrgeschossiges Gemeinschaftszentrum
aus: Bauwelt 49/1966

Obergeschoß

1 Schlafraum
2 Gäste-Appartement
3 Wohnarbeitsraum
4,5 Teeküche
6 West-Building
7 Penrose

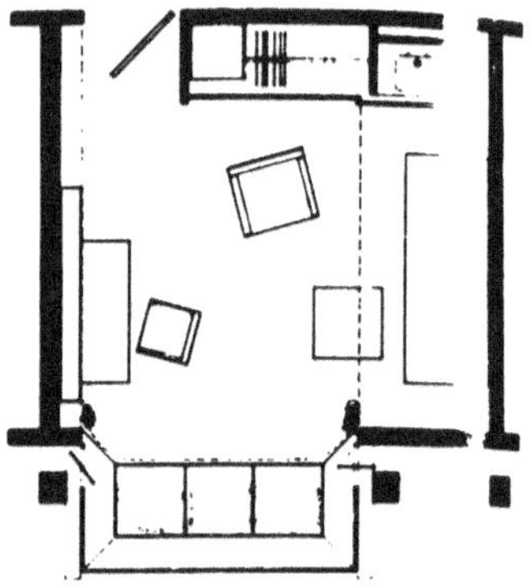

Studentenwohnheim Somerville College
Arch. Ove Arup & Ass.
Block in alter Umgebung
aus: Bauwelt 40/1969

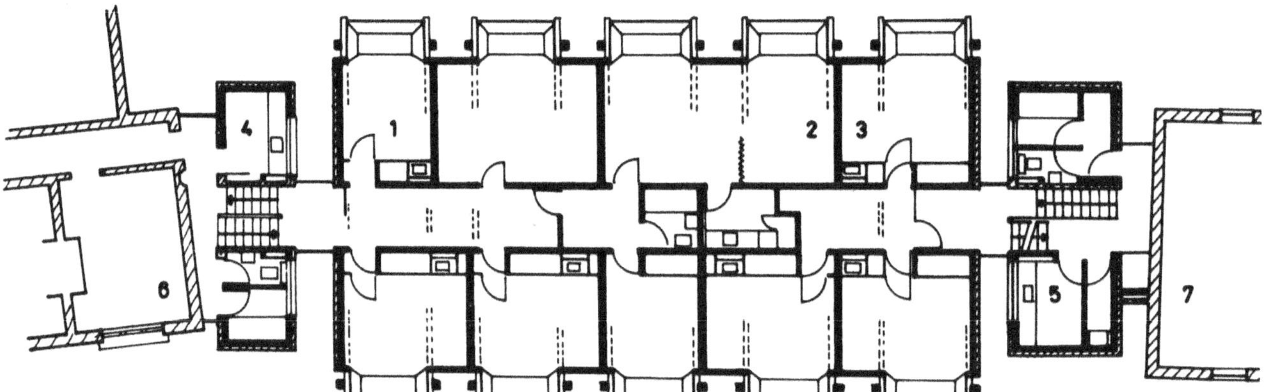

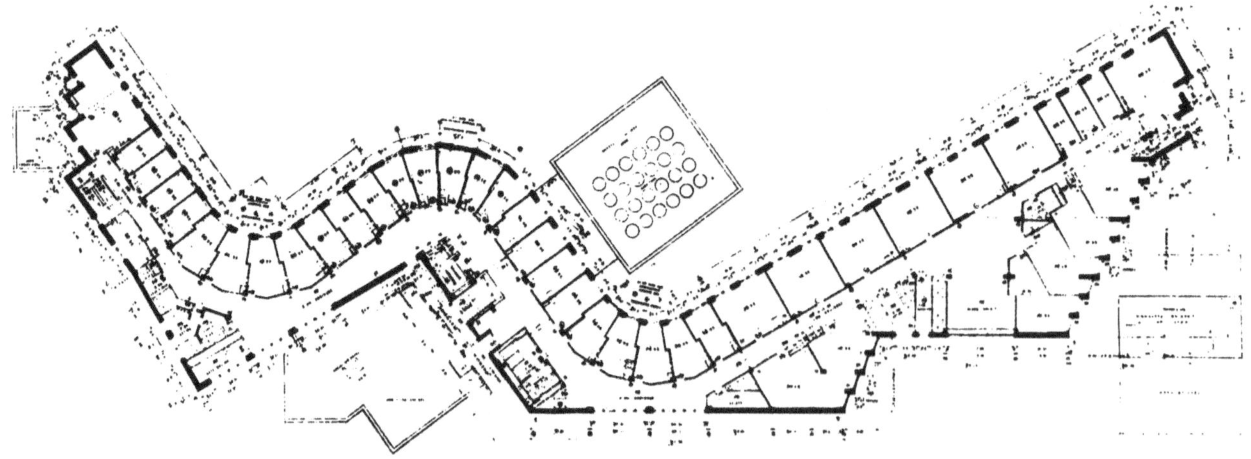

M.I.T. Senior Dormitory in Cambridge/Mass. (USA)
Arch. Alvar Aalto, 1947/48
Beispiel für einen gekrümmten Block mit abwechslungsreichen Fluren, verschieden positionierten Zimmern und differenzierten Gemeinschaftsbereichen.
aus: Alvar Aalto, Verlag Krämer, Stuttgart 1963

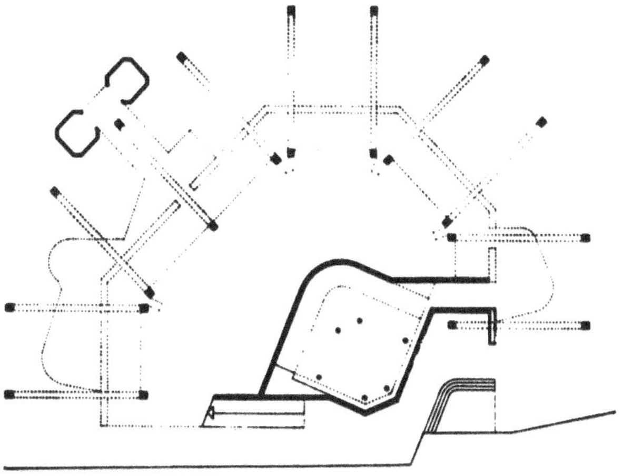

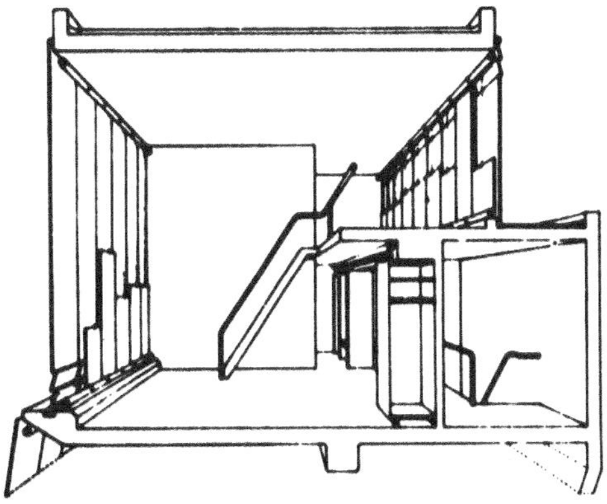

Studentenheim Florey Building in Oxford
Arch. James Stirling, 1971
Zum Fluß sich öffenender 6-geschossiger Bau
Mensa unter Hofniveau
2-geschossige Appartements für verheiratete Studenten
Grundriß-Schema
Perspektive
Schnitt Nord-Süd

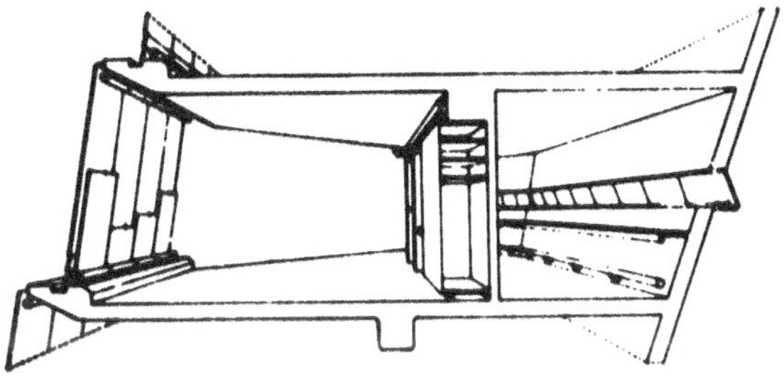

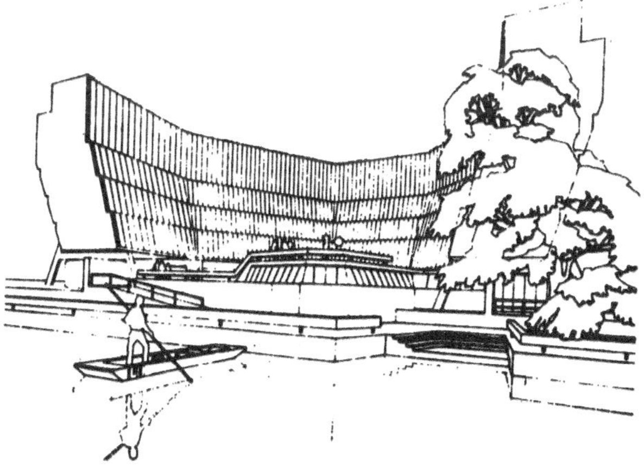

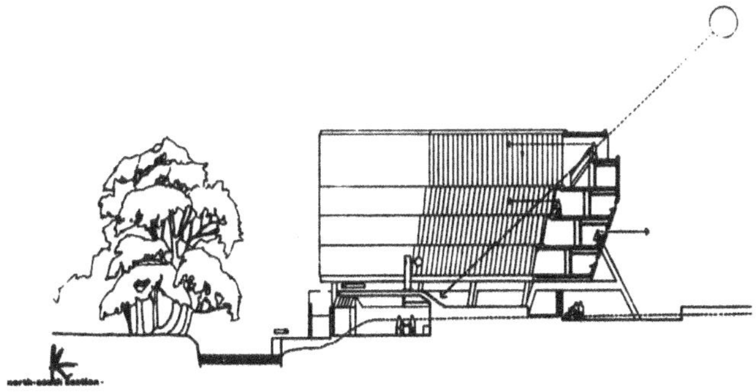

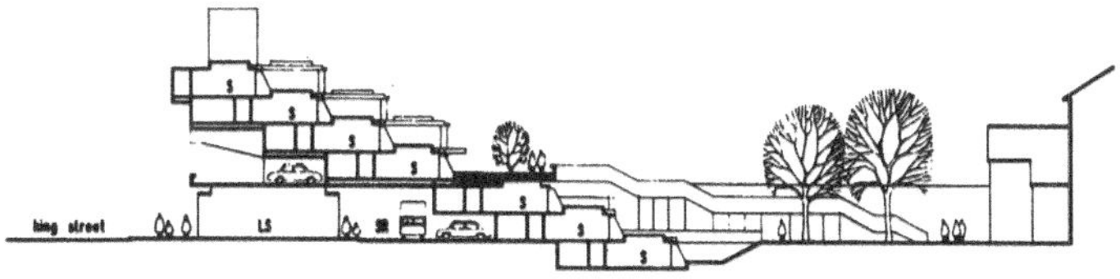

Christ's College, Cambridge
Arch. Denys Lasdun
Studentenheim als Erweiterung eines alten College.
Dichte Struktur, Folgeeinrichtungen auf der Seite der Kingstreet
aus: Zodiac 18

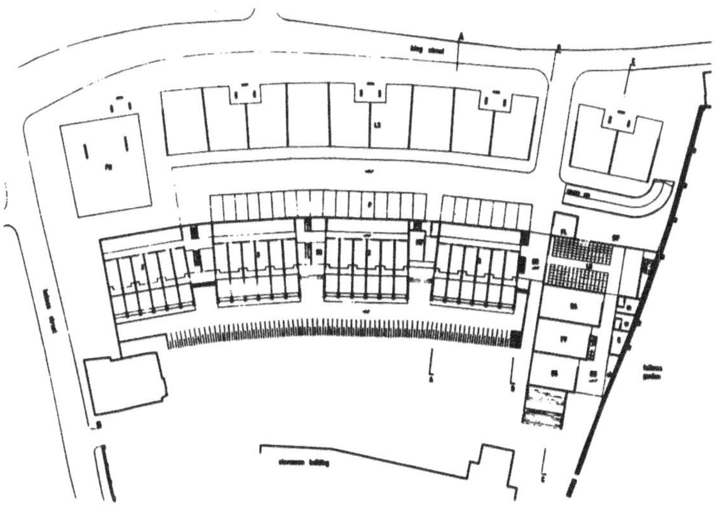

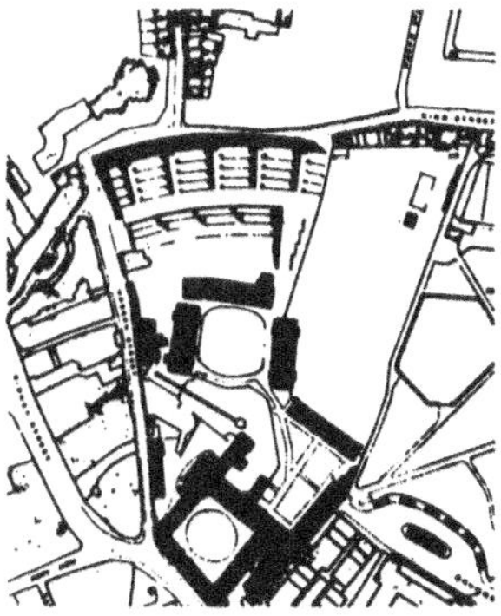

4. Kindergärten und Kindertagesstätten

Nur 30 % der Kinder der Bundesrepublik Deutschland gehen in Kindergärten. Der Grund hierfür liegt wohl vor allem in der Tatsache, daß es zu wenig Kindergärten gibt.
Wie in allen mit Pädagogik befaßten Berufen wechseln auch hier immer wieder die Erziehungsprinzipien. Wenn heutige Erziehungs-Psychologen die alten Vorbilder Steiner, Fröbel und Montessori als veraltet und allenfalls für die 3–4-Jährigen als brauchbar ansehen, so begründen sie das mit der Bezugnahme auf eine vom Handwerk geprägten Epoche. Unser Industriezeitalter ließe Kinder früher reifen, und die 4–6-Jährigen wären vielfach unterfordert. Pestalozzis Erziehungsmethoden wirkten fort: Sie basierten auf Anschauungs-Schulung. Die Kräfte des Kindes sollten durch Gewöhnung gebildet werden. Seine Idee vom erzieherischen Wert von Arbeit und Gemeinschaftsleben beeinflußten die neue Erziehung in ganz Europa.
Die heutige Pädagogik geht davon aus, daß es weder von den Anlagen her vorgegebene Begabungen noch vorgeformte kindliche Interessen gibt. Beides sei ein Ergebnis von Umweltkonditionen. Diese sollte der Architekt, der für Kinder baut, schaffen und die nötigen Stimulantien einbauen. Der zur Analyse neigende Zeitgeist schließt daraus zunächst einmal auf Differenzierung im Kindergarten für die 3–4-Jährigen und Vorschule (infant-school) für die 4–6-Jährigen.
Die *Aufgaben* des neuen Kindergartens sind:

1. Unterbringung von Kindern berufstätiger Mütter vom 3. bis zum 6. Lebensjahr, werktags von 8–12 und von 14–16 Uhr. Falls die Kinder auch über die Mittagszeit untergebracht (und verköstigt) werden, spricht man vom Kindertagesheim.
2. Konfrontation des Kindes mit einer anderen, größeren Gemeinschaft als der der Familie, mit neuen Autoritäten, Freunden und Feinden.
3. Erziehung und Schulung des Kindes. Das Kind soll selbständig und unabhängig werden, es soll im weiteren Ordnung, Sauberkeit und – bei manchen Pädagogen – Gehorsam lernen. Das Interesse am Lernen soll geweckt, die Phantasie beflügelt, das Denken bewegt, der Körper geschult werden.

Eine aktive und passive Erziehung geht den *kindlichen Interessen* nach und bringt dem Kind das *Zuhörenkönnen* als ersten Lernprozeß bei. Erlebnisse und Erfahrungen im Elternhaus und in der Umwelt sind die Grundlagen für den Lehrstoff. Der Lernprozeß besteht aus der Klärung der Erlebnisse und Tätigkeiten, dem Nachspielen und dem Schlüsse-Ziehen. Die *Auseinandersetzung* mit dem Gelernten folgt: Es wird diskutiert, eine erste demokratische Einigung ist die Konsequenz, Frei-Reden die erzieherische Nebenwirkung. Der Kindergarten soll außerdem die Möglichkeit bieten, Konflikte kindgemäß – manuell – *abzureagieren.* Vergraben im Sand und Kneten sind probate Mittel.
Wie soll ein Kindergarten aussehen? Nach Pestalozzi sollte der Kindergarten einem Einfamilienhaus angeglichen werden („Wohnstuben-Erziehung"), um die erste Erlebniswelt des Kindes – die Geborgenheit des Elternhauses – zu übernehmen. Viele, auch neueste Beispiele des Kindergartenbaues variieren seither die Hausform des eingeschossigen Gebäudes mit dem steilen

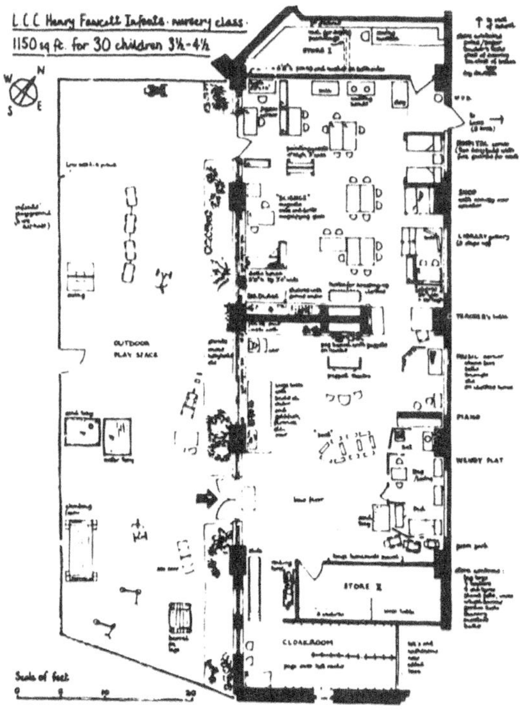

Henry Fawcett Infant School
Arch. nicht genannt
Vorschulklasse für 30 Kinder

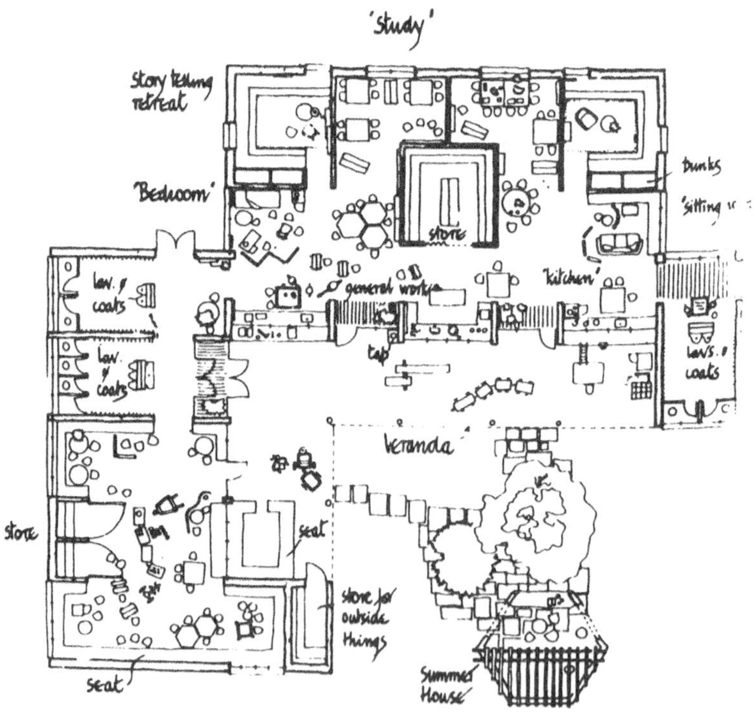

Infant School
Vorstudie zu der links abgebildeten Vorschulklasse
aus: Bauwelt 42/1969

Dach. Damit ist vielleicht eine von früheren Verhältnissen abgeleitete Bauform gefunden – doch wie sieht der Kindergarten aus, der von heutigen Wohnverhältnissen abgeleitet wird? Oder: Muß der Kindergarten nicht auch auf künftige Tätigkeitsfelder des Kindes hinweisen, seine Form also das Übergangs-Stadium vom Elternhaus zur Schule verdeutlichen?

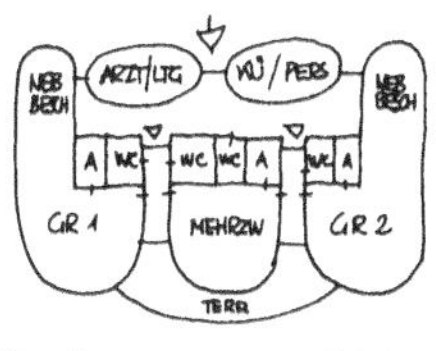

STADT. KINDERGARTENSCHEMA DER GEM. WIEN

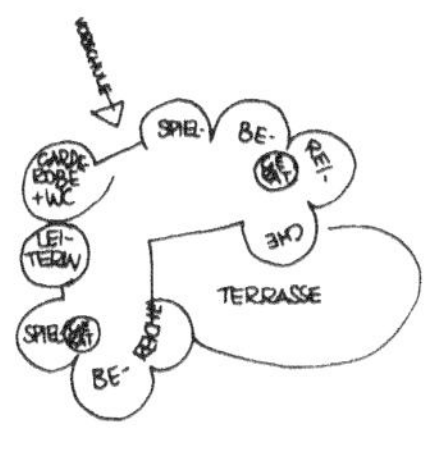

Den verschiedenartigsten Spielen soll im Kindergarten Raum gegeben werden. Es muß also ein unschematischer und toleranter Raum sein, ein stimulierender, einer, der kleine, kindproportionable Verhältnisse bietet, der Platz für alle Kinder zusammen hat, der von zwei oder drei Schwestern oder auch nur einer Kindergärtnerin geleitet werden kann, einer, der Spiele provoziert, der viel aushält und vor allem kindliche Kreativität nicht vorwegnimmt. Stichworte unserer Zeit: Großraum, Flexibilität helfen also nur einen Teil der Raumvorstellungen für den Kindergarten erfüllen. Die Materialien des Raumes müssen natürlich, einfach, begreifbar, beleckbar sein. Klare Farben und einfache, doch anregende Formen sind erwünscht.

Als optimale Größenordnung werden Kindergärten von 1–2, maximal 3 Gruppenräumen für eine Leiterin und eine Helferin angesehen. Eine alte Weisheit bringt die Größen aller pädagogischen Anstalten mit den Körpergrößen der jeweiligen Kinder in Zusammenhang: Kindergarten mit zwei, Volksschule mit 10, Mittelschule mit 20 Klassen. Durch die Idee des großen Apparates der Gesamtschule ging diese Regel verloren, doch sollte man in einem solchen Konzept den eventuell integrierten Kindergarten maßstäblich berücksichtigen.

Raumprogramm eines Kindergartens mit zwei Gruppenräumen:

Der Eingang sollte so bemessen sein, daß alle 70–80 Kinder zum gleichen Zeitpunkt hinaus- und hineingehen können. Ebenso müssen in der *Garderobe* alle Kinder zugleich zum Schuhe an- und -ausziehen (40 cm je Kind) sitzen können. Schuhe und Mäntel müssen so untergebracht sein, daß die Kinder, die noch nicht lesen können, sie ohne Hilfe wiederfinden.

Das *WC* wird nach Mädchen und Jungen getrennt. Für 10 Kinder benötigt man 1 WC. Die Wände der Zellen werden nur 1,20 m hoch errichtet, um sie für die Schwester überblickbar zu machen, WC-Sitze auf 0,30 m Höhe angebracht, Waschbecken auf 0,60 m. Für Erwachsene braucht man 1–2 eigene WCs, außerdem einen Putzraum.

Die *Gruppenräume* werden für 40 Kinder 70 qm groß. Für Vorschulkinder benötigt man 8 qm je Kind. Nischen zum Spielen in Kleingruppen – eventuell als kleiner, zusätzlicher Raum – und für müde Kinder, Puppen-Ecken, Ausgüsse und Trinkbrunnen ergänzen den Raum, der mit dem zweiten zusammenzulegen sein sollte, um gemeinsame Veranstaltungen aller Kinder, aber auch Betreuung durch eine Schwester zu ermöglichen.

Die Höhen in der *Küche* sollten grundsätzlich so eingerichtet werden, daß Kinder mithelfen können (Spülen, Abtrocknen); der Herd dagegen muß Erwachsenenhöhe haben.

Das *Büro* der Leiterin kann mit dem *Isolierzimmer* kombiniert werden.

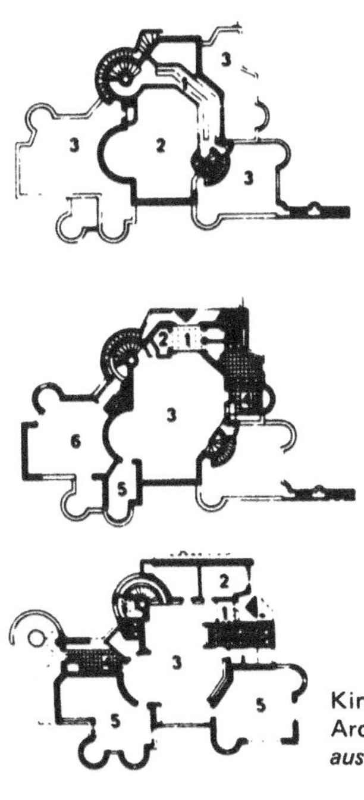

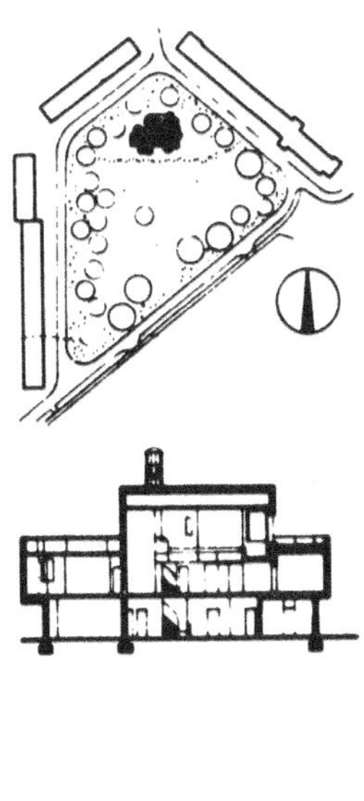

Kindergarten in Köln-Riehl
Arch. G. Böhm
aus: L'architettura 250/251, 1976

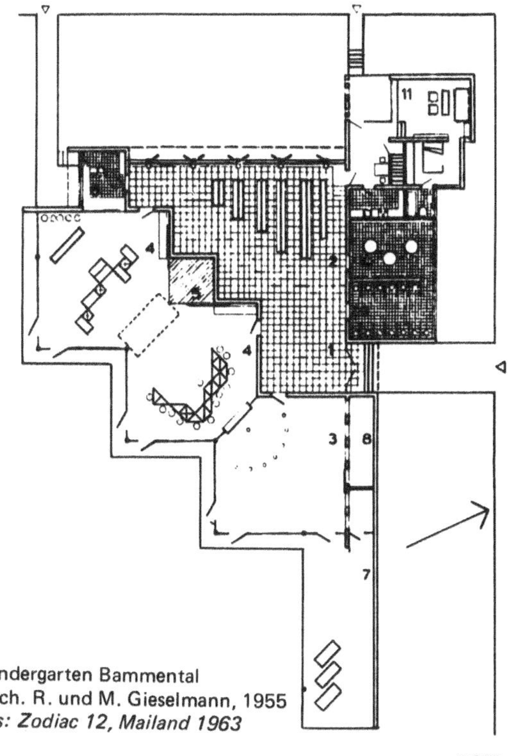

Kindergarten Bammental
Arch. R. und M. Gieselmann, 1955
aus: Zodiac 12, Mailand 1963

Ein *Abstellraum* sollte eventuell so geplant werden, daß auch Spielgeräte für Außenspiele aufbewahrt werden können.
Für den *Spielplatz* benötigt man 20 qm je Kind. Dessen Oberfläche sollte aus Gras, Sand, Asphalt und Erde bestehen. Wasser ist wichtiger als Blumen.
Eine offene *Spielhalle* und/oder eine überdeckte Gymnastik-Terrasse sind sehr erwünscht und werden selten realisiert. Ein kluger Bauherr plant außerdem eine oder zwei Appartement-Wohnungen für das Personal mit ein.

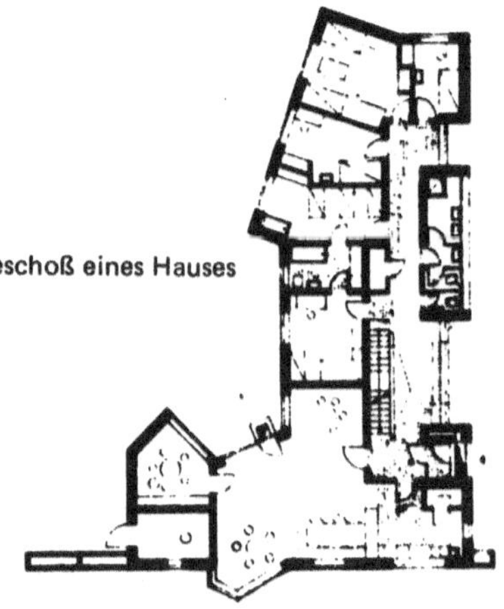

Grundriß Erdgeschoß eines Hauses

Kindertagesstätten

Sie dienen der ganztägigen Unterbringung von Kindern und Säuglingen. Das Programm ist womöglich noch differenzierter als beim Kindergarten. Vor allem im Hinblick auf die möglichst liegend verbrachte Mittagszeit braucht man einen zusätzlichen Ruheraum sowie eine Milchküche und einen Säuglingsraum.

Lageplan

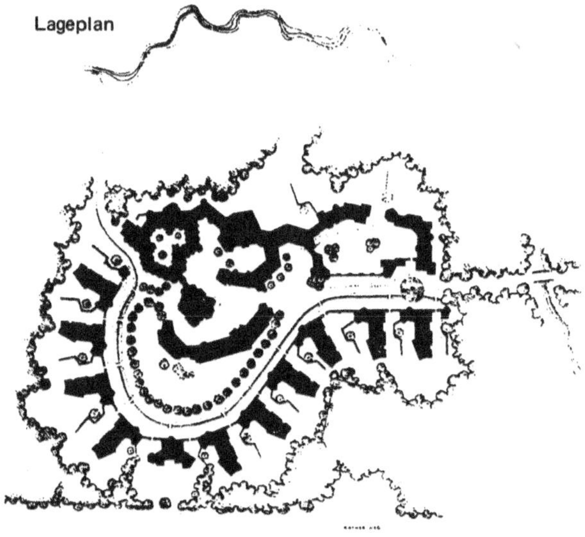

Kinderdorf Bensberg
Arch. C. Böhm, 1967
aus: Bauwelt 27/1968

Kinderdörfer

Eine Variante des früheren Waisenhauses ist das Kinderdorf.[124] Hier werden Kinder aus aufgelösten Familien und elternlose Kinder aufgenommen. Das bekannteste österreichische Kinderdorf-System hat der SOS-Kinderdorf-Verein über die ganze Welt verbreitet. SOS-Kinderdörfer sind eine aus den Nachkriegsjahren stammende Idee: Elternlose Kinder sollten aus ihrer zerstörten Umwelt heraus – und in ländlicher Umgebung in neuer Wohnform zusammengefaßt werden. Für die Erziehung und Betreuung wurden Frauen als „Mütter" ausgebildet und angestellt, die je einem Haus mit 10–12 Kindern aller Altersgruppen vorstehen. Das aus 10–12 Häusern bestehende Kinderdorf hat eine zentrale Verwaltung, in der der einzige Mann des Dorfes arbeitet. Er übt keine Erziehungsfunktion aus. Den Gemeinschaftseinrichtungen sind Küche, Saal und Bibliothek angegliedert. Im Gegensatz zu parallelen Unternehmungen sucht das SOS-Kinderdorf die äußere Integration. Eine Autarkie des Dorfes wird nicht angestrebt; vielmehr sollen die Kinder Mitglieder der Gemeinschaft werden, indem sie öffentliche Schulen besuchen.

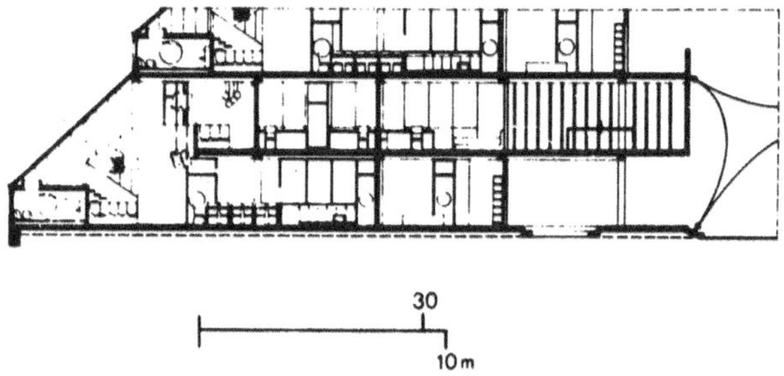

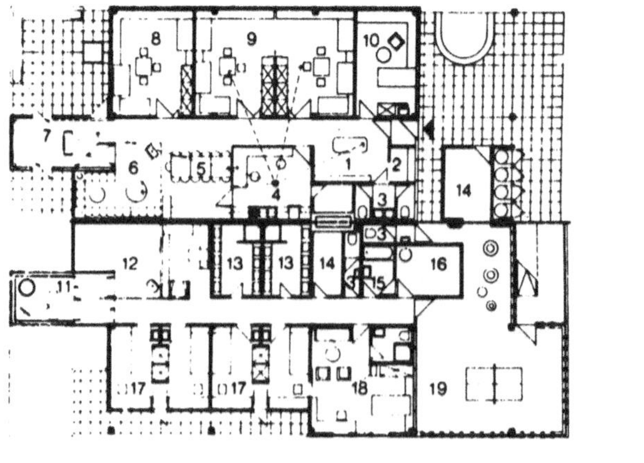

Stadt des Kindes Wien
Arch. A. Schweighofer, 1969
Grundriß und Schnitt einer Wohnung
aus: D. Bilz, Kinder- und Jugendheime, Stuttgart 1972

1 Garderobe
2 Putzraum
3 W.C.
4 Küche
5 Eßplatz
6 Sitzplatz
7 „Höhlenraum"
8 Schlaf-, Spiel- und Lernraum der 9–12 jährigen
9 Schlaf- und Spielraum der 4–9-jährigen
10 Hilfskraft
11 Spielraum
12 Luftraum
13 Wasch- und Duschraum
14 Abstellraum
15 Bad
16 Trockenraum
17 Schlaf- und Lernraum der 12–14 jährigen
18 Leiter
19 Tischtennisraum

Eine beachtliche urbane Variante des SOS-Kinderdorfes entstand durch eine Aktion der Gemeinde Wien, die 1969 im 14. Wiener Gemeindebezirk die „Stadt des Kindes" (Architekt Anton Schweighofer) errichten ließ. Aus der Erkenntnis heraus, daß ein Kinderdorf mit seinen Einfamilienhausformen nur in dörfliche Situationen paßt, wurden kompakte, mehrgeschossige Häuser an einer mittleren „Spielstraße" errichtet. Diese übernimmt eine wichtige Rolle als Integrations-Faktor. Die Stadt des Kindes steht nämlich auch anderen Personen als den Bewohnern offen. Sie bietet dafür zahlreiche Aktivitäten: Schule, Post, Kindergarten, Läden, Friseur, Tiergarten, Möglichkeiten zum Rollschuh-, Seifenkistl- und Bootsfahren — die nicht nur andere Kinder, sondern auch Erwachsene und alte Leute anziehen.

5. Jugendheime

Aus der Fülle der Jugendheime[125] soll hier ein besonderer Typ herausgegriffen werden. Seine Entstehung mag von größerer sozialer Relevanz sein als die zahlreichen Ferien- und Erholungsheime, wenn auch die Struktur aller dieser Heime ähnlich ist.

Der Vorstand des SOS-Kinderdorf-Vereins kam in den 60er Jahren zu der Erkenntnis, daß ein erster Schub Kinder den Dörfern und der „mütterlichen" Erziehung entwachsen war, und daß man eine neue Umwelt für sie schaffen müsse. Als Lösung des Problems bot sich der Bau von Jugendheimen in der Nähe der Kinderdörfer an. Diese Überlegung war folgerichtig, da die herangewachsenen Kinderdorfkinder nach ihrem Auszug immer noch eine starke Bindung an ihre Kinderdorfheimat haben. Die Bezugsperson der „Mutter" spielt auch in ihrem späteren Leben eine wichtige Rolle.

Das in Zusammenarbeit von Psychologen, Pädagogen, Kaufleuten und Architekten erarbeitete Bauprogramm der SOS-Jugendheime soll hier folgen. Es ist für eine Größenordnung von 60—80 Jugendlichen geplant.

Als Leiter fungiert ein fertig ausgebildeter, verheirateter Pädagoge, der mit Frau und Kindern innerhalb des Heimes leben soll. Damit soll den — meist aus gescheiterten Ehen stammenden — Jugendlichen ein normales Familienleben demonstriert und eine jederzeitige Kontaktnahme zwischen ihnen und den Heimeltern ermöglicht werden. Ihnen zur Seite steht ein Hilfserzieher, gegebenenfalls ein Student, der ebenfalls innerhalb des Heimes wohnen soll. Beide Pädagogen erhalten daher abgeschlossene Wohnungen im Heim. Außerhalb, doch in Verbindung damit, sollen Köchin, Bürokraft, Hauspersonal und -meister wohnen.

Die Jugendlichen im Alter von 14—18 Jahren sind meistens Lehrlinge, weniger Schüler und Studenten. Während für die letzteren einige wenige Einzelzimmer vorzusehen waren, sollten die ersteren in 4- und 6-Bett-Appartements untergebracht werden. (Doppelzimmer wurden wegen möglicher Homosexualität, Dreierzimmer wegen möglicher Parteienbildung ausgeschieden.) Ein Appartement sollte Schlaf-, Wohn-, Schrankraum und Bad erhalten. Dem Privatheitsbedürfnis jedes Einzelnen sollte durch einen abschließbaren Vollschrank, ein Fach im Wohnraum und ein Nachtkästchen nachgekommen werden. WCs und Duschräume wurden konzentriert angeordnet.

Als Gemeinschaftsräume wurden ein Allzwecksaal für das tägliche Essen, für Theaterspielen, Vorträge, Feiern, eine kleine Bibliothek und ein Diskussions-Raum eingeplant.

Zum weiteren Raumprogramm gehörte ein Krankenzimmer mit drei Betten, ein Arztzimmer und ein Schuhputzraum am Eingang. An Versorgungsräumen wurden vorgesehen: eine Großküche mit Vorratskeller, ein Personalspeiseraum, ein Wäscheraum, ein Bügel- und Nähzimmer. Das Büro sollte am Haupteingang liegen.

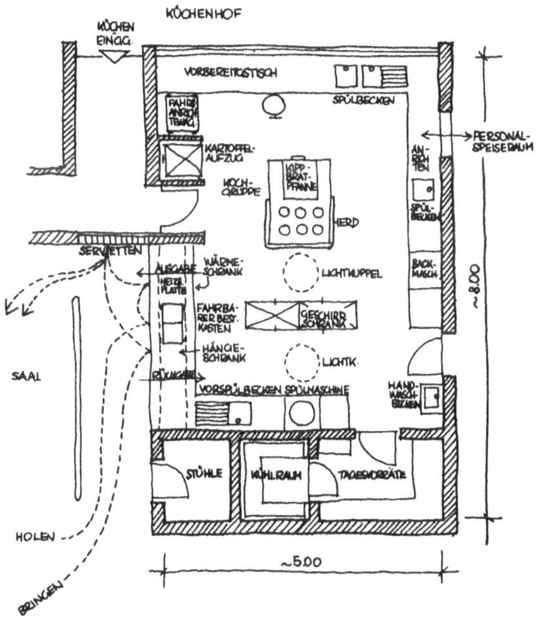

SCHEMA EINER HEIMKÜCHE FÜR ~60 PERSONEN (KÜCHE IM SOS. JUGENDHEIM MÜLLHEIM, ARCH. VERF.)

Für die Freizeitbeschäftigung der Jugendlichen wurden im Untergeschoß Bastel-, Tischtennis- und Musikübungsräume eingeplant. Ein eigener Sportplatz, ein Gärtchen für jedes Appartement, ein Gartenanteil für Hausleiter und Hausmeister waren Bestandteil der Freiflächen.

Nach diesem Raumprogramm wurden einige Heime errichtet. Ihre Nutzung wurde sehr stark von den verschiedenen Heimleiterpersönlichkeiten geprägt. In dem vom Verfasser erbauten Jugendheim Müllheim mußten die Vierpersonen-Appartements in Einzelzimmer umgebaut werden. Die vom Architekten entworfene Möblierung erwies sich als zu wenig atmosphäre-fördernd, so ersetzte man sie durch Altmöbel. Die Bibliothek wich dem Fernseher. Die Gärtchen wurden nicht angebaut.

Die Lösung „Bau eines Heimes" für das Problem „Wohnen elternloser Jugendlicher" ist typisch für die 60er Jahre. Heute mietet SOS-Kinderdorf für den gleichen Zweck Etagen in Miethäusern und läßt die jungen Leute in einer von einem Erzieher betreuten Wohngemeinschaft leben.

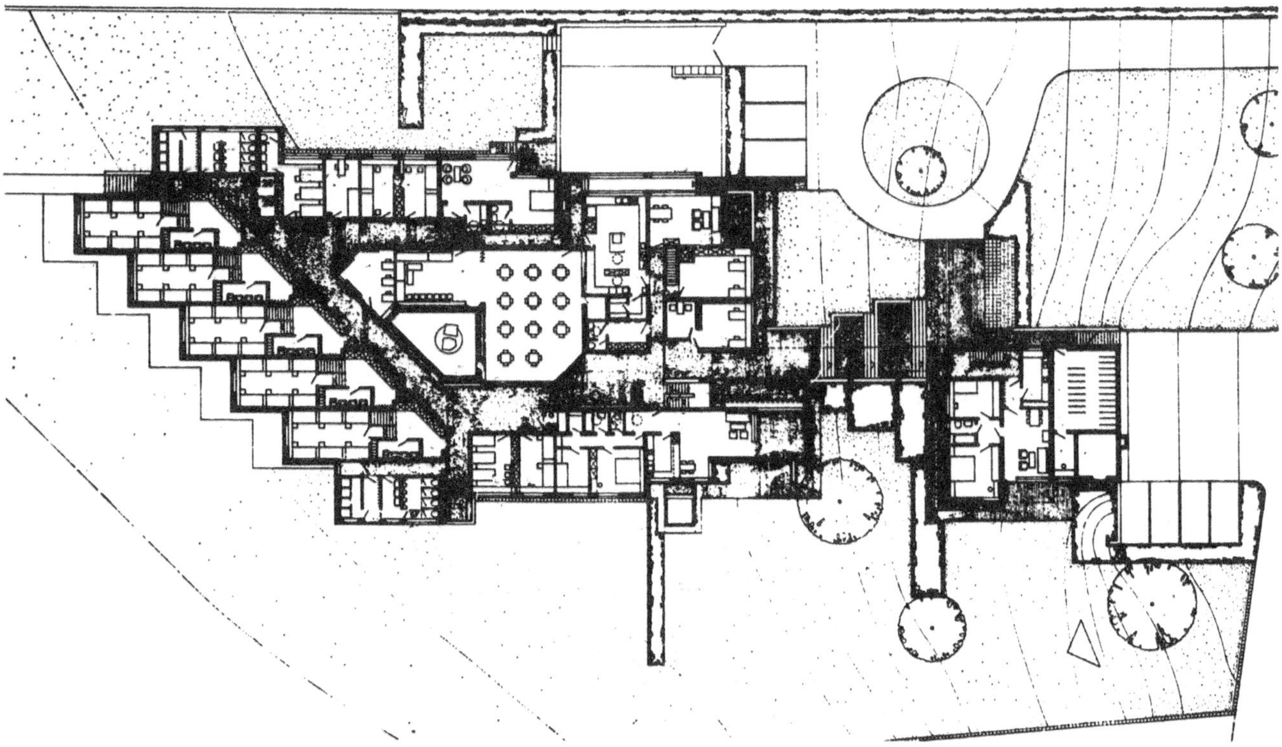

Erdgeschoß

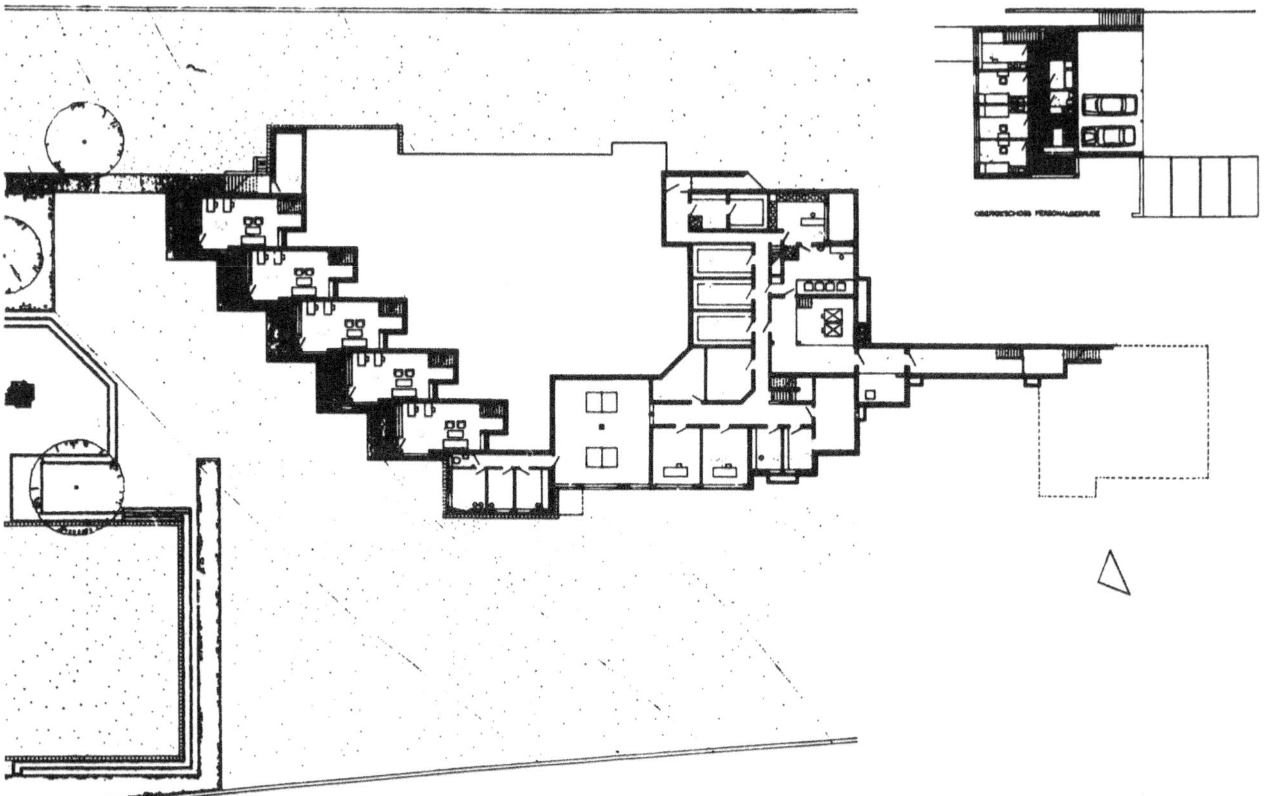

Untergeschoß

SOS-Jugendheim in Müllheim/Baden
Arch. R. Gieselmann, 1968
aus: Bauwelt 7/1969

Heimbau scheint vor allem in Prosperitätsepochen zu florieren. Eine Gesellschaft, die es sich leisten kann, die nicht verdienenden Mitglieder auf diese Weise unterzubringen, wird immer neue Bauformen hierfür erfinden. In ärmeren Zeiten wird sie anderen Problemlösungen nähertreten als der des Errichtens von Gebäuden. Das nimmt nicht nur direkten Einfluß auf Leben und Arbeit des Architekten, sondern ist mit seinem Auf und Ab ein Stück Leben selbst. Dieses Leben versuchen wir ständig zu egalisieren, zu normalisieren, zu stilisieren und in jeder Form zu sichern. Es ist vergeblich, da Leben daraus besteht, immer wieder das Vergangene zu überwältigen und Neues hervorzubringen.

So kann auch ich viel lehren, und muß doch erkennen, daß ich nur einen kleinen Abschnitt meiner eigenen Zeit beleuchten, deuten und mit daran arbeiten kann. Im Grunde hilft uns die Vergangenheit höchstens indirekt zur Lösung unserer heutigen Probleme.

Meine Vorlesung ist als Teil meiner Arbeit Suche nach dem angemessenen Raum für die Menschen unserer Zeit. Wohnen umfaßt Banales und Transzendentes. Räume müssen gemacht werden, um angenommen zu werden. Ist der Mensch bereit, den Raum anzunehmen. Wird er glücklicher, wenn er seinen Raum selbst bestimmen kann? – „Die Länge einer Zeit hängt von unserer Geistesverfassung ab, die Größe eines Raumes wird von der Stimmung unseres Herzens bestimmt. Deshalb ist für einen Menschen, der seinen Geist frei hält, ein einziger Tag länger als 1000 Jahre. Und für jemanden, der sein Haus weit und offen macht, wird der kleinste Winkel größer als der Raum zwischen Himmel und Erde." (Buddha)

Zitierte und ergänzende Quellen

[1] Gieselmann, R., Relative Architektur, Einführungsvorlesung 1975/76 in Prolegomena 15/1976 TU-Wien, S. 4–7.
[2] Van Eyck, A., in einem Vortrag auf dem CIAM-Kongreß IX in Aix-en-Provence 1953.
[3] Freud, S., Zur Psychopathologie des Alltagslebens, Frankfurt 1954.
[4] Der Große Brockhaus, Wiesbaden 1957, Bd. 12, S. 575.
[5] Bahrdt, H.-P., Humaner Städtebau, Hamburg 1968, S. 33 und S. 46.
[6] Wohnbedarfsschätzung der Magistrats-Abteilung 18, Wien Okt. 1975.
[7] Weichinger, R.; Schulz, W.; Graefe, G., Kriterien der Wohnungsgestaltung. Forschungsarbeit für das Bundesministerium für Bauten und Technik, Wien 1973, S. 99 ff.
[8] Schiwy, Günther, Neue Aspekte des Strukturalismus, München 1973, S. 32.
[9] Mies van der Rohe, L., Inaugural Address as Director of Architecture at Armour Institute of Technology 1938, entnommen aus Johnson, Philip C., Mies van der Rohe, New York 1947, S. 191–195.
[10] Piaget, Jean, Der Strukturalismus, Olten 1975, S. 8 ff. Schiwy, Günther, a.a.O.
[11] Bahrdt, H.-P., a.a.O. S. 41.
[12] Der Große Brockhaus, Band 3, S. 763.
[13] Mitscherlich, A., Die Unwirtlichkeit unserer Städte, Anstiftung zum Unfrieden, Frankfurt a.M. 1965, S. 89.
[14] Fischer, Fred, Der Wohnraum, Zürich 1965, S. 57.
[15] Bahrdt, H.-P., a.a.O., S. 50 ff.
[16] Manz, R., Flexibles Wohnen, Prolegomena 1/1972, S. 3–4 T.U. Wien.
hierzu auch: Meyer-Ehlers, G.; Haussknecht, M.; Rughöft, S., Flexible Wohnsysteme, Coburg 1970.
[17] Definitionen nach Schmidt, H. und Schischkoff, G., Philosophisches Wörterbuch, Stuttgart 1961, S. 474.
[18] ebenda, S. 475.
[19] Hall, E.T., Die Sprache des Raumes, Düsseldorf 1976, S. 118.
[20] Fischer, Fred, a.a.O. S. 58.
[21] Salinger, J.D., Neun Erzählungen, Hamburg 1968, S. 81.
[22] Riccabona/Wachberger, Wohnqualität, Wien 1977, S. 55.
[23] Weichinger u.a., a.a.O., S. 19.
[24] ebenda, S. 22.
[25] Grandjean, E., Wohnphysiologie, Zürich 1973, S. 99.
[26] Giedion, S., Mechanisation takes command, N.Y. 1948.
[27] Camesasca, Ettore, Storia della Casa, Milano 1968, S. 189.
[28] Le Corbusier, Programme de l' "Esprit Nouveau", No. 1, Okt. 1920, en "Vers une Architecture", Paris 1924.
[29] Banham, Reyner, The New Brutalism, NY 1966.
[30] hierzu: Boyd, Robin, New Directions in Japanese Architecture, London 1968.
[31] hierzu: Cook, Peter, Experimental Architecture, London 1970.
[32] Piperek, M., Grundaspekte einer Baupsychologie, Wien 1971.
[33] Bauordnung für Wien (Bauordnungsnovelle 1976), Wien 1976, S. 110.
[34] hierzu: Wenke, Helmut, Küchenplanung, Darmstadt 1964 und Renert, Hans, 75 Jahre Küchengeschichte, Herford, ca. 1967.
[35] Lihotzky, G., Die „Frankfurter Küche", typisierte Küche des Hochbauamtes Frankfurt am Main in Stein-Holz-Eisen Nr. 8/1927, 41. Jg., S. 156.
[36] In dem Film "Mon oncle".
[37] siehe hierzu: Grandjean, Etienne, Wohnphysiologie, Zürich 1972, S. 151, S. 163 u.a.
[38] Wenke, H., a.a.O., S. 15, 16.
[39] Wenke, H., a.a.O., S. 25.
[40] Wenke, H., a.a.O., S. 18.
[41] Grandjean, E., a.a.O., S. 55.
[42] Wenke, H., a.a.O., S. 41.
[43] hierzu Heil, Karolus, Kommunikation und Entfremdung, Stuttgart 1971.
[44] Pfeil, Elisabeth, Großstadtforschung, Hannover 1972, S. 225.
[45] Wild, Friedemann, Freistehende Einfamilienhäuser in Stadt, Vorstadt und Dorf, München 1975, S. 7, 8.
[46] Goethes Sämmtliche Werke, Stuttgart 1872, Italiänische Reise, S. 39.
[47] Bentmann, R. und Müller, M., Die Villa als Herrschaftsstruktur, Frankfurt 1970.
[48] Goldzant, Edmund, William Morris und die sozialen Ursprünge der Modernen Architektur, Dresden 1976.
[49] Ruskin, John, The Seven Lamps of Architecture, Studie 1849.
[50] Posener, Julius, Anfänge des Funktionalismus, Berlin 1964 S. 31.
[51] Muthesius, H., Das Englische Haus, Berlin 1904/5.
[52] Ausgeführte Bauten und Entwürfe von F. L. Wright, Berlin 1910.
Ashbee, G. R.: F. L. Wright, ausgeführte Bauten, Berlin 1911.
Wright, F. L., In the nature of materials, New York 1942.
Wright, F. L., An Autobiography, New York 1943.
[53] nach: Döring, Wolfgang, Perspektiven einer Architektur, Frankfurt 1970, S. 35.
[54] Meyer-Keller, Dieter, Raumzellenbauweisen, Wiesbaden 1972, S. 68.
[55] hierzu: Pfeil, E., a.a.O., S. 326.
[56] hierzu: Krämer, K. (Hrsg.), Einfamilienhäuser in der Gruppe, Stuttgart 1966.
[57] Göderitz, J.; Rainer, R.; Hoffmann, H., Die gegliederte und aufgelockerte Stadt, Tübingen 1957.
[58] hierzu: Peters, P.H., Atriumhäuser, München 1961, S. 8.
[59] Gans, H.J., Die Lewittowner, Soziographie einer Schlafstadt, Berlin 1969.
[60] hierzu: Hoffmann, O. und Repenthin, C., Neue urbane Wohnformen, Frankfurt 1956, S. 61.
[61] Peters, P.H., a.a.O., S. 27.
[62] Hoffmann, O., e.a., a.a.O., S. 33.
[63] Dickens, Charles, Hard Times, London 1854, zitiert nach Howard, E., Gartenstädte von Morgen, Berlin 1968.
[64] Engels, F., Die Lage der arbeitenden Klasse in England, Berlin 1972.
[65] Fassbinder, H., Berliner Arbeiterviertel 1800–1918, Berlin 1975, S. 59.
[66] hierzu: Howard, Ebenezer, Gartenstädte von morgen, Berlin 1968.
[67] Howard, E., To-morrow, a Peaceful Path to Reform, London 1898. (auf deutsch: Gartenstädte von morgen, a.a.O.)
[68] Fritsch, Theodor, Die Stadt der Zukunft, Leipzig 1896.
[69] Wangerin, G. und Weiss, G., Heinrich Tessenow, Essen 1976.

[70] Buekschmitt, J., Ernst May, Bauten und Planungen, Bd. 1, Stuttgart 1963.
[71] Pevsner, Posener, J.; Fleming, J.; Honow, H., Lexikon der Weltarchitektur, München 1966, S. 366.
[72] ohne Verfasser: Werkbundausstellung, Die Wohnung, Stuttgart 1927, in Stein-Holz-Eisen Nr. 24/1927, S. 531.
Joedicke, J. und Plath, Ch., Die Weißenhofsiedlung, Stuttgart 1977.
[73] ohne Verfasser: Bebauungspläne und Typen für Ein- und Mehrfamilienhäuser aus dem Dammerstockwettbewerb in Karlsruhe, Stein-Holz-Eisen Nr. 3/1929, S. 36 und Nr. 4/1929, S. 54.
Völckers, O., Kritik der Dammerstocksiedlung, Stein-Holz-Eisen Nr. 49/1929, S. 757.
Gropius, W. und Schwitters, K., Katalog Ausstellung Karlsruhe-Dammerstock-Siedlung, die Gebrauchswohnung, 23 Typen, 228 Wohnungen, Karlsruhe 1929.
[74] Frank, J. (Hrsg.), Die internationale Werkbundsiedlung, Wien 1932.
[75] Klopfer, P., Die Breslauer Werkbundsiedlung, Stein-Holz-Eisen Nr. 29/1930, S. 445.
[76] Kanner, A., De Stijl-Reihenhäuser J.J.P.Oud 1924, Prolegomena T.U. Wien 18/1976, S. 17.
[77] Vriend, J.J., The Amsterdam School, Amsterdam 1970.
[78] Roth, Alfred, Werkbundsiedlung „Neubühl", in La nouvelle Architecture, Zürich 1948, S. 71.
[79] ohne Verfasser: Siedlungsbauten von Franz Schuster, Wien, Stein-Holz-Eisen Nr. 15/1927, S. 323.
[80] Aalto, Alvar, Zürich 1963, S. 96.
[81] Bahrdt, H.-P., Verdichtung oder Auflockerung, in Humaner Städtebau, S. 142.
Göderitz, J.; Rainer, R.; Hoffmann, H., die gegliederte und aufgelockerte Stadt, a.a.O.
[82] hierzu: Riccabona, Christof und Wachberger, Michael, Terrassenhäuser, München 1972.
[83] Schmitt, Karl-Wilhelm, Mehrgeschossiger Wohnbau, Stuttgart, S. 134–140.
[84] Werk, Zürich Nr. 6/1966.
[85] Wachberger, M., Dissertation Terrassenhäuser, T.U. Wien Institut f. Wohnbau 1969.
[86] hierzu: Porciani, Pietro und Mordini, Attilo, Gärten, München 1974.
[87] Rudofsky, Architecture without architects, N.Y. 1964.
[88] Loos, A., Das Grand-Hotel Babylon, in: Die neue Wirtschaft, Jg. I, Wien 20.12.1923.
[89] Niedermoser, Otto, Oskar Strnad 1879–1935, Wien 1965, Abb. 27, 28.
[90] hierzu: Schmitt, K.W., a.a.O., S. 9–72.
[91] Spille, R., „Mieter planen mit", Hamburg 1975.
[92] laut Auskunft des Guide bei einer Führung durch Thamesmead 1973,
hierzu: Thamesmead – Prolegomena 5/1973, S. 17 + 18, T.U. Wien.
[93] Fassbinder, H., a.a.O.
Hegemann, Werner, Das steinerne Berlin, Berlin 1963.
[94] zitiert nach: Boeck, Rudolf J. (Hrsg.), Der soziale Wohnungsbau der Stadt Wien, Wien 1960, S. 11.
[95] Aymonino, C.; Fabbri, G.; Villa, A., Le città capitali del XIX secolo, I. Parigi e Vienna, Roma 1975, Abb. 71.
hierzu: Geretsegger, H., Peintner, M., Otto Wagner 1841–1918, S. 126/134.
Le Corbusier, Gaudi, Barcelona 1958.
[96] Boeck, R.J., a.a.O., S. 22.
[97] Seda, Anton, Entwicklung des sozialen Wohnungsbaues der Stadt Wien in den letzten 50 Jahren, in: Der Aufbau 9-10/1972, S. 325–333.
[98] Boeck, R.J., a.a.O., S. 22.
[99] Gieselmann, R. (Hrsg.), Wohnen in Wien – Prolegomena T.U. Wien, 7-8/1974, S. 23–37.
[100] Giraudoux, Jean, Explication de la Charte d'Athènes, Paris 1941.
[101] Taut, Max, Hans Scharoun, Ausstellungskatalog der Akademie der Künste, Berlin 1967, S. 44.
[102] Statistisches Amt der Stadt Berlin, Berlin in Zahlen S. 142;
hierzu: Frank, D.R. und Rentschler, D., Berlin und seine Bauten, Berlin 1970, 4. Aufl., S. 27.
[103] Boeck, R.J., a.a.O., S. 136.
[104] Der Aufbau, Wien, 1-2/1970, S. 332 und 1-2/1973, S. 26.
[105] Gieselmann, R., Wohngebiet Wien-Kagran, Baumeister, München 1/1976, S. 56–59,
sowie: Gieselmann, R., Planungsvorschläge für die Sanierung eines Wiener Wohngebietes der fünfziger Jahre, in: Mitteilungen der Heimstätten und Landesentwicklungsgesellschaften, Bonn, Heft 2/1975, S. 2–15.
[106] hierzu: Becker, Heidede und Keim, K., Gropiusstadt: Soziale Verhältnisse am Stadtrand, Stuttgart 1977.
[107] über Wohnungsanzahl und -größen hierzu: Berliner Statistik, Monatsschrift, Heft 3/1972, S. 102; Heft 7/1972, S. 264, 309; Heft 9/1974, S. 217, 218; Heft 7/1975, S. 179; Heft 11/1976, S. 293, 294; Heft April 1977.
[108] Sting, H., Grundriß Wohnbau, Stuttgart 1975.
[109] Bauordnung für Wien a.a.O., § 108, S. 129.
[110] Bauordnung für Wien a.a.O., § 106, S. 124.
[111] Roth, A., a.a.O., S. 91.
[112] Boesiger, W., Le Corbusier – Oeuvre complète 1946-52, Zürich 1953, S. 189–223.
[113] Boesiger, W., Le Corbusier, a.a.O., S. 193.
[114] Grandjean, E., a.a.O., S. 175.
[115] hierzu: Schuster, Franz: Treppen, Stuttgart 1970.
[116] Albach/Ungers, Optimierte Wohngebietsplanung, Bd. 1, Wiesbaden 1969.
[117] hierzu: Sill, Otto, Parkbauten, Wiesbaden 1961.
Farmont, Hans, Parken, Parkhäuser in der Stadt, Düsseldorf 1965.
[118] Bauordnung für Wien a.a.O., § 90/4, S. 107. sowie Planungsunterlagen der Magistratsabteilung 19, Wien 1976.
[119] Rainer, R., Für eine lebensgerechte Stadt, Wien 1974.
[120] Albach/Ungers, Optimierte Wohngebietsplanung, a.a.O.
[121] Izzo, A. und Gubitosi, C., Evoluzione dei Grattacieli di Chicago 1879–1974, Roma 1975.
[122] Gieselmann, R., Grundsatzüberlegungen zum Heimbau, in: Der Architekt 5/1974, S. 114–117.
Lehr, Ursula, Psychologie des Alterns, Heidelberg 1972.
[123] hierzu: Falkner, Rupert, Studium neuer Konzeptionen auf dem Gebiet der Altenwohnungen und Heime, Wien (ohne Jahresangabe), Bundesministerium für Bauten und Technik (Wohnbauforschung)
Schalhorn, K., Wohnungen für alte Menschen, München 1973.
Görsdorf, K., Umweltgestaltung, München/Basel 1971, S. 31.
[124] hierzu: Bilz, Dieter, Kinder- und Jugendheime, Stuttgart 1972.
Wild, Friedemann, Kinderheime und Kinderdörfer, München 1975, S. 7.
[125] hierzu: Meyer-Bohe, W., Bauten für die Jugend, Stuttgart 1972.

Weitere Literatur

Bewohner

Berndt, H., Vorn die Friedrichstraße, hinten die Ostsee, Baupraxis 6/67.
Bundesvereinigung Deutscher Heimstätten e.V., Heinricht Vormbrock-Förderung 1975/76, Menschliche Maßstäbe in Wohngebieten, Bonn 1976.
Frommes, R.B., Die Wohnung im Wandel der Familie, Wohnmedizin 4/67.
Häussler, D., Die gesundheitlichen Auswirkungen des Eigenheimbaues, Zur Ärztlichen Fortbildung 3/66.
Herlyn, U., Wohnen im Hochhaus, Stuttgart 1970.
Lorenz, K./Leyhausen, P., Antriebe tierischen und menschlichen Verhaltens, München 1968.
Meyer-Ehlers, G., Wohnung und Familie, Deutsche Verlagsanstalt, Stuttgart 1968.
Mitscherlich, A., Thesen zur Stadt der Zukunft, Frankfurt 1975.
Oeter, D., Das Kind in der Stadtgesellschaft, Lehranstalt für Stadthygiene, Hamburg
Piperek, M., Wohnumwelt und seelische Verwahrlosung bei Stadtkindern, Wohnmedizin 4/71.
Schmidt-Relenberg, N., Wohnen im Hügelhaus, Arch. Wettbewerbe 57/69.
Weeber, R., Eine neue Wohnumwelt, Stuttgart 1971.
Zapf, K., Stadt am Stadtrand, Berlin 1969.

Fertighäuser

Trend-Report Fertighäuser Nr. 8/1975, Wien, 6. Jg., S. 60 (Schneller Wohnen)
BI-Berichte und Informationen, Fertighäuser werden immer populärer ..., S. 19, Salzburg, Juni 1970.

Partizipation

Bodzenta, E.; Vaskovics, L., Soziale Faktoren städtischen Wohnens, Wien-Linz 1972.
Domenig, G.; Huth, E., Neue Wohnform Ragnitz, Graz 1973.
Ein Partizipationsmodell, Bauwelt 23, 63. Jg. Juni 1972.
Frey, R.; Schmidt-Relenberg, N., Totale Wohnung, Stuttgart 1967.
Gleichmann, P., Soziologische Bemerkungen zur Anpassung der Wohnung an den Menschen, in: Bundesarbeitsblatt, Heft 15, 1964.
Huth, E., Deutschlandsberg, in: Wohnbau 1/77, S. 4
Lauritzen, L., Mehr Demokratie im Städtebau, Hannover 1972.
Offe, C., Bürgerinitiative und Produktion der Arbeitskraft im Spätkapitalismus, in: Grossmann, H., Bürgerinitiative, Frankfurt/Main 1971.
Riccabona, Chr., Wachberger, M., Untersuchung über die Wirtschaftlichkeit flexibler Wohnsysteme, 1. Teil: Lösungsmodelle zur Kompensation gesellschaftlicher und individueller Veränderungen, Wien 1972.
2. Teil: Wirtschaftlichkeit unterschiedlicher Lösungsmodelle der Flexibilität von Wohnungen, Wien 1973.
Prader, H.; Fehringer, F., Ott, E., Partizipation im sozialen Wohnhausbau, Wien 1977.
Schelsky, H., Über die Abstraktheit des Planungsbegriffes in den Sozialwissenschaften, in: Zur Theorie der allgemeinen und regionalen Planung, S. 9–24, hrsg. vom Zentralinstitut Raumplanung a.d. Universität Münster, Bielefeld 1969.
Schmidt-Relenberg, N., Feldhusen, G., Luetkens, C., Sanierung und Stadtplanung, Mitbestimmung gegen Sozialtechnik, München 1973.
Spille, R., Mieter planen mit, Reinbek bei Hamburg 1975.
Strotzka, H., Einführung in die Sozialpsychiatrie, Reinbek bei Hamburg 1972.

Wohnen in der Stadt

Burckhardt, L.; Frisch, M.; Kutter, M., Achtung, die Schweiz, Basel und Zürich 1955.
Die Wohnungsnot der ärmeren Klassen in deutschen Großstädten, Schrift d. Ver. f. Sozialpolitik 1886.
Dittrich, E., Die Großstadt – Städteplanung vom Menschen her, Tagung der Evangelischen Akademie Loccum, in: Zeitschrift f. Raumforschung u. Raumordnung, Jg. 13/1955, S. 173
Gunzert, R., Frankfurts Wohnungen und ihre Bewohner, Frankfurt/Main 1952.
Herlyn, U., Wohnen im Hochhaus, Göttingen 1967.
Huber, V.A., Die Wohnungsnot der kleinen Leute in den großen Städten, Berlin 1837, in: Lesebuch f. Baumeister, 1941.
Jacobs, J., Death and Life of Great American Cities, New York 1961, Berlin 1963.
Meyer-Ehlers, G. u.a., Wohnerfahrungen, Ergebnisse einer Wohnungsuntersuchung, Wiesbaden, Berlin 1963.
Mitscherlich, A., Die Kunst zu Hause zu sein, München 1965.
Müller-Ibold, K., Städte verändern ihr Gesicht, Auszug in: R. Hillebrecht 1962.
v. Oppen, D., Familien in ihrer Umwelt, Köln u. Opladen 1958.
Pfeil, E., Zur Kritik der Nachbarschaftsidee, in: Arch. f. Kommunalwiss. 1963, Heft 2.
Pfeil, E., Die Familie im Gefüge der Großstadt, Hamburg 1968.
Sekler, E.F., The City and the Arts, in: Daedalus 1960.
Sitte, C., Der Städtebau nach seinen künstlerischen Grundsätzen 1889, in: Lesebuch f. Baumeister 1941, Wien 1965.
Spengelin, Fr., Das Leben in der Siedlung, Neue Heimat, Hamburg 1968.
Wright, F. L., Usonien. When Democracy builds, Chicago 1945, Berlin 1950.
Gieselmann, R., Leitideen des städtischen Wohnens, Österr. Hochschulzeitung 7/1977, Wien S. I–V.

Wohnungsqualität

Deilmann, H., Wohnbereiche Wohnquartiere, Stuttgart 1977.
Frey, H. u.a., Wohnungsbewertung, Teufen 1974.

Sonstiges

Architectural Design, Vol. XLVI 10/76.
Bauwelt, Stadtbauwelt 54, 68. Jg., 1977
Der soziale Wohnungsbau der Stadt Wien, Wien, Dezember 1960.
Deutsches Institut für Urbanistik, Gropiusstadt: Soziale Verhältnisse am Stadtrand, Hrsg. Becker, H. und Keim, K.D., Berlin 1977.
Deutsches Institut für Urbanistik, Juli 1976.
Die gute Wohnung, Die schwedischen Richtlinien zum Wohnbau (God bostad, i dag och i morgon), Stockholm 1964, Zürich u. Hamburg 1969.
Wohnbauförderungsgesetz 1968, Die gemeinnützige Wohnungswirtschaft, Heft 37.